KUHMINSA

한 발 앞서나가는 출판사, 구민사
독자분들도 구민사와 함께 한 발 앞서나가길 바랍니다.

구민사 출간도서 中 수험서 분야

- 용접
- 자동차
- 조경/산림
- 품질경영
- 산업안전
- 전기
- 건축토목
- 실내건축
- 기술사
- 기계
- 금속
- 환경
- 보일러
- 가스
- 공조냉동
- 위험물

전문가를 위한 첫걸음, 구민사는 그 이상을 봅니다!

전국 도서판매처

• 일산남부서점 • 안산대동서적 • 대구북앤북스 • 대구하나도서
• 포항학원사 • 울산처용서림 • 창원그랜드문고 • 순천중앙서점 • 광주조은서림

자격증 시험 접수부터 자격증 수령까지!

전문가를 위한 첫걸음, 주민사는 그 이상을 봅니다!

상시시험 12종목
굴삭기운전기능사, 지게차운전기능사, 미용사(일반), 미용사(피부), 미용사(네일)
미용사(메이크업), 조리기능사(양식, 일식, 중식, 한식), 제과·제빵기능사

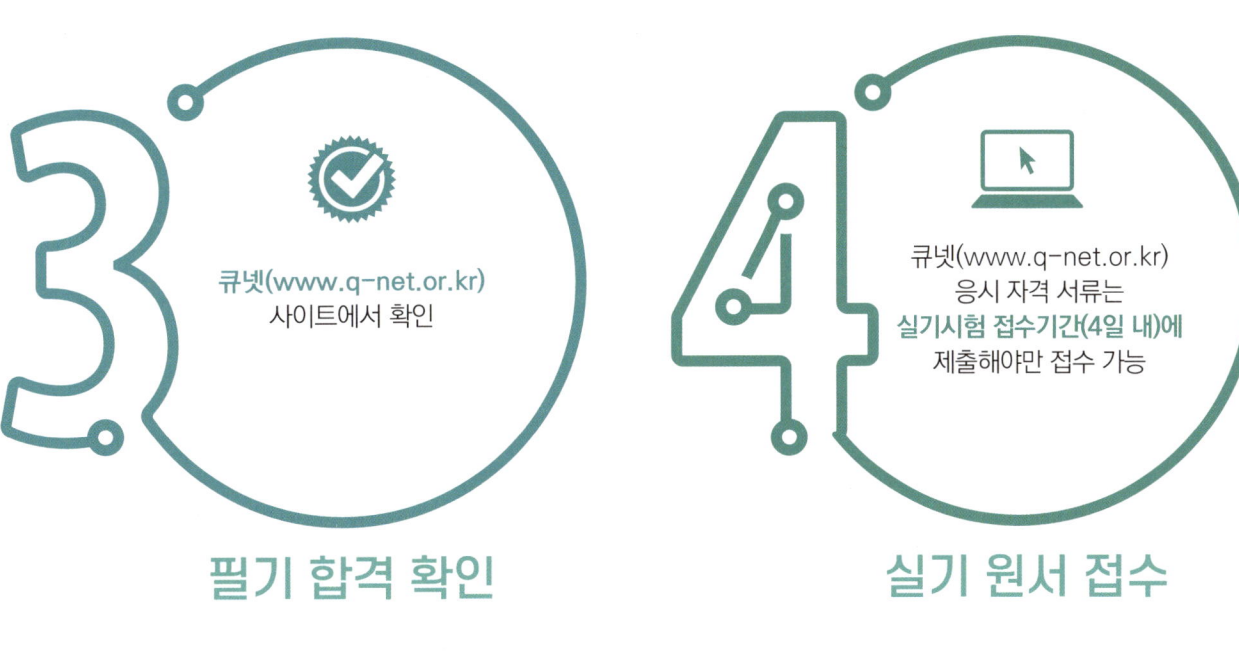

3 큐넷(www.q-net.or.kr) 사이트에서 확인
필기 합격 확인

4 큐넷(www.q-net.or.kr) 응시 자격 서류는 **실기시험 접수기간(4일 내)에** 제출해야만 접수 가능
실기 원서 접수

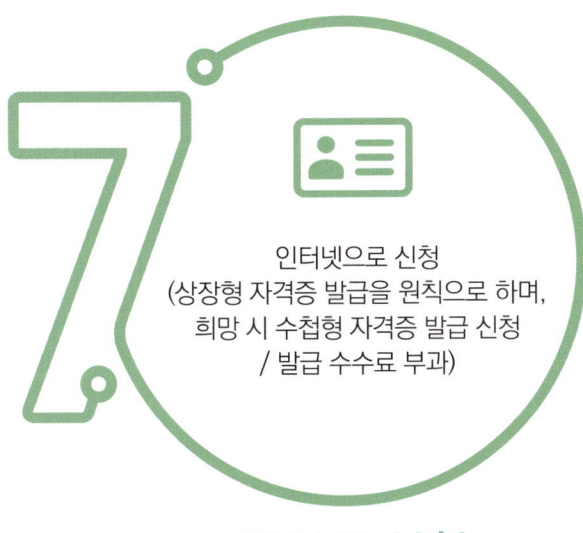

7 인터넷으로 신청
(상장형 자격증 발급을 원칙으로 하며, 희망 시 수첩형 자격증 발급 신청 / 발급 수수료 부과)
자격증 신청

8 인터넷으로 발급(출력)
(수첩형 자격증 등기 수령 시 등기 비용 발생)
자격증 수령

머리말

조경이란 경관을 조성하는 일입니다. 현재 우리 사회는 급속한 산업화와 도시화에 따른 환경의 파괴로 인하여 환경 복원과 주거 환경 문제에 대한 관심과 중요성이 부각되고 있습니다. 조경기능사는 이러한 문제를 해결하기 위하여 전문인력으로 하여금 생활공간을 아름답게 꾸미고 자연환경을 보호하고자 도입 시행되고 있습니다.

조경은 자연환경과 인문환경에 대한 현장조사를 수행하여 기본구상 및 기본계획을 거쳐 부분적 실시설계를 이해하고, 현장여건을 고려하여 시공을 통해 조경 결과물을 도출하고 이를 관리하는 업무까지 수행해야 합니다. 이러한 이유로 조경은 여러 가지 방대한 분야에 대한 지식을 많이 필요로 하고 있습니다.

조경기능사는 1982년 조원기능사 2급이라는 명칭으로 처음 시행되었으며, 1998년 조경기능사로 명칭을 변경한 뒤 현재까지 시행되고 있으며 매 회차 응시가 가능한 종목입니다.

본 도서는 한국산업인력공단에서 주관하고 시행하는 조경기능사의 실기시험을 대비한 수험서로 발간되었습니다. 조경기능사 실기시험은 필답형과 작업형으로 나누어 실시되고 있습니다. 필답형 시험은 조경제도설계와 수목감별로 구성되고, 작업형은 작업과제 두 과제를 조합한 형태로 구성이 되어 있습니다.

조경제도설계 준비에 필요한 연습내용과 설계기출 문제뿐만 아니라 최근 출제된 문제를 복원하여 수록하였으며, 간단한 예시 답안도 작성하여 수록하였습니다. 작업형 과제의 작업순서와 작업사진을 첨부하였으며, 나무 수종별 간단한 특징과 수종별 사진을 수록하여 실기시험에 효과적으로 대비할 수 있도록 하였습니다.

조경기능사 실기시험 준비에 도움이 될 수 있도록 책을 준비하면서 오타나 오류 등의 부족한 부분이 있을 것이라 생각됩니다. 앞으로 계속적인 보완을 약속드립니다.

끝으로 이 책이 출간되기까지 큰 도움을 주신 도서출판 구민사 조규백 대표님과 관계자 모두에게 감사드립니다.

CONTENTS

PART 1 제도설계

Chapter 01 조경제도 2

1. 제도용구 2
   1. 제도판 2
   2. 평행자(T자) 2
   3. 삼각자 3
   4. 기타 제도용구 3

2. 제도원칙 6
   1. 선의 종류와 용도 6
   2. 선의 굵기 6

3. 제도 용구의 사용법과 선긋기 7
   1. 제도 용구의 배치 7
   2. 연필의 사용법 7
   3. 평행자의 사용법 7
   4. 삼각자의 사용법 7
   5. 제도 용구를 사용한 선긋기 7
   6. 선긋기 연습에서 고려해야 할 사항 7

4. 문자쓰기 8
   1. 레터링 : 제도에 사용되는 문자 8
   2. 문자의 표시 8

5. 조경제도 기호 12
   1. 방위 및 축척의 표시 12
   2. 수목의 표현 13
   3. 인출선 15
   4. 수목의 인출선 : 수량, 수종명, 수목의 규격을 기입 16
   5. 시설물의 표현 17
   6. 포장 재료의 표현 21
   7. 사람의 입면 표현 24
   8. 경계석 상세도 25

6. 도면 작성하기 26
   1. 도면의 기본 형태 26
   2. 평면도의 작성법 27
   3. 단면도의 작성법 30

기출문제 34

PART 2 조경작업

Chapter 02 조경시공작업 170

1. 수목식재공사 170
   1. 뿌리돌림 170
   2. 굴취 171
   3. 수목의 운반 173
   4. 가식 173
   5. 식재 174
   6. 식재 후 조치 175
   7. 지주목 세우기 176
   8. 관목의 식재 177

2. 잔디식재공사 178
   1. 잔디 지반 조성 178
   2. 종자번식 178
   3. 영양번식 178
   4. 관수 180

3. 포장공사 180
   1. 포장재료의 선정 180
   2. 원로 포장의 일반적인 사항 180
   3. 보도블럭 포장 180
   4. 경계블럭 181
   5. 벽돌 포장 182
   6. 판석 포장 182
   7. 콘크리트 포장 183
   8. 투수콘 포장 184
   9. 석재타일 포장 184
   10. 아스팔트 포장 184

4. 수간주사 185

5. 작업형 실습내용 185
   1. 교목식재와 새끼감기 185
   2. 교목식재와 삼발이지주 187
   3. 삼각지주 세우기 189
   4. 관목의 열식 192
   5. 뗏장시공 194
   6. 잔디종자파종 196
   7. 벽돌 포장 197
   8. 판석 포장 199
   9. 수간주사 201

PART 3	수목감별

Chapter 03 수목감별 — **204**

- 1. 조경기능사 수목감별 표준수종 목록 — 204

- 2. 식물의 성상에 따른 분류 — 205
  - ① 나무 고유의 모양으로 볼 때 — 205
  - ② 잎의 모양으로 볼 때 — 205
  - ③ 잎의 생태상으로 볼 때 — 205
  - ④ 성상별 수종명의 예 — 206

- 3. 잎에 의한 조경수목의 식별 — 206
  - ① 잎의 종류 — 206
  - ② 엽형 : 잎의 모양 — 208
  - ③ 엽서, 엽착 — 208
  - ④ 엽연 : 잎의 가장자리 — 209
  - ⑤ 엽선 : 잎의 꼭대기 부분 — 210
  - ⑥ 엽저 : 잎의 밑부분 — 211
  - ⑦ 엽맥 : 잎의 맥(주맥과 측맥으로 구분) — 211

- 4. 꽃과 열매에 의한 조경수목의 식별 — 212
  - ① 꽃의 구조 — 212
  - ② 화서 : 화축에 꽃이 배열된 모양 — 212
  - ③ 나자식물의 열매 — 213
  - ④ 피자식물의 열매 — 213

- 5. 색채에 의한 조경수목의 식별 — 214
  - ① 꽃의 색상 — 214
  - ② 열매의 색상 — 214
  - ③ 단풍의 색상 — 214
  - ④ 수피의 색상 — 214

- 6. 개화시기에 의한 조경수목의 식별 — 215

- 7. 주요 수종의 특징 — 215

시험정보 – 조경기능사

자격명 : 조경기능사 | **영문명** : Craftsman Landscape Architecture
관련부처 : 국토교통부
시행기관 : 한국산업인력공단

- **개요**

급속한 산업화의 도시화에 따른 환경의 파괴로 인하여 환경 복원과 주거환경 문제에 대한 관심과 그 중요성이 급 부각됨으로써 공종별 전문인력으로 하여금 생활공간을 아름답게 꾸미고 자연환경을 보호하고자 도입 시행

- **수행직무**

자연환경과 인문환경에 대한 현장조사를 수행하여 기본구상 및 기본계획을 이해하고 부분적 실시설계를 이해하고, 현장여건을 고려하여 시공을 통해 조경 결과물을 도출하고 이를 관리하는 행위를 수행하는 직무

- **취득방법**

① 시행처 : 한국산업인력공단

② 관련학과 : 전문계 고등학교의 조경과, 원예과, 농학과

③ 시험과목
 - 필기 : 1. 조경일반 2. 조경재료 3. 조경시공 및 관리
 - 실기 : 1일차 – 동영상 접수(도면설계작업, 수목감별)
   2일차 – 조경시공 접수(조경실무작업 2개 과제)

④ 검정방법
 - 필기 : 객관식 4지 택일형 60문항(60분)
 - 실기 : 작업형(3시간 30분 내외) – 도면작업 + 수목감별 + 조경시공작업

⑤ 합격기준 : 100점 만점 60점 이상

- **시험수수료**

- 필기 : 14,500원
- 실기 : 30,400원

출제기준 – 조경기능사 실기

직무분야	건설	중직무분야	조경	자격종목	조경기능사	적용기간	2025.01.01 ~2027.12.31

직무내용	• 조경 실시설계도면을 이해하고 현장여건을 고려하여 시공을 통해 조경 결과물을 도출하여 이를 관리하는 직무이다. • 수행준거 : 1. 개인주택, 주거단지의 소정원, 공원의 커뮤니티정원 등을 대상으로 대상지 조사를 통해 공간을 구상하여 기본계획안을 수립하고 기반설계, 식재설계, 시설설계 등에 관한 설계업무를 수행할 수 있다. 2. 조경설계를 효율적으로 수행하기 위해서 기초적으로 갖추어야 할 조경재료에 대한 이해를 토대로 도서와 전산응용도면을 활용할 수 있다. 3. 설계도서에 따라 시공계획을 수립한 후 현장여건을 고려하여 기반을 조성하고, 잔디를 식재하고 파종할 수 있다. 4. 설계도서에 따라 시공계획을 수립한 후 현장여건을 고려하여 기능적·심미적으로 조경포장 공사를 할 수 있다. 5. 설계도서에 따라 시공계획을 수립한 후 실내여건을 고려하여 식물과 조경시설물을 생태적·기능적·심미적으로 식재하고 설치할 수 있다. 6. 식물을 굴취, 운반하여 생태적·기능적·심미적으로 식재할 수 있다. 7. 연간 정지전정 관리계획을 수립하여 낙엽·상록 교목, 관목류에 있어 가지치기, 수관 다듬기를 수행할 수 있다. 8. 관수, 지주목 관리, 멀칭관리, 월동관리, 장비 유지 관리, 청결 유지 관리, 실내 식물 관리를 수행할 수 있다. 9. 설계도서에 따라 필요한 자재와 시설물을 구입하여 조경시설물을 기능적·심미적으로 배치하고 설치할 수 있다. 10. 완성된 공사목적물을 발주처의 준공 승인 및 지자체 인수인계 전까지 식물의 생장과 조경시설의 기능을 유지시키기 위한 업무를 수행할 수 있다.

필기검정방법	작업형	시험시간	3시간

필기과목명	주요항목	세부항목
조경 기초 실무	1. 조경기초설계	1. 조경디자인요소 표현하기
		2. 조경식물재료 파악하기
		3. 조경인공재료 파악하기
		4. 전산응용도면(CAD) 작성하기
	2. 조경설계	1. 대상지 조사하기
		2. 관련분야 설계 검토하기
		3. 기본계획안 작성하기
		4. 조경기반 설계하기
		5. 조경식재 설계하기
		6. 조경시설 설계하기
		7. 조경설계도서 작성하기
	3. 기초 식재공사	1. 굴취하기
		2. 수목 운반하기
		3. 교목 식재하기
		4. 관목 식재하기
		5. 지피 초화류 식재하기
	4. 조경시설 공사	1. 시설 설치 전 작업하기
		2. 안내시설 설치하기

필기과목명	주요항목	세부항목
		3. 옥외시설 설치하기
		4. 놀이시설 설치하기
		5. 운동시설 설치하기
		6. 경관조명시설 설치하기
		7. 환경조형물 설치하기
		8. 데크시설 설치하기
		9. 펜스 설치하기
	5. 조경포장공사	1. 조경 포장기반 조성하기
		2. 조경 포장경계 공사하기
		3. 친환경흙포장 공사하기
		4. 탄성포장 공사하기
		5. 조립블록 포장 공사하기
		6. 조경 투수포장 공사하기
		7. 조경 콘크리트포장 공사하기
	6. 잔디식재공사	1. 잔디 기반 조성하기
		2. 잔디 식재하기
		3. 잔디 파종하기
	7. 실내조경공사	1. 실내조경기반 조성하기
		2. 실내녹화기반 조성하기
		3. 실내조경시설·점경물 설치하기
		4. 실내식물 식재하기
	8. 조경공사 준공전관리	1. 병해충 방제하기
		2. 관배수관리하기
		3. 시비관리하기
		4. 제초관리하기
		5. 전정관리하기
		6. 수목보호조치하기
		7. 시설물 보수 관리하기
	9. 일반 정지전정관리	1. 연간 정지전정 관리계획수립하기
		2. 굵은 가지치기
		3. 가지 길이 줄이기
		4. 가지 솎기
		5. 생울타리 다듬기
		6. 가로수 가지치기 1

필기과목명	주요항목	세부항목
		7. 상록교목 수관 다듬기
		8. 화목류 정지전정하기
		9. 소나무류 순 자르기
	10. 관수 및 기타 조경관리	1. 관수하기
		2. 지주목 관리하기
		3. 멀칭 관리하기
		4. 월동 관리하기
		5. 장비 유지 관리하기
		6. 청결 유지 관리하기
		7. 실내 식물 관리하기

- MEMO

PART 01

제도설계

Chapter 01 조경제도

1 제도용구

1 제도판
① 도면의 크기에 적합한 규격
② 표면의 평탄성과 T자의 안내면의 다듬질 정도가 좋아야 함
③ 제도대의 높이와 경사조절이 가능한 것을 사용

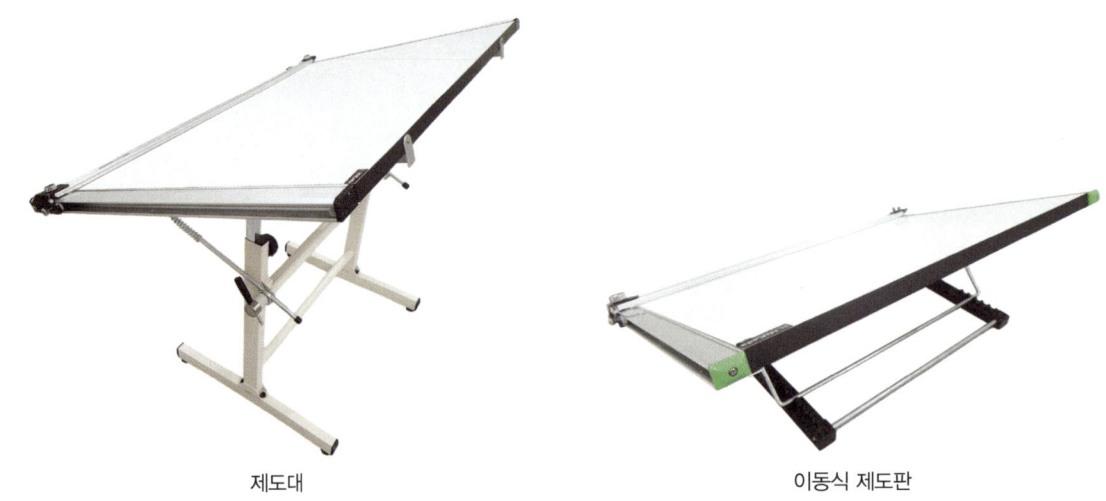

제도대　　　　　　　　이동식 제도판

2 평행자(T자)
① 모양이 T 형태로 만들어진 자로 900mm 정도의 것이 가장 많이 쓰임
② 평행선을 긋거나 삼각자와 조합하여 수직선이나 사선 그을 때 사용
③ 제도판과 결합되어 있는 경우도 있음(I형자)

T자

3 삼각자

① 보통 45°, 45°, 90°인 것과 30°, 60°, 90°인 것 2매가 1세트로 구성
② 삼각자를 조합하여 15° 간격의 사선 제도 가능

삼각자

4 기타 제도용구

삼각스케일자	축척에 맞는 눈금을 가진 자 : 1:100 ~ 1:600
연필	H와 B로 경도를 나타내며, 제도에는 HB를 많이 사용
지우개판	세밀하게 특정 부분을 지울 때 사용
템플릿	도형을 뚫어 놓아 기호나 시설물을 그릴 때 사용(수목 표시에 사용)
운형자	여러 곡률의 곡선을 그릴 수 있게 한 것
자유곡선자	손으로 구부려 임의의 형태의 곡선을 만들어 제도
기타	지우개, 제도비, 컴퍼스, 테이프 등

삼각스케일   샤프

홀더

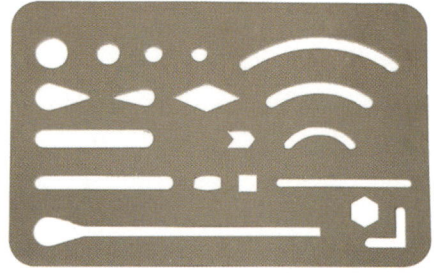
지우개판

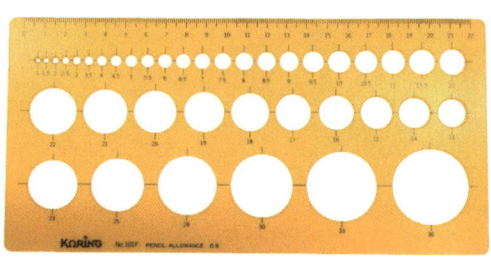
원형템플릿

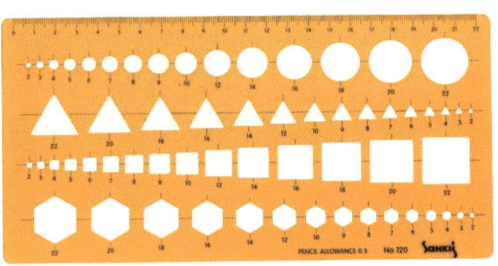
종합템플릿

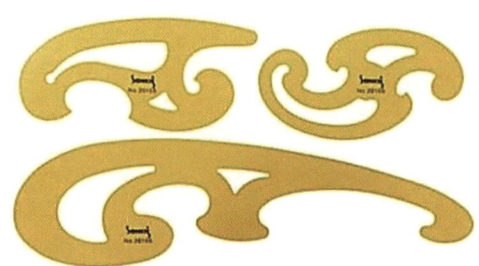
운형자

자유곡선자

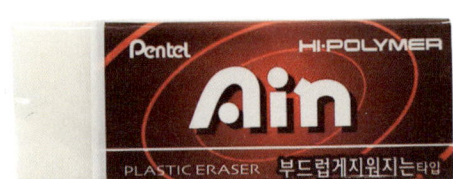
지우개

제도비

컴퍼스

마스킹 테이프

※ 연필
연필은 H의 수가 많을수록 굳으며, B의 수가 많을수록 무르고, 습기가 많은 날에는 상대적으로 흐리게 그려지기도 함. 트레싱지에 가는 선을 흐리게 그리는 연필로는 4H가 적당

2 제도원칙

1 선의 종류와 용도

명칭		굵기	용도에 의한 명칭	용도
실선	굵은선	0.5 ~ 0.8mm	윤곽선 단면선	윤곽선이나 단면
	중간선	0.3 ~ 0.5mm	입면선 외형선	입면이나 외형 표시
	가는선	0.2mm 이하	치수선, 치수보조선 지시선, 해칭선	설명, 보조, 지시 및 단면의 표시(인출선)
허선	파선 중간선	0.3 ~ 0.5mm	숨은선	물체의 보이지 않는 부분 표시
	일점쇄선 가는선	0.2mm 이하	중심선	물체의 중심축, 대칭축 표시
	일점쇄선 중간선	0.3 ~ 0.5mm	경계선 전단선	절단면의 위치나 부지경계선
	이점쇄선 중간선	0.3 ~ 0.5mm	가상선 (경계선)	일점쇄선과 구분하거나 대신해 사용

2 선의 굵기

① 제도에는 가는선, 중간선, 굵은선의 세 가지 선 사용
② 그림기호나 레터링은 가는선과 중간선 사이의 굵기 사용

※ 선의 상대적 굵기
  1. 가는선 : 상대적 굵기 1
  2. 중간선 : 상대적 굵기 2
  3. 굵은선 : 상대적 굵기 4

3 제도 용구의 사용법과 선긋기

1 제도 용구의 배치
① 오른손에 잡는 것은 오른쪽에, 왼손에 잡는 것은 왼쪽에 가깝게 배치
② 오른손잡이 설계자의 경우 눈금자(스케일), 삼각자 등은 왼쪽에 배치하고, 연필, 지우개, 컴퍼스 등은 오른쪽에 배치

2 연필의 사용법
① 선의 굵기가 일정하게 되도록 긋기
② 일정한 힘을 가하여 연필을 돌려가면서 긋기
③ 선의 용도와 굵기에 따라 구별하여 긋기

3 평행자의 사용법
① 왼손으로 평행자를 가볍게 잡고 누르지 않음
② 수평선을 그을 때는 왼손을 긋고자 하는 선의 시작 위치보다 왼쪽에 두고 선을 그어 줌

4 삼각자의 사용법
① 삼각자의 위치를 바꾸면 30°, 45°, 60°, 수직선 등 여러 가지 각도의 선을 그을 수 있음.
② 수직선이나 사선을 그을 때는 왼손으로 평행자와 삼각자를 동시에 고정하고 선을 그어 줌

5 제도 용구를 사용한 선긋기
① 선은 일관성, 통일성을 유지. 같은 목적으로 사용되는 선의 굵기와 진하기는 같게 함.
② 선을 처음 시작할 때는 긋고자 하는 선의 길이를 미리 머릿속으로 생각해 두고 그어 줌

6 선긋기 연습에서 고려해야 할 사항
① 선긋기의 방향은 왼쪽 → 오른쪽, 아래쪽 → 위쪽
② 처음부터 끝까지 일정한 힘으로
③ 선의 연결과 교차 부분이 정확하게 되도록 작도

선긋기 연습

4 문자쓰기

1 레터링(lettering) : 제도에 사용되는 문자

① 글자는 간단명료하게 기입 : 과다하게 많이 쓰지 말 것
② 문장은 왼쪽부터 가로쓰기
③ 글자체는 수직 또는 15° 경사의 고딕체로 쓰는 것이 원칙
④ 글자의 크기는 각 도면의 상황에 맞추어 알아보기 쉬운 크기(5 ~ 6mm 정도)
⑤ 4자리 이상의 수는 3자리마다 휴지부를 찍거나 간격을 둠

2 문자의 표시

① 한글 : 한글의 서체는 활자체에 준함
② 영자 : 주로 로마자 대문자 사용
③ 숫자 : 아라비아 숫자 사용

평면도 입면도 단면도 상세도 개념도 배치도 실재도 배식도
침엽수 활엽수 교목 관목 낙엽활엽수 상관 낙기 상록수 낙엽수
휴게공간 운동공간 광장 중앙광장 주차장 화장실 놀이공간
공간 주동선 부동선 차량동선 연계동선 산책동선 시지각

완충식재 경관식재 녹음식재 차폐식재 경계식재 요점식재 유도식재
소형고압블럭포장 아스팔트포장 모래포장 자연석판석포장 화강석
투수콘포장 마사토포설 자갈깔기 콘크리트 보도블럭 벽돌포장

파고라 파여자 수목보호대 음수대 휴지통 맨홀 옥외수 집수정
중앙분리대 마감선대 경계석 화전무대 청각 경당정 사다리
시선불차림 수목식재 방위 포장방법 상상 기호 축척 단위
은행나무 느티나무 왕벚나무 소나무 진달래 배롱나무 자귀나무

한글의 표현

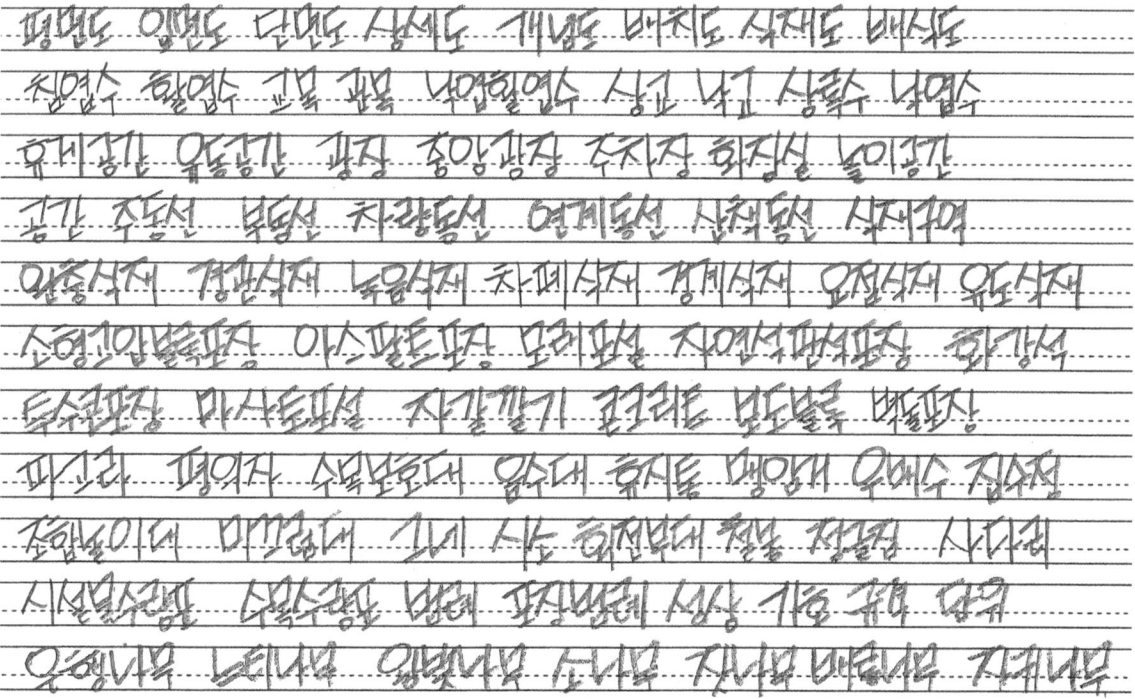

ABCDEFGHIJKLMNOPQRSTUVWXYZ
SCALE DETAIL PLAN SAMSUNG PAVING LANDSCAPE
THK ENVIRONMENT SPOT IN OUT UP DN ELEVATION
LANDMARK PEDESTRIAN WAY VISTA LIVING ATRIUM
1234567890 4.500 1.800 900 7400 8200
THK.150 FL±0 Ø250 3,600× H=2400 Ø30
H4.0×B10 H4.0×R15 H3.5×R12 H4.0×W1.0 H0.5×W0.6
H0.5×W0.6 H2.5×R6 H3.0×R8 H3.5×W1.8 H1.2×W0.6
H1.5×W0.6 H2.0×R4 H0.8×W0.4 H2.5×R6 H4.0×B10
AFEHILT SBPRK CGD MWNU SXYJ OQVI

영자 및 숫자의 표현

㉠ 한글연습

㉠ 한글연습

ⓛ 영자 및 숫자 연습

5 조경제도 기호

시설물이나 수목의 실제 형태를 도면에 그대로 나타내기는 어려움. 따라서 수목이나 시설물은 기호화해 표현

1 방위 및 축척의 표시

① 방위
  ㉠ 설계자에 따라 개성 있게 표현
  ㉡ 되도록 북쪽을 위쪽으로 향하게 하고 도면상에 표시해 줌

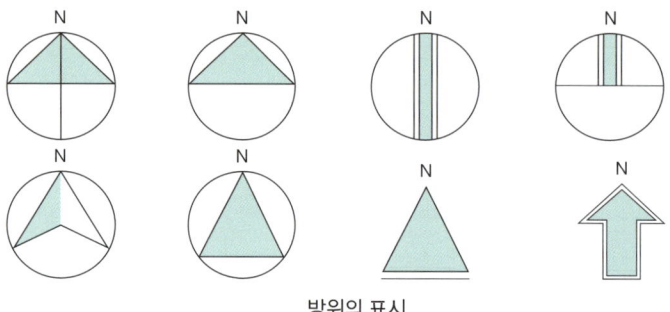

방위의 표시

② 축척
  ㉠ 분수로 표시하는 방법, 막대축척으로 표시하는 방법
  ㉡ 막대축척을 표시하는 방법은 도면의 확대 및 축소 시 편리

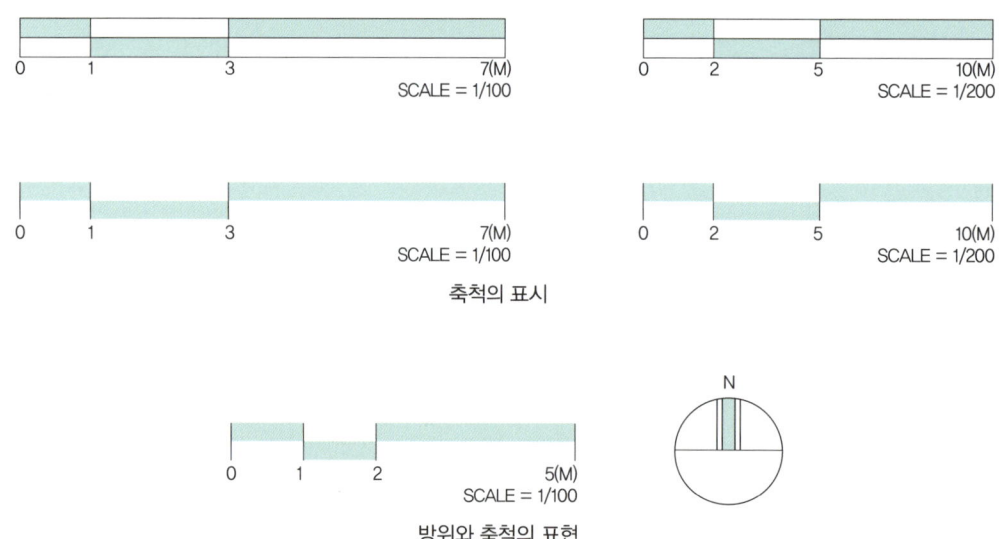

축척의 표시

방위와 축척의 표현

2 수목의 표현

① 교목의 평면표현
- ㉠ 간단한 원으로 표현하는 방법
- ㉡ 원 내에 가지 또는 질감으로 표시하는 방법
- ㉢ 그림자를 넣어 표현하는 방법 등
- ㉣ 윤곽선의 크기는 수목이 성숙했을 때 퍼지는 수관의 크기
- ㉤ 수목의 윤곽선이 뚜렷하게 나타나도록 표현
- ㉥ 침엽수 : 직선 또는 날카로운 톱날형 곡선을 사용하여 표현
- ㉦ 활엽수 : 부드러운 질감을 가지도록 가장자리를 곡선으로 표현

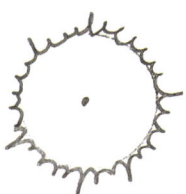    

침엽교목 표현의 예

   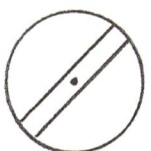

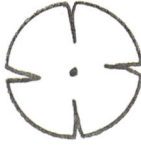 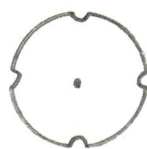  

활엽교목 표현의 예

② 관목과 지피류의 평면 표현
- ㉠ 관목과 지피류는 군식으로 표현
- ㉡ 간략한 패턴으로 구분하여 나타냄

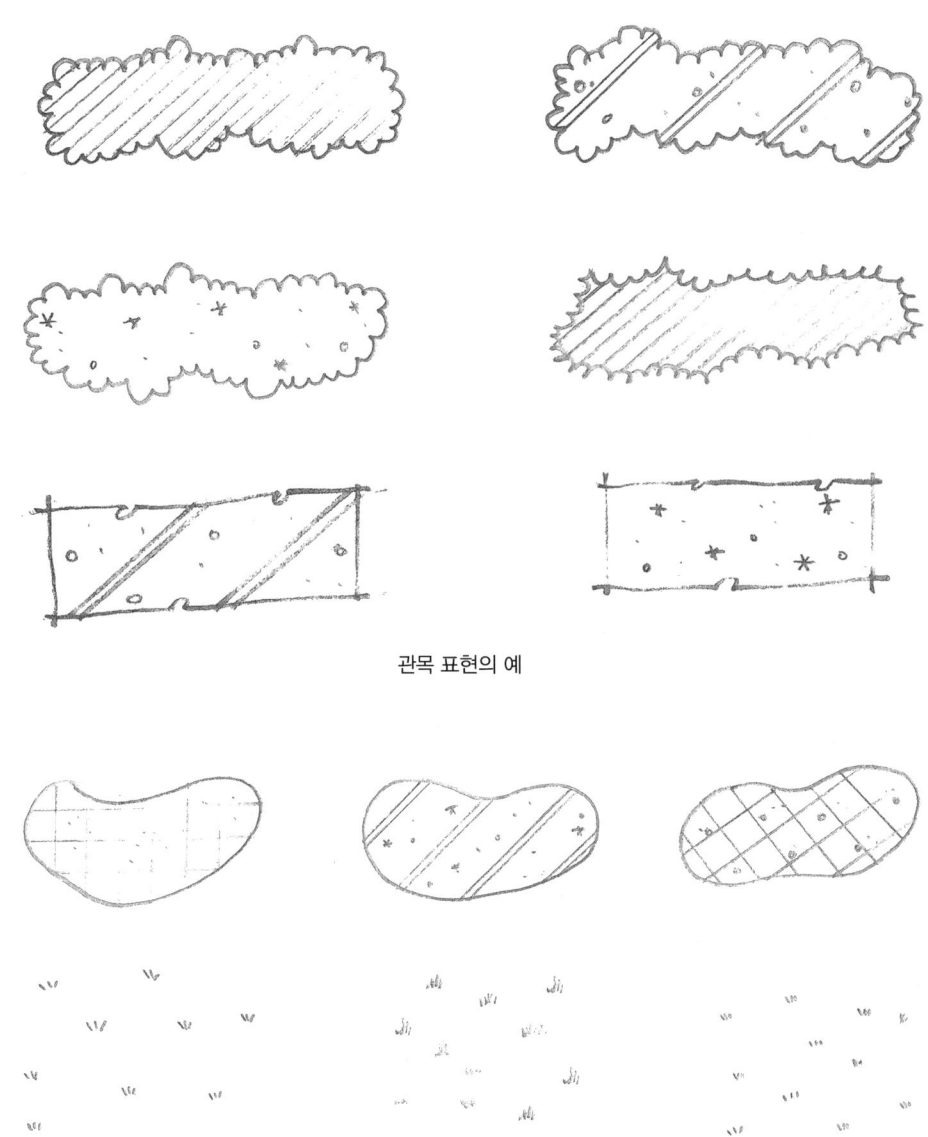

관목 표현의 예

지피 및 초화류 표현의 예

③ 교목의 입면 표현

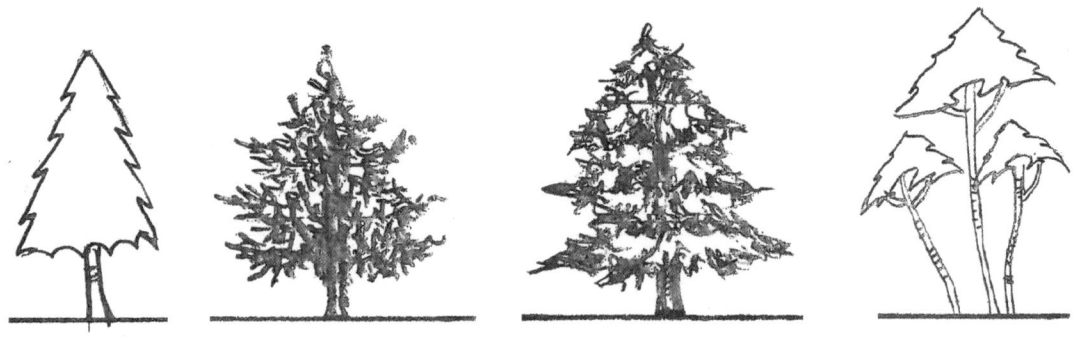

침엽교목 표현의 예

활엽교목 표현의 예

④ 관목과 지피류의 입면 표현

관목 표현의 예

지피 및 초화류 표현의 예

3 인출선

① 공간이 좁아 대상 자체에 기입할 수 없을 때 인출선을 사용
② 가는 선으로 명료하게 긋고 깨끗하게 마무리
③ 인출선의 수평 부분은 기입 사항과 맞춤
④ 인출선의 방향과 기울기는 되도록 통일
⑤ 인출선 간의 교차나 치수선과의 교차를 피함
⑥ 한 도면에서는 인출선의 굵기와 질은 동일하게 유지

4 수목의 인출선 : 수량, 수종명, 수목의 규격을 기입

① 교목
    ㉠ 여러 주를 연결 시 수목 인출선은 수목연결선의 처음이나 마지막 부분에서 인출
    ㉡ 멀리 떨어진 수목은 연결하지 않고 별도로 연결
    ㉢ 인출선이 교차하는 경우 별도로 표시

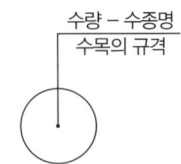

수목인출선의 표시방법

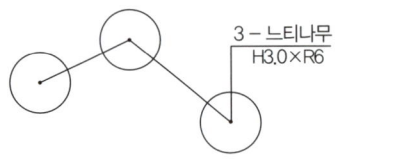

올바른 연결 표현

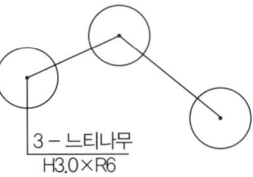

잘못된 연결 표현

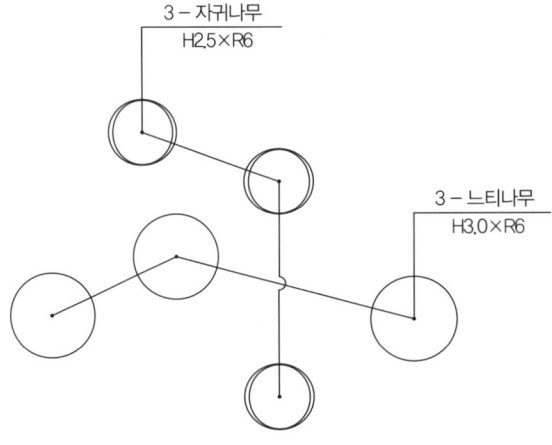

〈인출선의 교차〉

② 관목
  ㉠ 가까이 있는 군식끼리 연결하여 인출

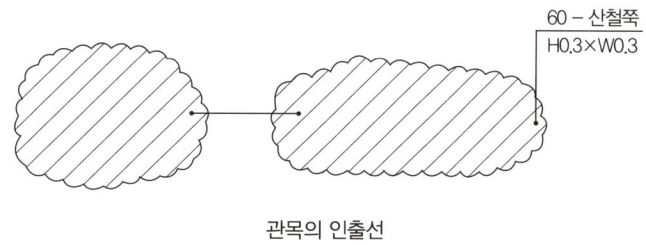

관목의 인출선

5 시설물의 표현

: 도면에 표시되는 조경 시설물 기호는 표준화된 것은 없고, 일반적으로 실물을 위에서 내려다 본 평면의 형태와 옆에서 바라본 입면의 형태를 단순화시켜 표현한 것을 사용

① 휴게 및 편의시설

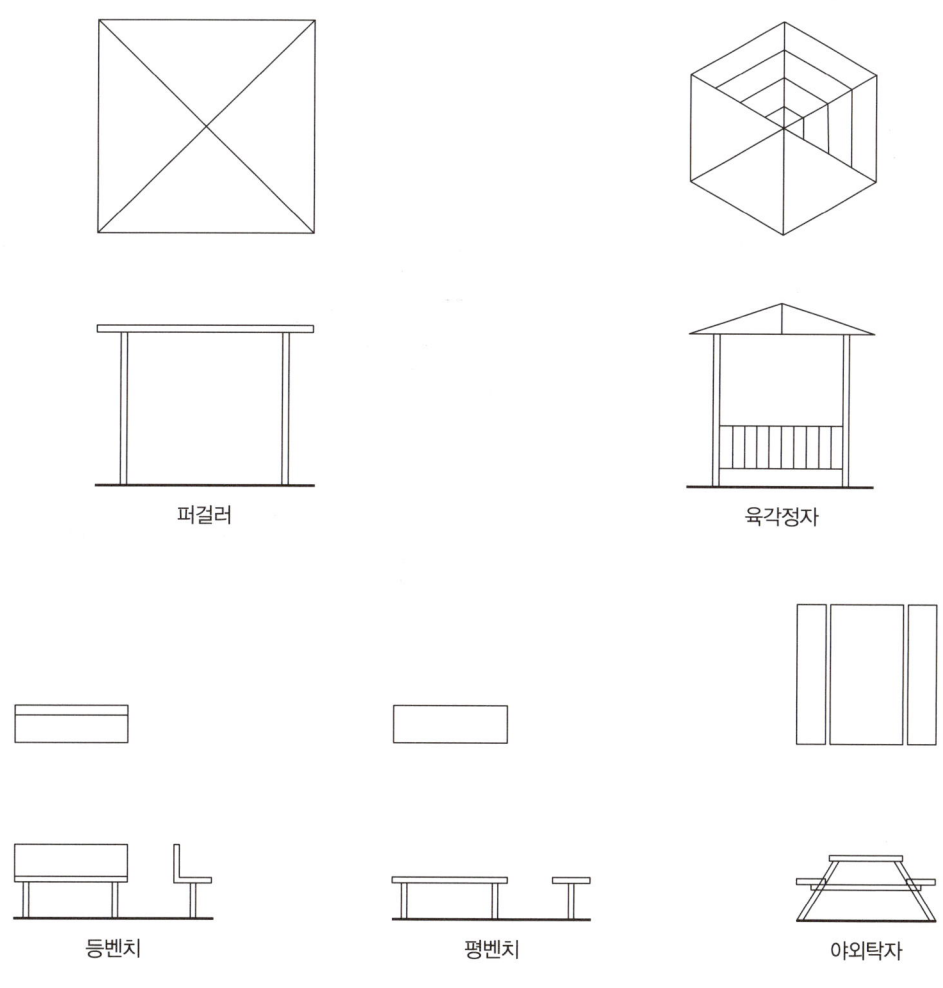

퍼걸러 · 육각정자

등벤치 · 평벤치 · 야외탁자

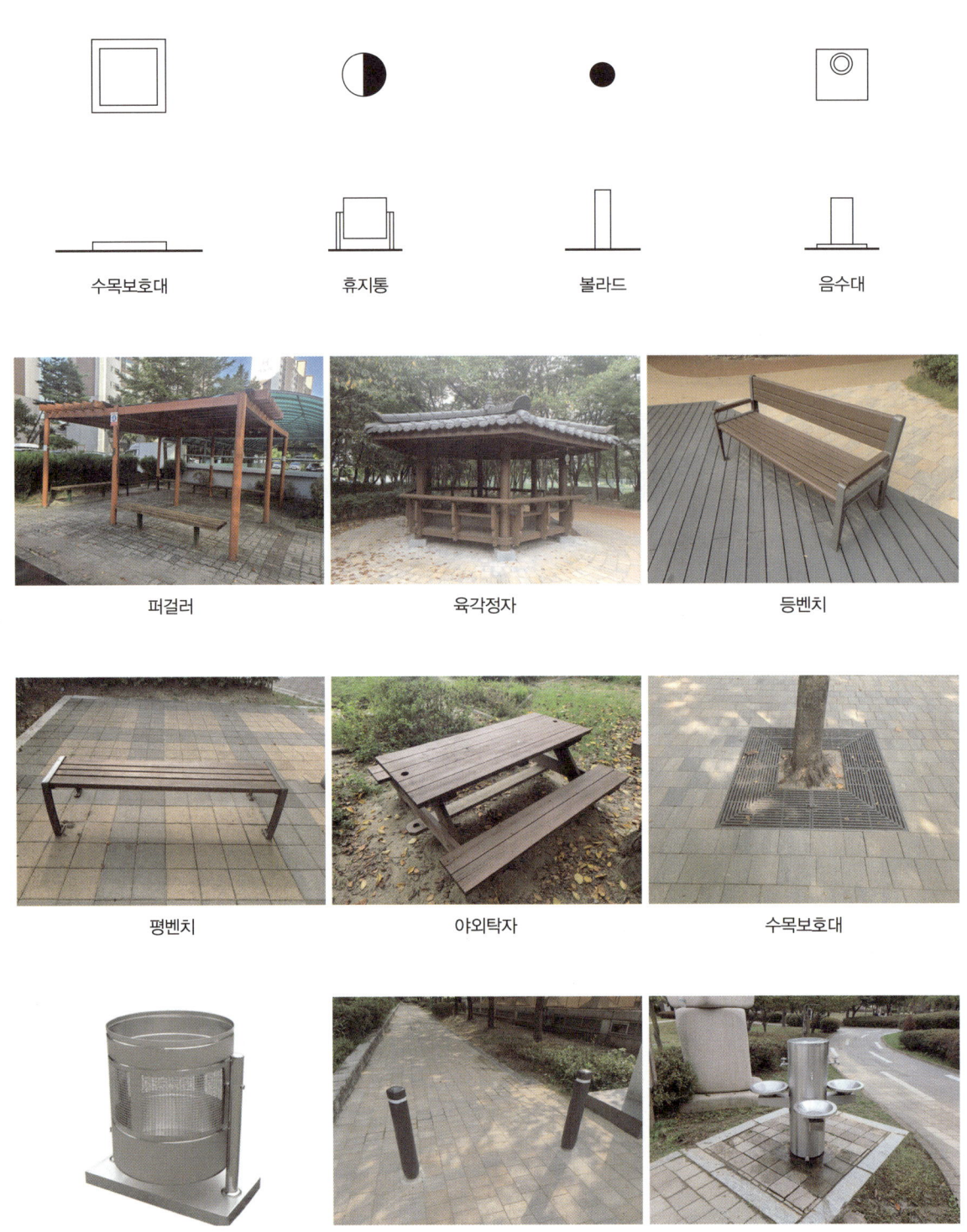

② 놀이시설

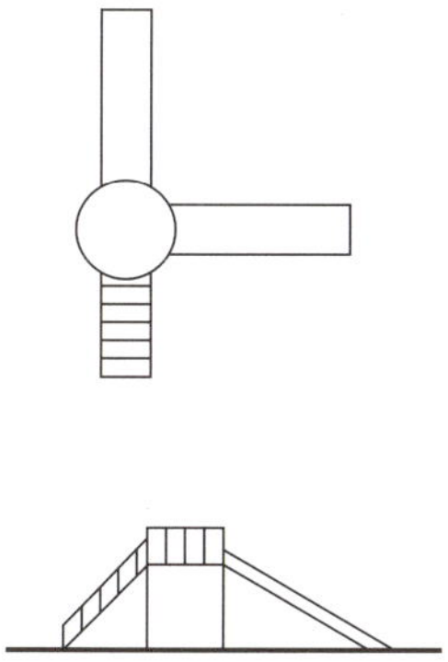

미끄럼틀	그네	시소
정글짐	회전놀이대	래더

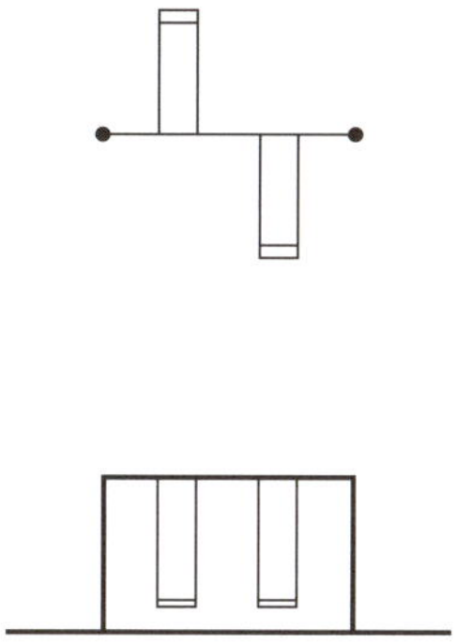

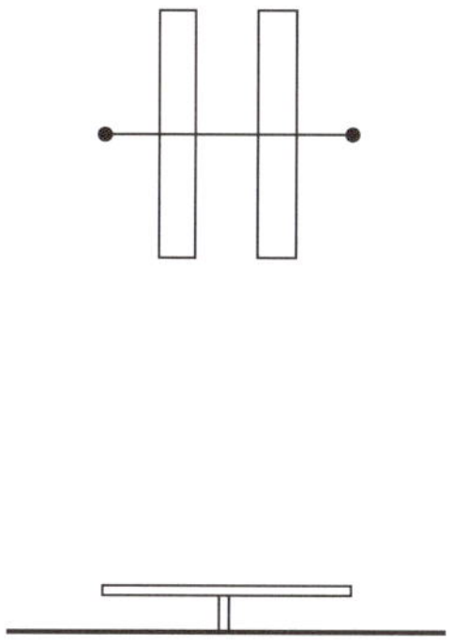

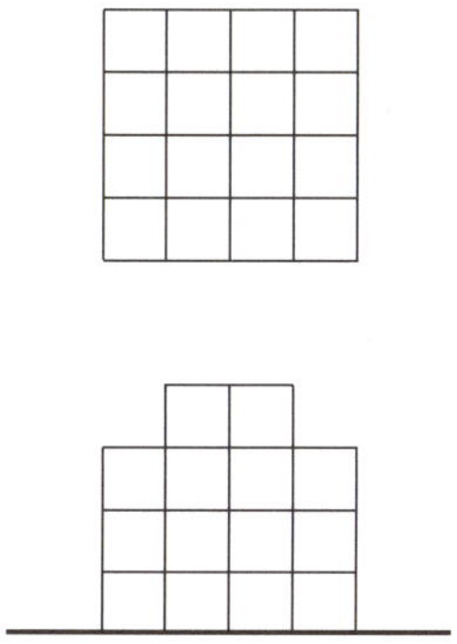

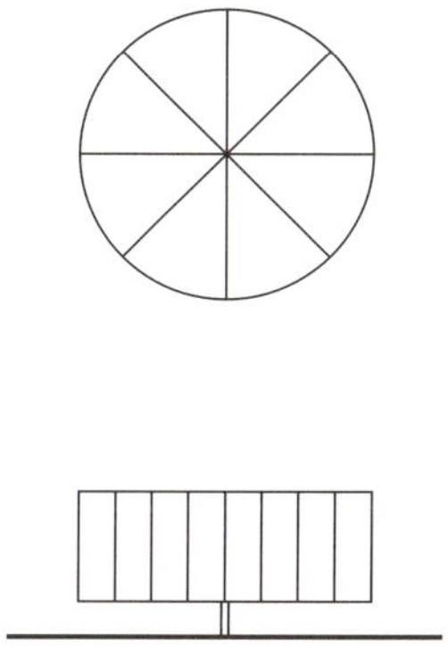

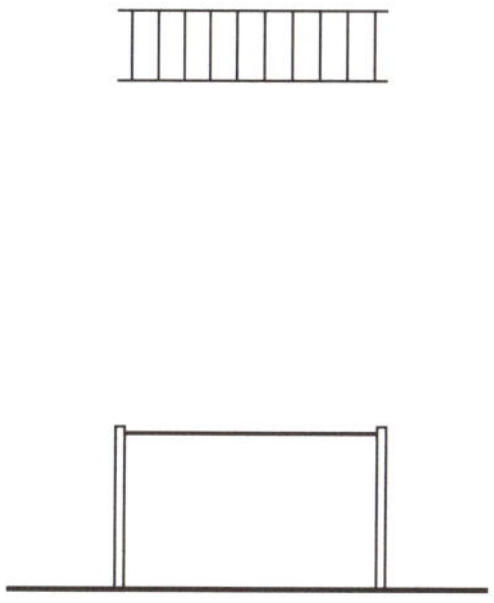

 미끄럼틀
 그네
 시소
 정글짐
 회전놀이대
 래더

③ 운동시설

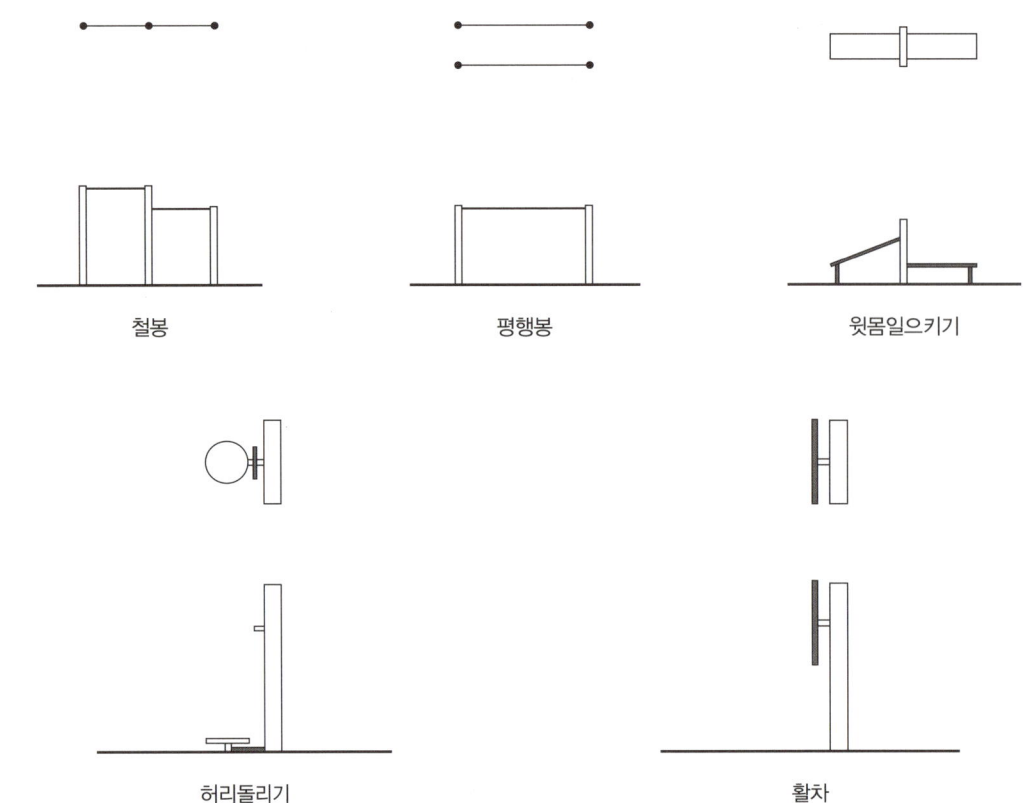

| 철봉 | 평행봉 | 윗몸일으키기 |

| 허리돌리기 | 활차 |

③ 운동시설

④ 그 외 표현

ENT
출입구   점고표   계단

6 포장 재료의 표현

① 재료표시 기호

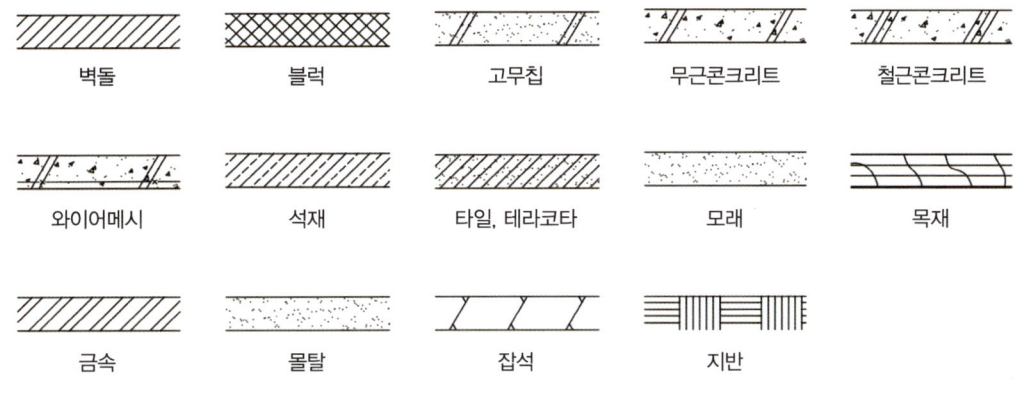

재료표시 기호

② 도면상에 표시하는 약어

표기	내용	표기	내용
EL.	표고(Elevation)	THK	재료 두께(Thickness)
G.L	지반고(Ground Level)	MH	맨홀
F.L	계획고(Finish Level)	UP	올라감(Up)
W.L	수면 높이(Water Level)	DN	내려감(Down)
F.H	마감 높이(Finish Height)	A	면적(Area)
B.M	표고 기준점(Bench Mark)	Wt	무게(Weight)
W	너비, 폭(Width)	V	용적(Volume)
H	높이(Height)	@	간격(at)
L	길이(Length)	D, Ø	지름(Diameter)
CONC.	콘크리트	STL.	철재(Steel), 강판(ST L, PL)

③ 포장의 평면 표현과 단면 표현

포장명	블럭 포장	벽돌 포장
사용 공간	휴식 공간, 이동 공간, 기념 공간, 광장 등	휴식 공간, 이동 공간, 기념 공간, 광장 등
평면표현법		
단면상세	- THK 60 블럭 - THK 40 모래 - THK 150 잡석다짐 - 원 지 반	- THK 60 벽돌 - THK 40 모래 - THK 150 잡석다짐 - 원 지 반

포장명	화강석판석 포장	자연석판석 포장
사용 공간	휴식 공간, 이동 공간, 기념 공간, 광장 등	휴식 공간, 이동 공간, 기념 공간, 광장 등
평면표현법		
단면상세	- THK 30 화강석판석 - THK 50 붙임몰탈(1:3) - THK 100 기초콘크리트 - #8 와이어메시(150X150) - THK 150 잡석다짐 - 원 지 반	- THK 30 자연석판석 - THK 50 붙임몰탈(1:3) - THK 100 기초콘크리트 - #8 와이어메시(150X150) - THK 150 잡석다짐 - 원 지 반

포장명	콘크리트 포장	투수콘크리트 포장
사용 공간	주차 공간, 관리 공간 등	휴식 공간, 이동 공간, 기념 공간, 광장 등
평면표현법		
단면상세	THK 100 기초콘크리트 #8 와이어메시(150X150) THK 150 잡석다짐 원 지 반	THK 50 투수콘크리트 THK 150 잡석다짐 THK 50 모래(왕사) 원 지 반

포장명	모래 포장	마사토 포장
사용 공간	놀이 공간 등	운동 공간, 오솔길 등
평면표현법		
단면상세	THK 300 모래 THK 150 잡석다짐 원 지 반	THK 200 마사토 THK 150 잡석다짐 원 지 반

포장명	고무칩 포장	데크 포장
사용 공간	놀이 공간, 운동 공간 등	휴게 공간, 이동 공간 등
평면표현법		
단면상세	- THK 30 고무칩 - 프라이머 - THK 100 기초콘크리트 - #8 와이어메시(150X150) - THK 150 잡석다짐 - 원 지 반	- THK 25 데크용 방부목 - 50X50 프레임(아연도금각) - THK 100 기초콘크리트 - #8 와이어메시(150X150) - THK 150 잡석다짐 - 원 지 반

④ 평면도 설계 시 포장의 표현방법

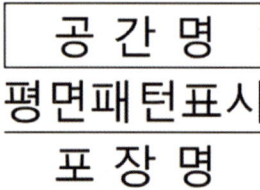

7 사람의 입면 표현

① 상대적 척도
  ㉠ 단면도, 입면도, 투시도 등의 설계도면에서 물체의 상대적인 크기를 느끼기 위하여 넣는 것으로 수목, 자동차, 사람 등
  ㉡ 기능사 제도에서는 이용자(사람)를 주로 사용
② 이용자의 표현 연습

8 경계석 상세도
- 녹지와 포장의 경계부위나 포장과 포장의 경계 처리부위로 재료의 분리나 패턴 변화에 사용

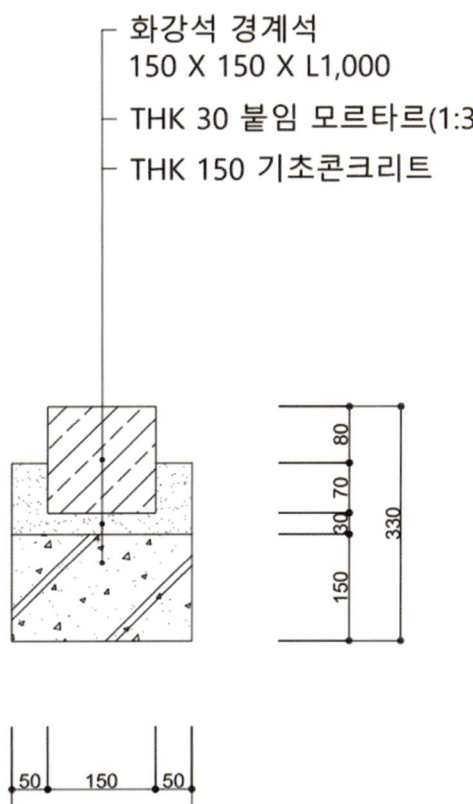

경계석 상세도

녹지와 포장의 경계

포장과 포장의 경계

6 도면 작성하기

1 도면의 기본 형태

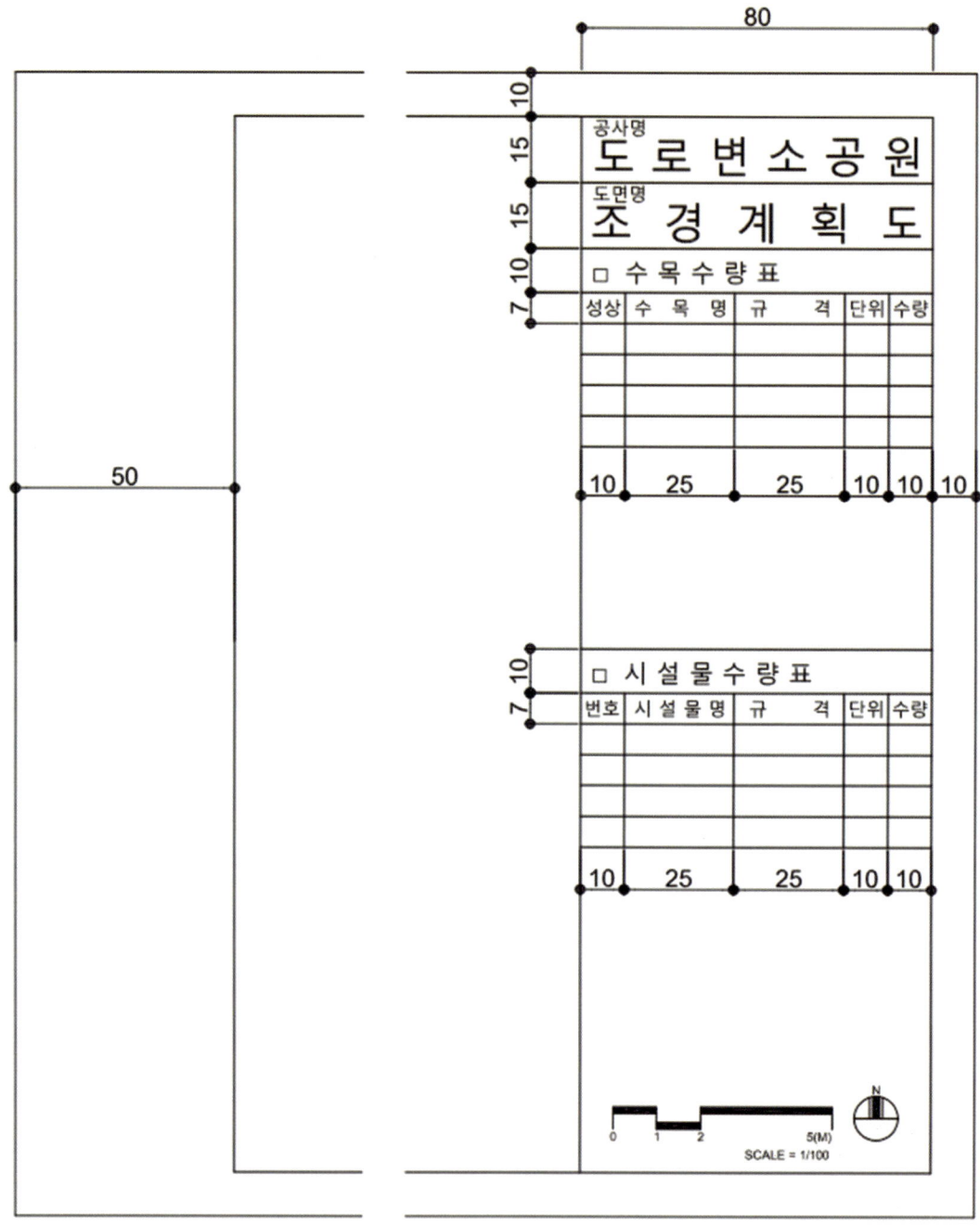

2 평면도의 작성법

① 테두리선과 표제란 부분을 만들고 표제란 아래 방위표와 스케일 작도

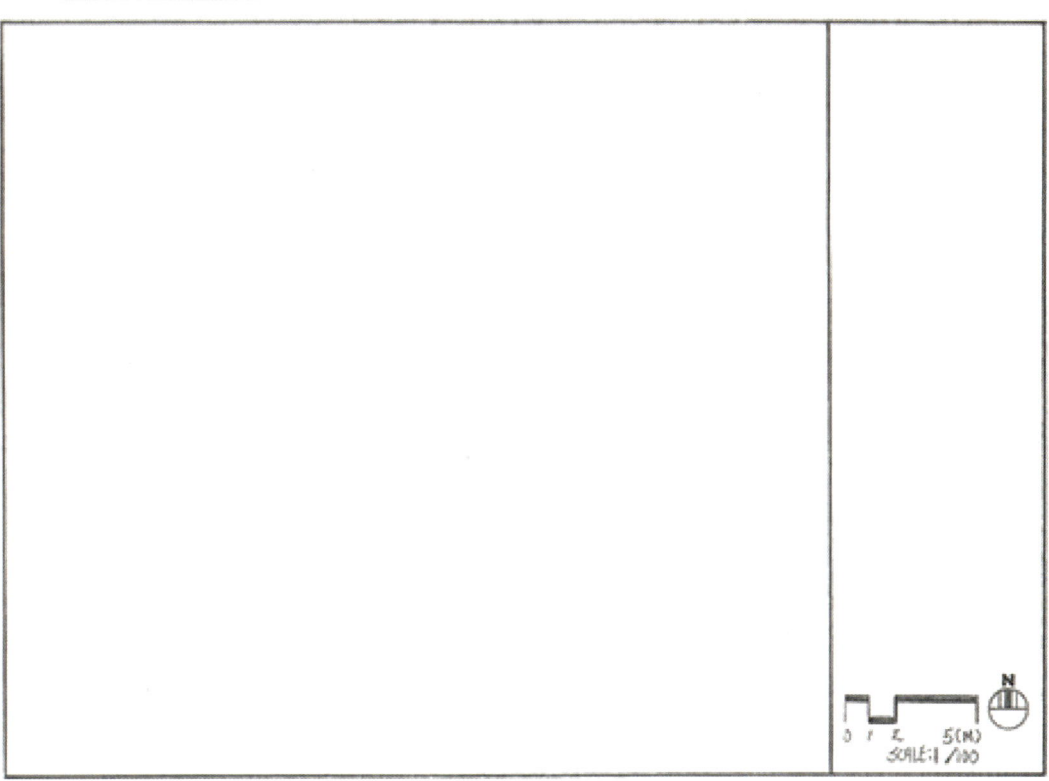

② 축척에 맞춰 부지 공간 및 녹지를 구분하고 경계석을 표현

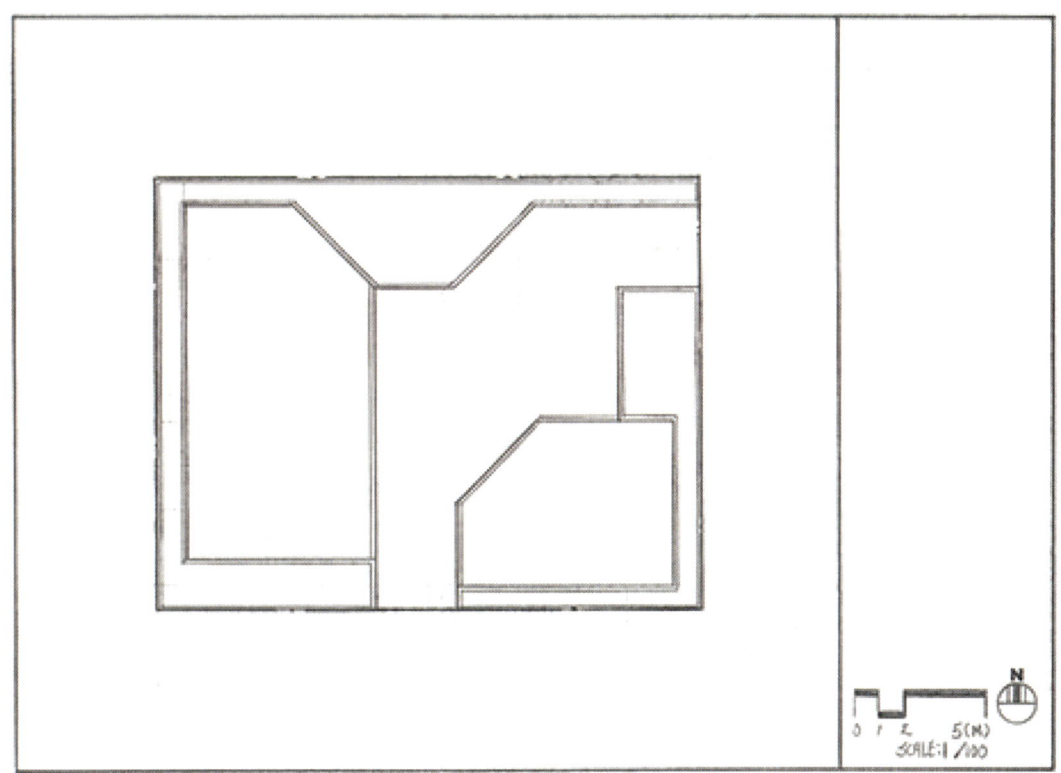

③ 주어진 문제의 조건에 따라 공간별 시설물 설치

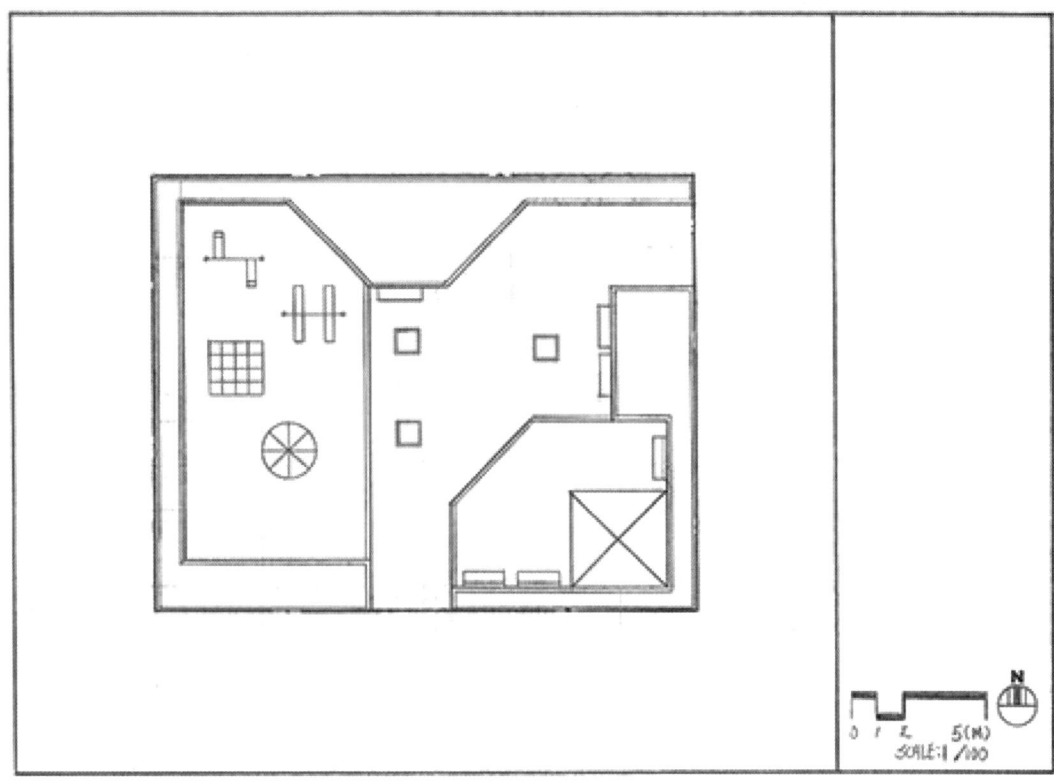

④ 시설물 설치 후 공간의 성격에 맞는 포장 실시

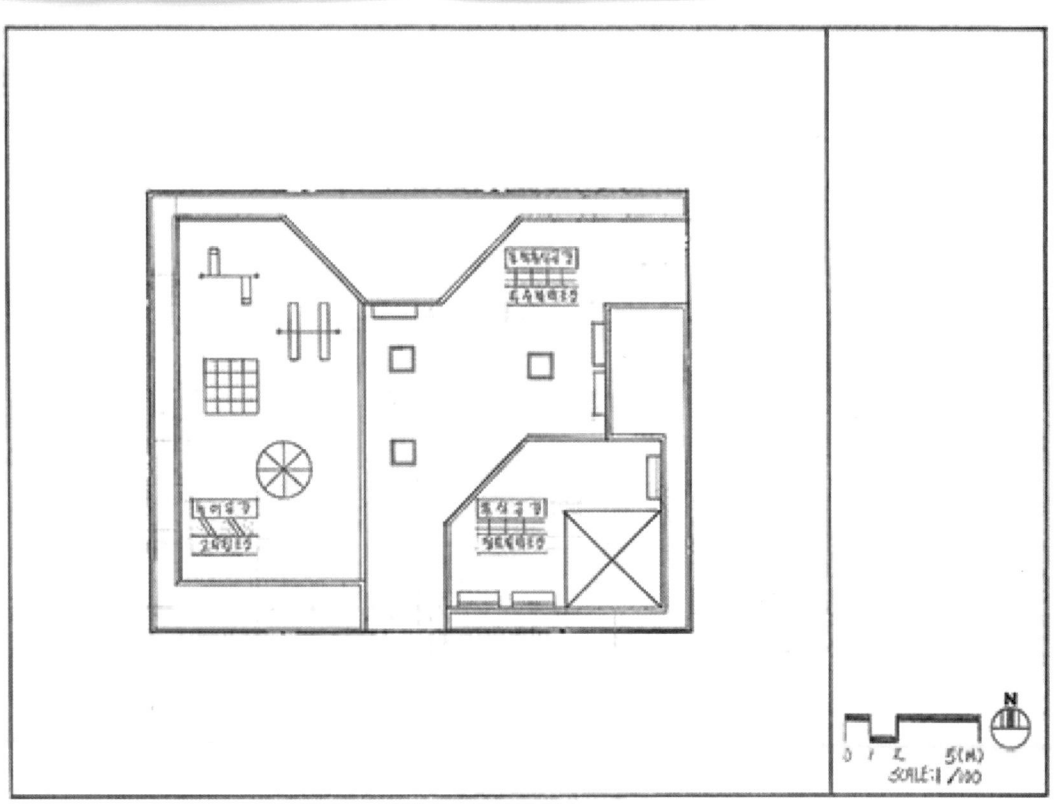

⑤ 적당한 수종을 골라 배식 설계

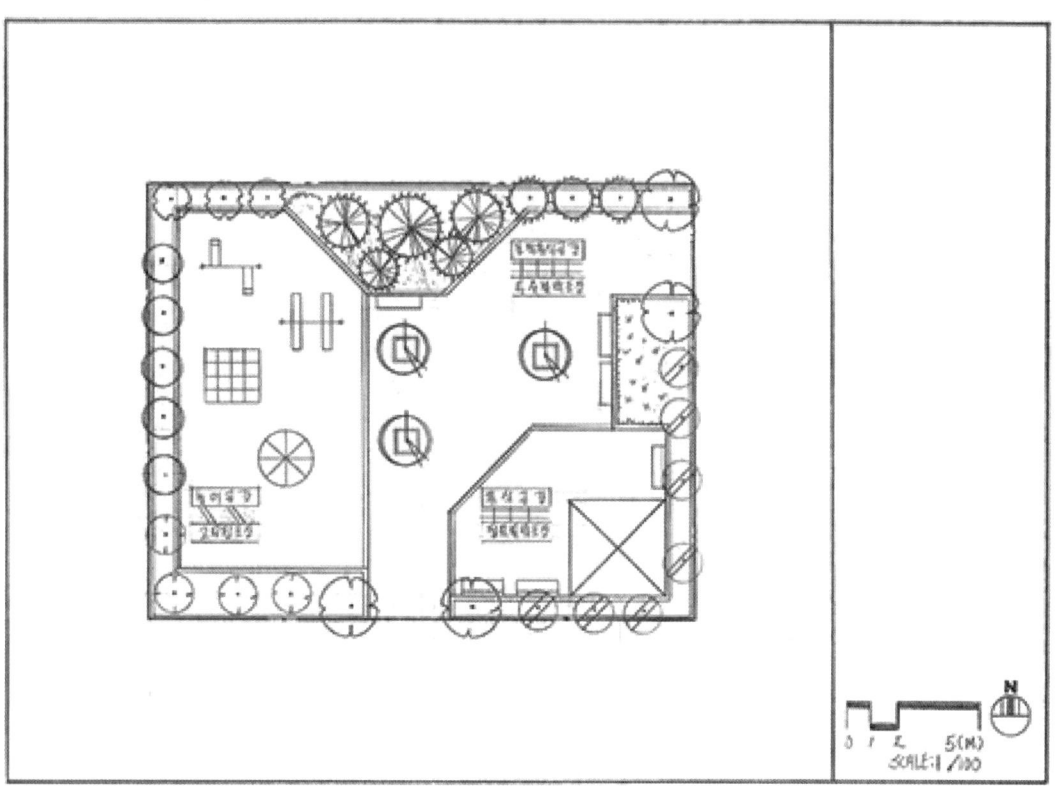

⑥ 수목의 인출선 표시 및 출입구와 단면선 표시

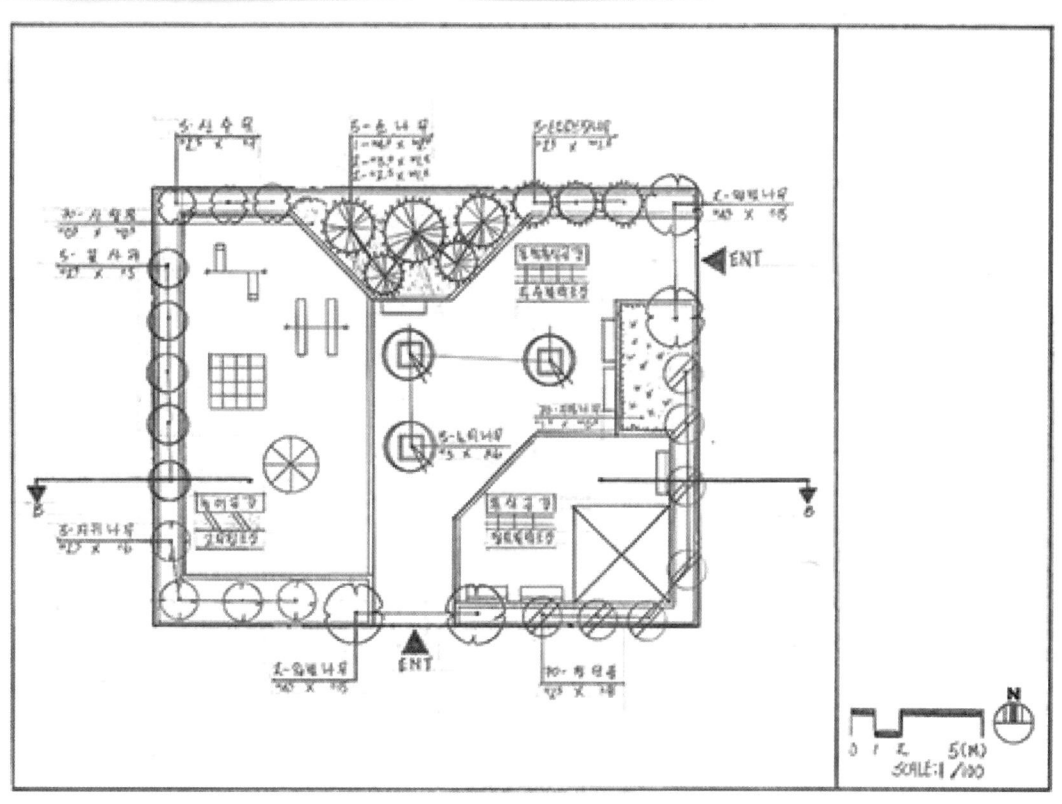

⑦ 우측 표제란 작성

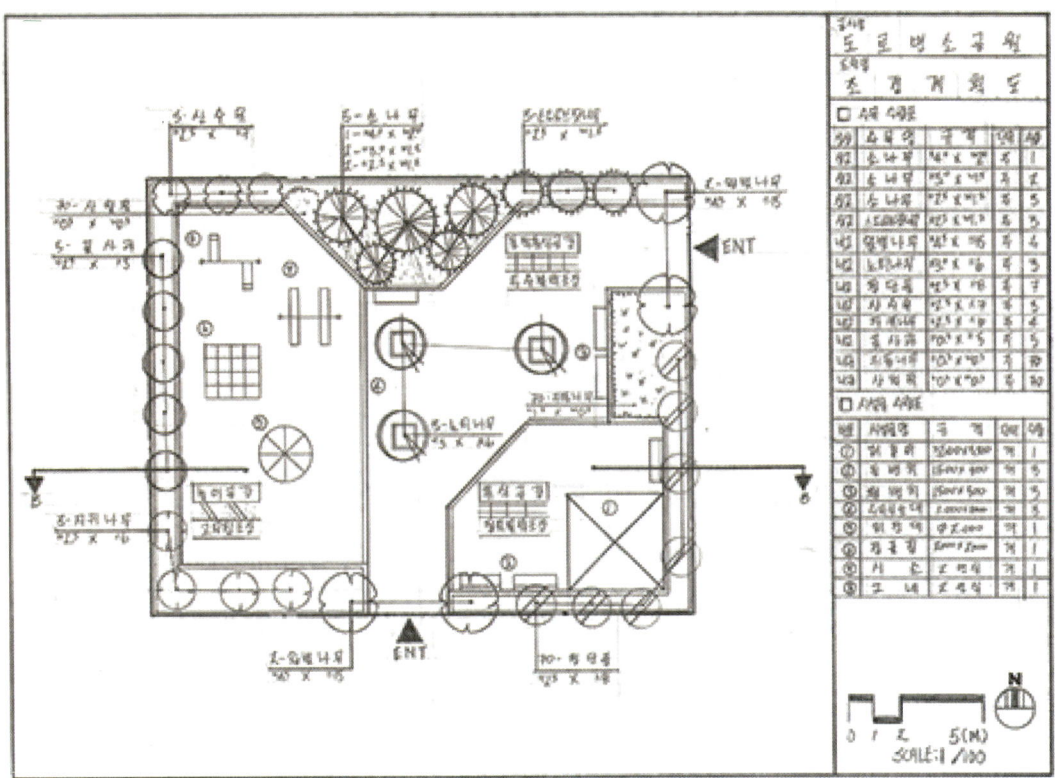

3 단면도의 작성법
① 단면선에 맞춰 선긋기 및 높이 표시

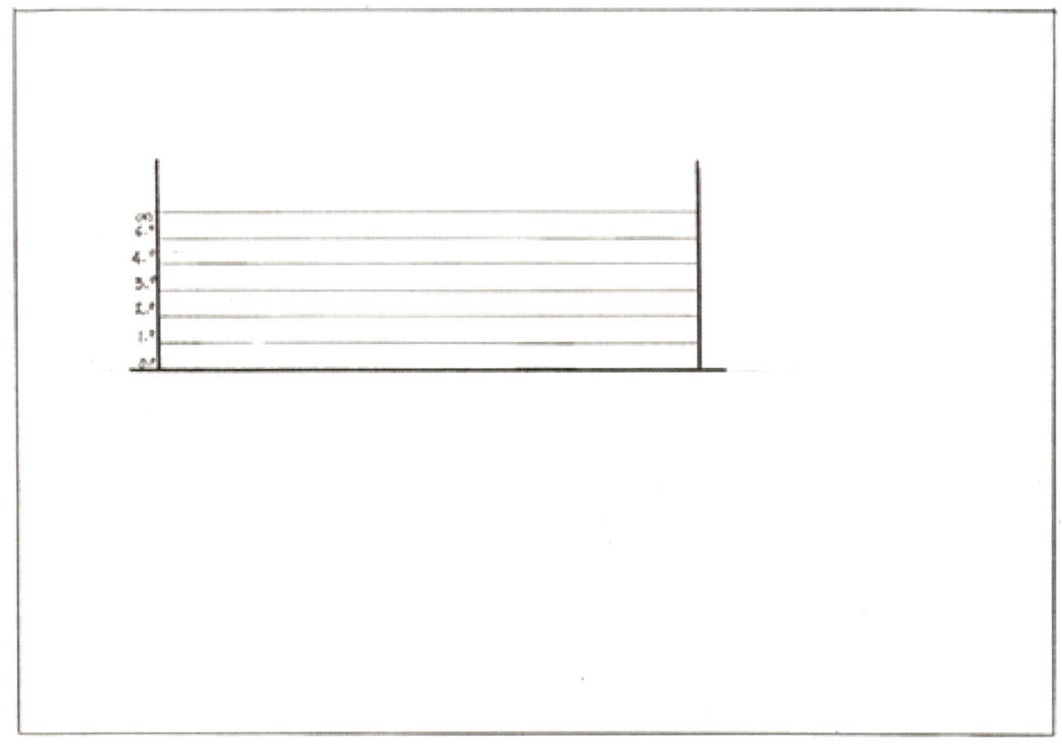

② 평면도를 참조해 공간을 구분 후 시설물 표현

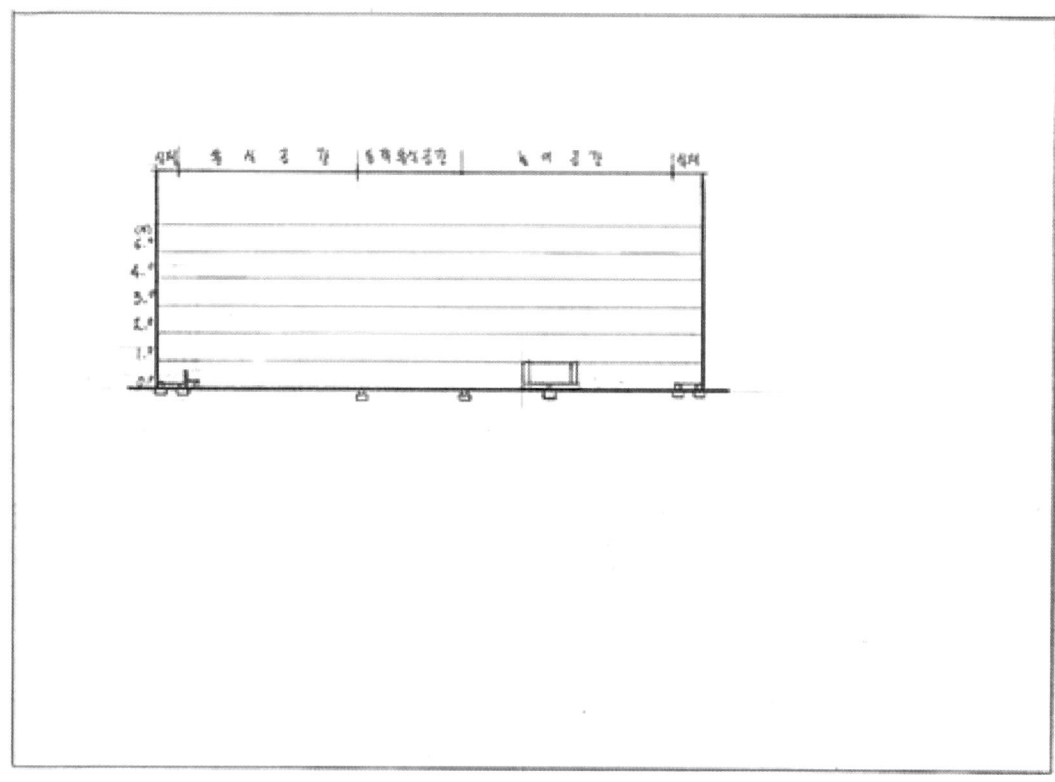

③ 포장 단면의 표현

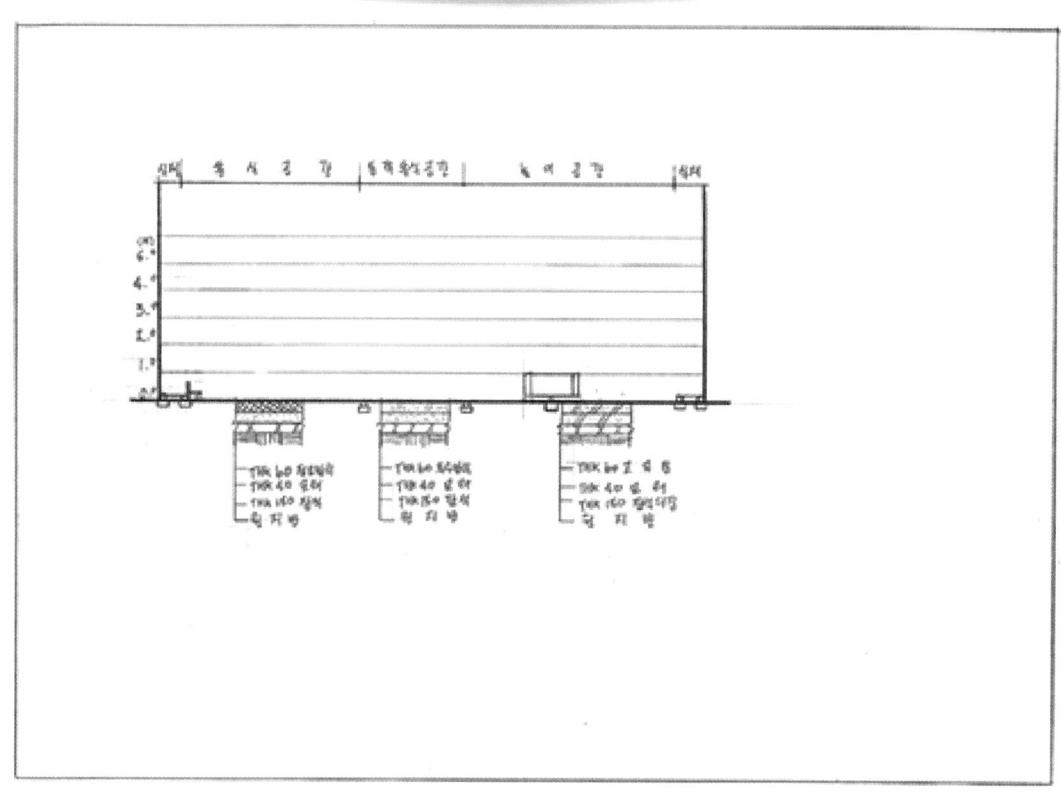

④ 수목과 이용자의 표현

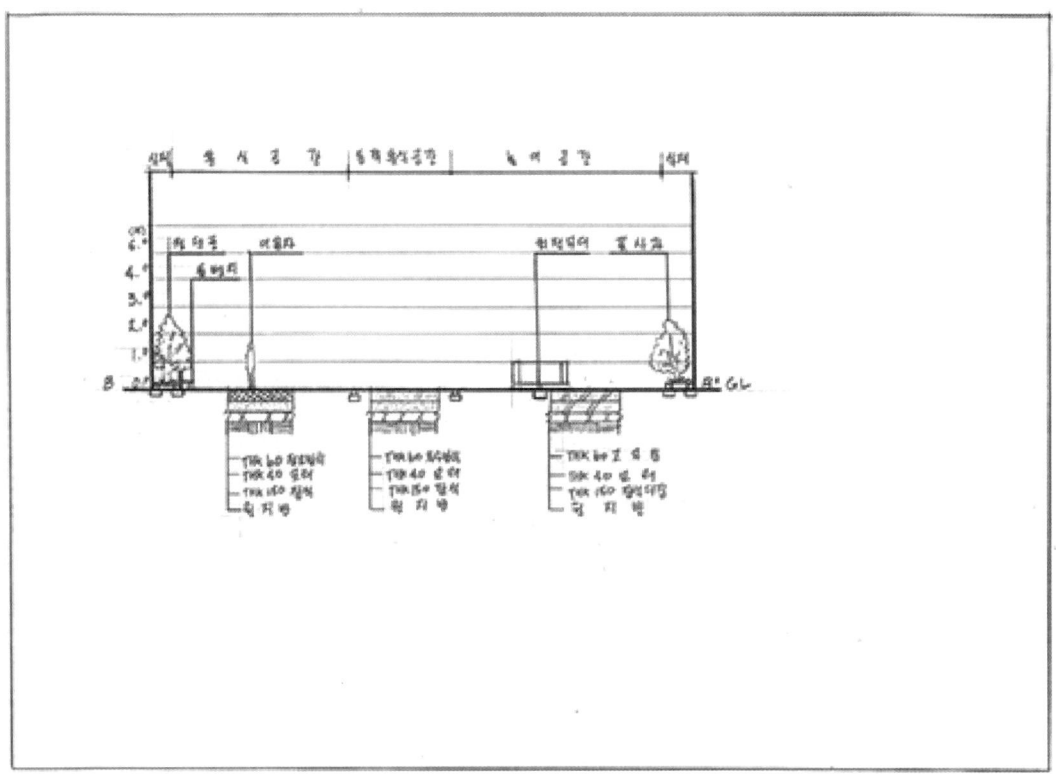

⑤ 단면도의 스케일 표시

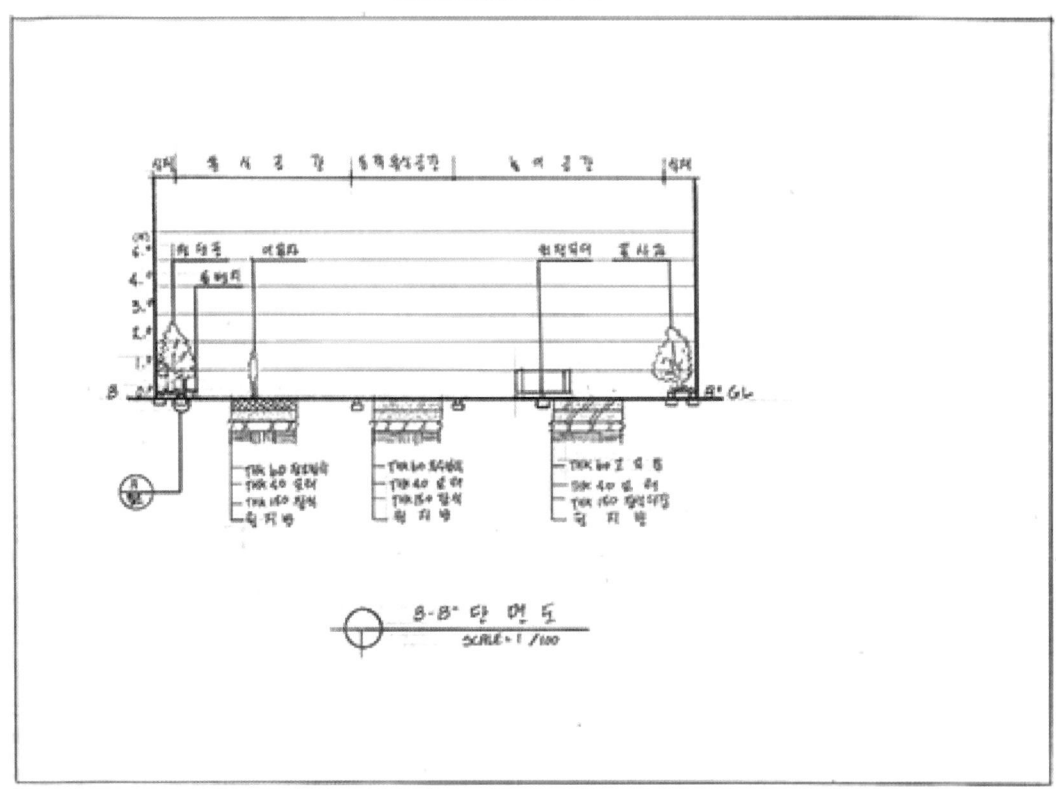

⑥ 우측 상세도 표현

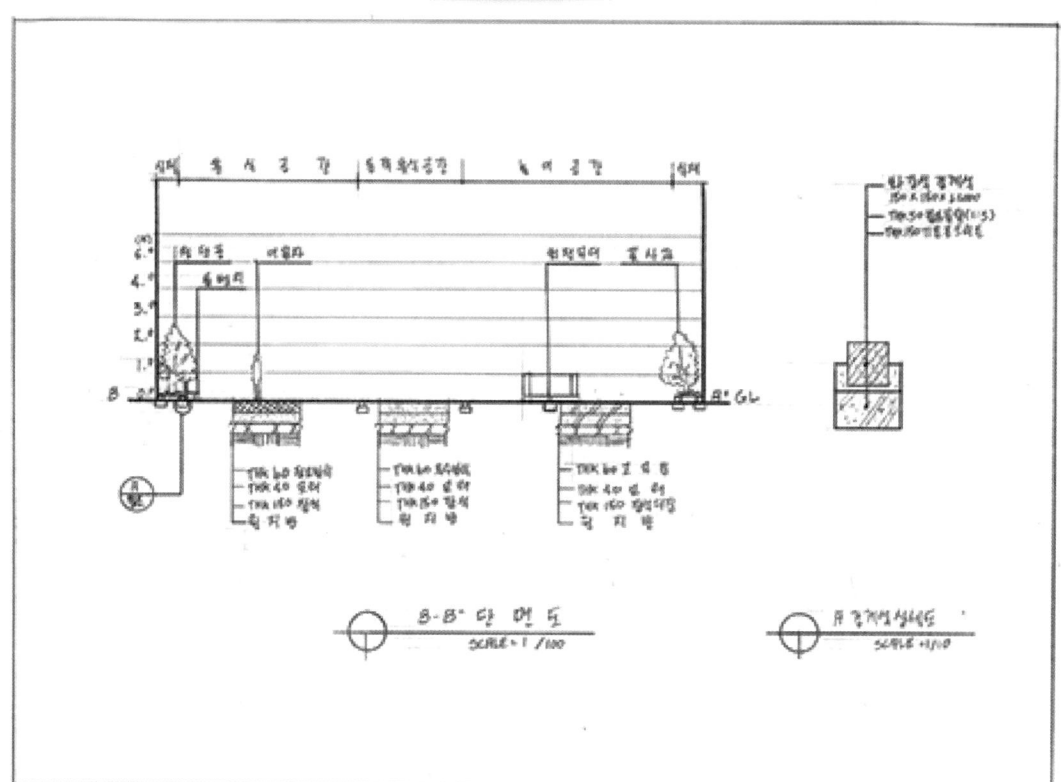

PART 01 기출문제

도로변 소공원 설계

우리나라 중부지역에 위치한 도로변의 빈 공간에 대한 조경설계를 하고자 한다. 주어진 현황도 및 아래 사항을 참조하여 설계조건에 따라 조경계획도를 작성한다. (단, 2점 쇄선 안 부분이 조경설계 대상지로 한다.)

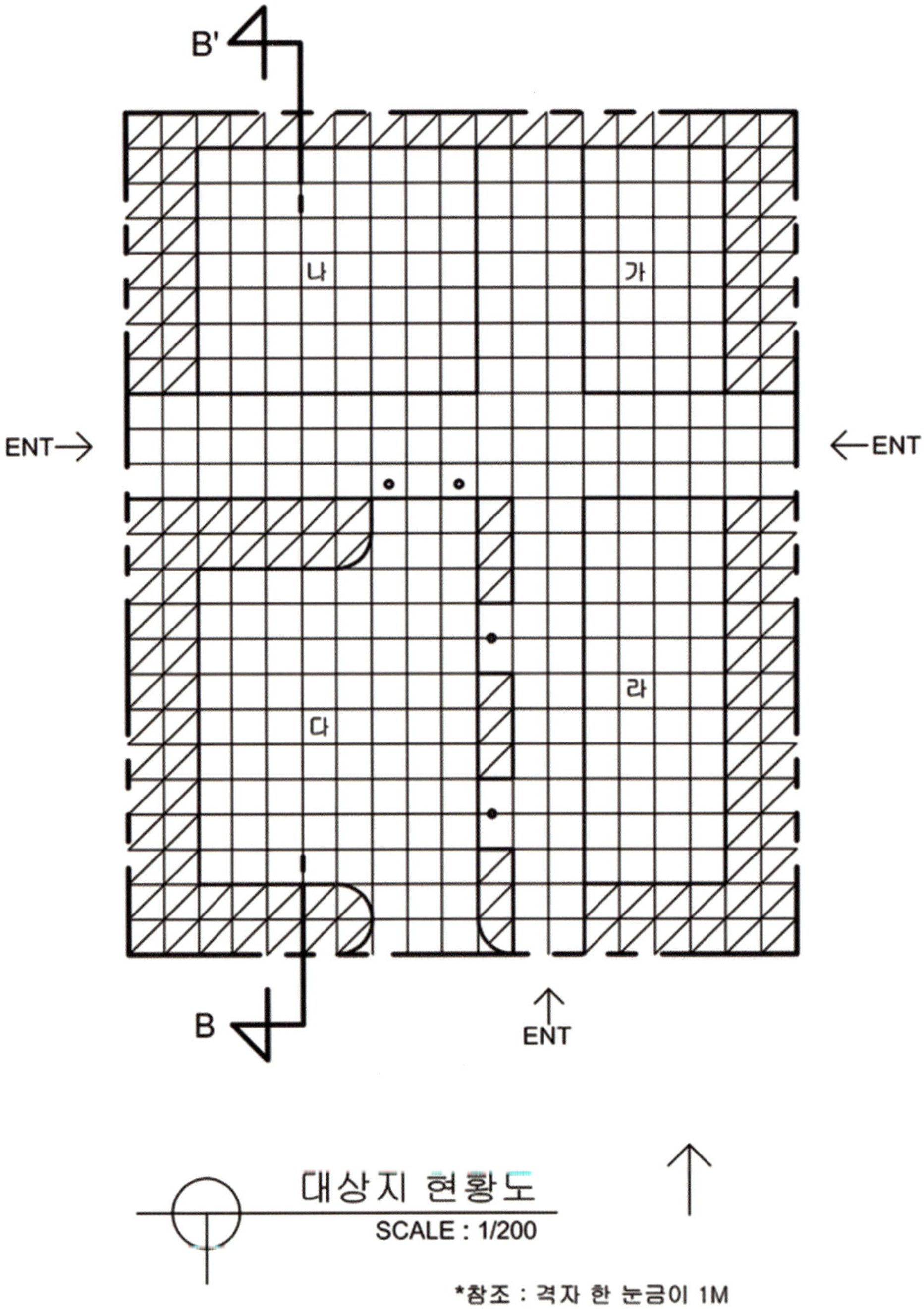

B'
나
가
ENT
ENT
다
라
B
ENT
대상지 현황도
SCALE : 1/200
*참조 : 격자 한 눈금이 1M

☑ 요구사항

1. 식재평면도를 위주로 한 조경계획도를 축척 1/100로 작성하시오.(지급용지1)
2. 도면 오른쪽 위에 작업명칭을 작성하시오.
3. 도면 오른쪽에는 "중요시설물 수량표와 수목(식재)수량표"를 작성하고, 수량표 아래쪽에는 "방위표시와 막대축척"을 그려 넣는다.(단, 전체 대상지의 길이를 고려하여 범례표의 폭을 조정할 수 있다.)
4. 도면의 전체적인 안정감을 위하여 테두리선을 넣으시오.
5. B-B' 단면도를 축척 1/100로 작성하시오.(지급용지2.)

☑ 요구조건

1. 해당지역은 도로변의 자투리 공간을 이용하여 휴식 및 어린이들이 즐길 수 있는 소공원으로, 공원의 특징을 고려하여 조경계획도를 작성한다.
2. 포장지역을 제외한 곳에는 식재가 가능한 장소에는 식재를 하시오.(빗금친 부분이 녹지)
3. 포장지역은 "소형고압블럭, 콘크리트, 모래, 마사토, 투수콘크리트" 등 적당한 위치에 선택하여 표시하고, 포장명을 기입한다.
4. "가" 지역은 기념공간으로 상징조각물을 설치하고, 주변에 앉아서 쉴 수 있도록 계획, 설계한다.
5. "나" 지역은 어린이들의 놀이공간으로 계획, 그 안에 놀이시설을 3종 이상 배치한다.
6. "다" 지역은 주차공간으로 소형자동차(3m×5m) 2대가 주차할 수 있는 공간으로 계획하고 설계한다.
7. "라" 지역은 휴식공간으로 이용자들의 편안한 휴식을 위해 퍼걸러(3.5m×7m) 1개와 앉아서 휴식을 즐길 수 있도록 등벤치 1개를 계획, 설계한다.
8. 대상지 내에 보행자 통행에 지장을 주지 않는 곳에 평벤치(1.2m×0.5m) 4개(단, 퍼걸러 안에 설치된 벤치는 숫자에 포함하지 않는다.), 휴지통 3개를 설치한다.
9. 대상지 내에는 유도식재, 녹음식재, 경관식재, 소나무 군식 등의 식재 패턴을 필요한 곳에 적당히 배식하고, 필요한 곳에 수목보호대를 설치하여 포장 내에 식재를 한다.
10. 수목은 아래에 주어진 수종 중에서 10가지를 선정하여 사용하고 인출선을 이용하여 수종명, 수량, 규격을 표기하시오.

> 소나무(H4.0×W2.0), 소나무(H3.0×W1.5), 소나무(H2.5×W1.2), 스트로브잣나무(H2.5×W1.2), 스트로브잣나무(H2.0×W1.0), 왕벚나무(H4.5×B15), 버즘나무(H3.5×B8), 느티나무(H3.0×R6), 청단풍(H2.5×R8), 중국단풍(H2.5×R5), 자귀나무(H2.5×R6), 산딸나무(H2.0×R5), 산수유(H2.5×R7), 꽃사과(H2.5×R5), 쥐똥나무(H1.0×W0.3), 수수꽃다리(H1.5×W0.6), 병꽃나무(H1.0×W0.4), 자산홍(H0.4×W0.3), 산철쭉(H0.3×W0.3), 조릿대(H0.6×7가지)

11. B-B' 단면도는 경사, 포장재료, 경계석, 기타 시설물기초, 주변의 수목, 중요시설물, 이용자 등을 단면도 상에 반드시 표기한다.

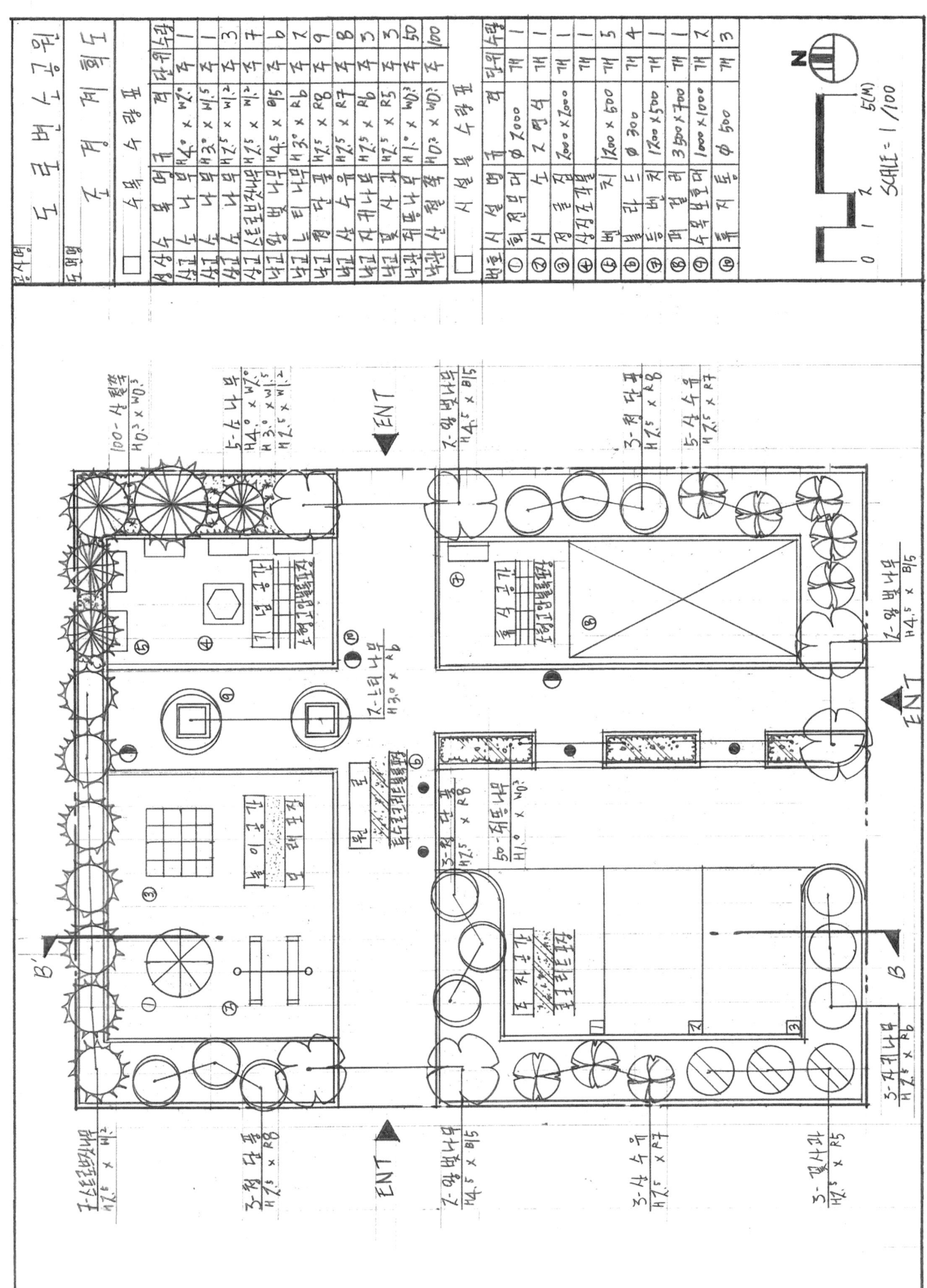

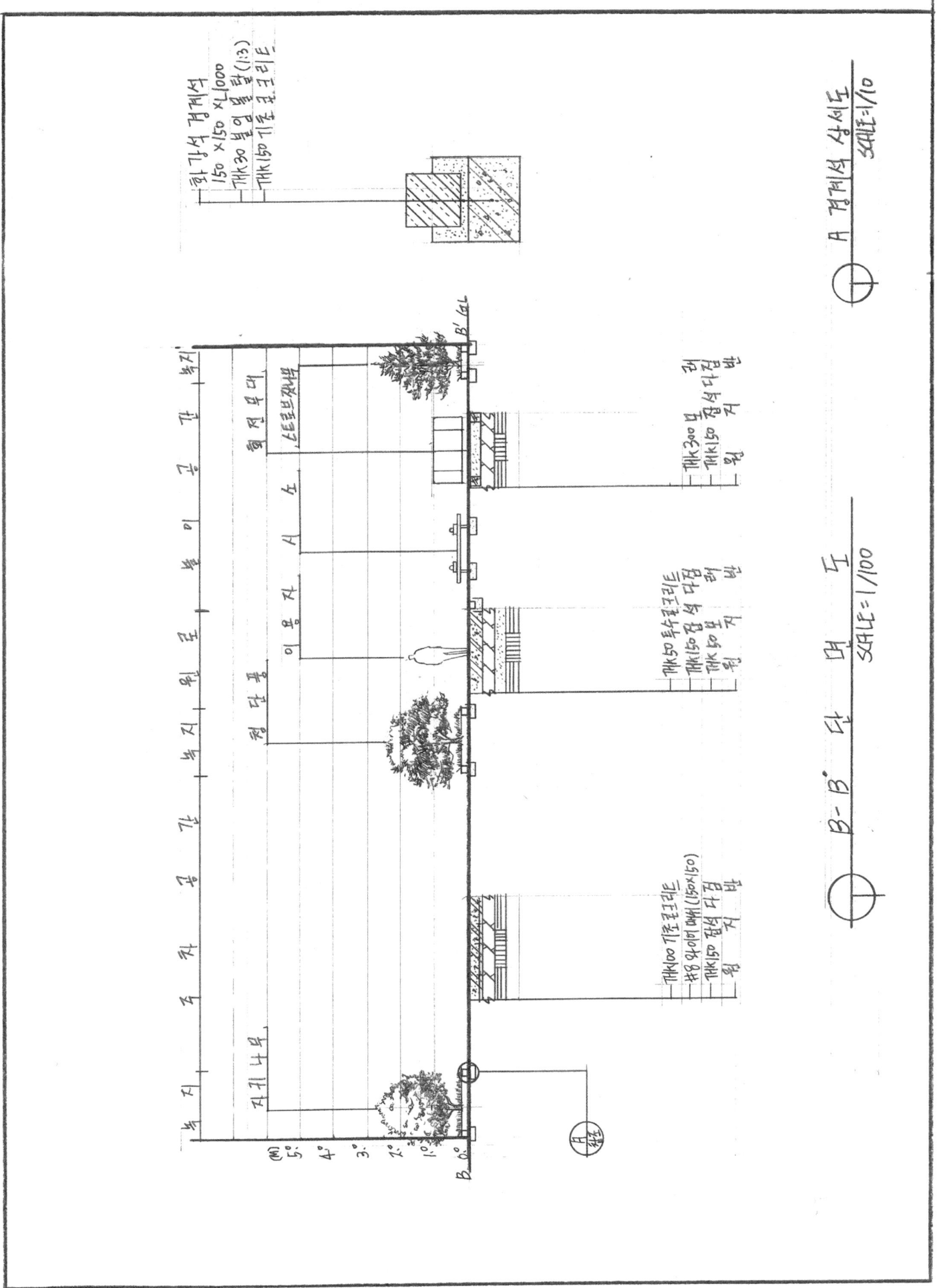

도로변 소공원 설계

우리나라 중부지역에 위치한 도로변의 빈 공간에 대한 조경설계를 하고자 한다. 주어진 현황도 및 아래 사항을 참조하여 설계조건에 따라 조경계획도를 작성한다. (단, 2점 쇄선 안 부분이 조경설계 대상지로 한다.)

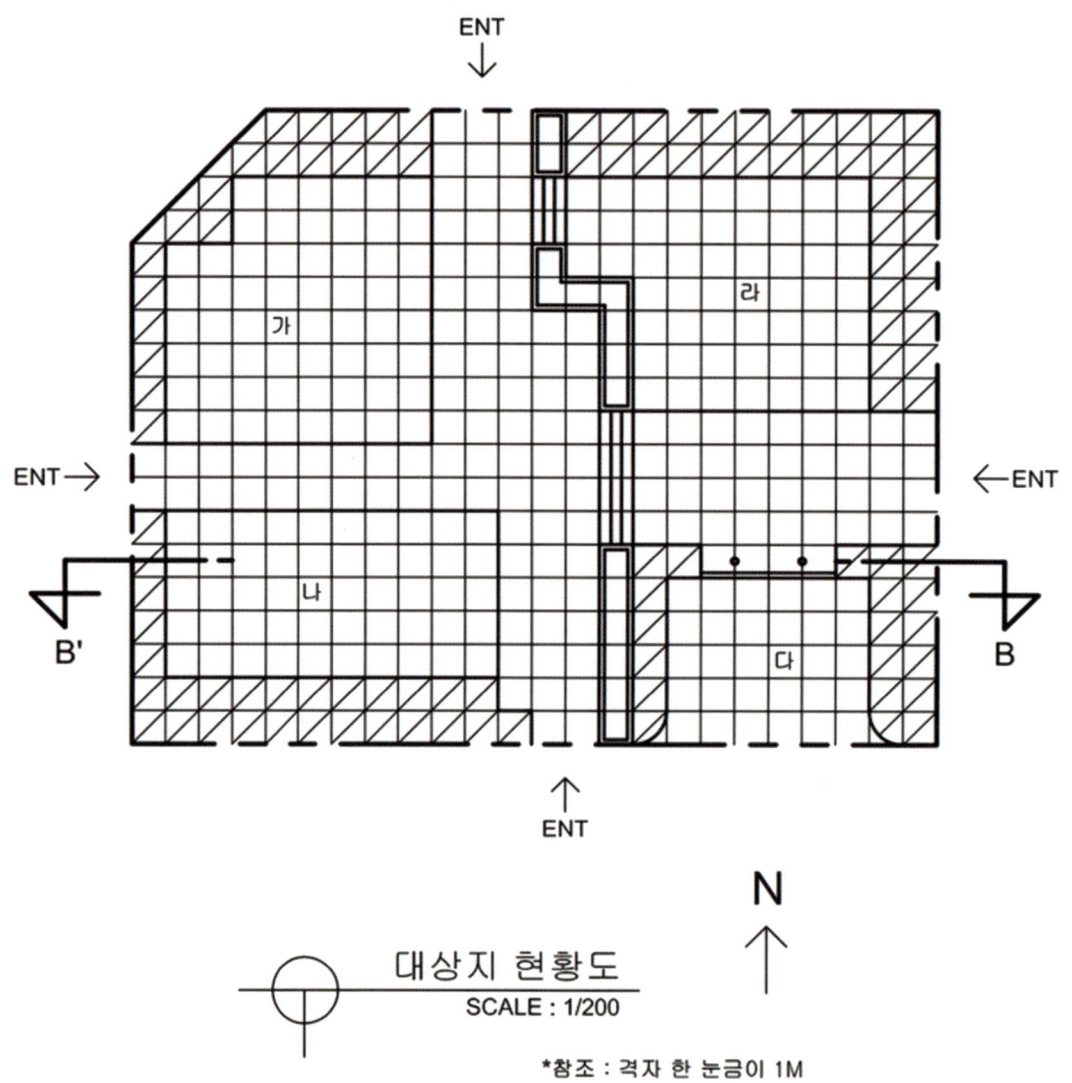

대상지 현황도
SCALE : 1/200

*참조 : 격자 한 눈금이 1M

요구사항

1. 식재평면도를 위주로 한 조경계획도를 축척 1/100로 작성하시오.(지급용지1)
2. 도면 오른쪽 위에 작업명칭을 작성하시오.
3. 도면 오른쪽에는 "중요시설물 수량표와 수목(식재)수량표"를 작성하고, 수량표 아래쪽에는 "방위표시와 막대축척"을 그려 넣는다.(단, 전체 대상지의 길이를 고려하여 범례표의 폭을 조정할 수 있다.)
4. 도면의 전체적인 안정감을 위하여 테두리선을 넣으시오.
5. B-B' 단면도를 축척 1/100로 작성하시오.(지급용지2.)

요구조건

1. 해당지역은 도로변의 자투리 공간을 이용하여 휴식 및 어린이들이 즐길 수 있는 소공원으로, 공원의 특징을 고려하여 조경계획도를 작성한다.
2. 포장지역을 제외한 곳에는 식재가 가능한 장소에는 식재를 하시오.(빗금친 부분이 녹지)
3. 포장지역은 "소형고압블럭, 콘크리트, 모래, 마사토, 투수콘크리트" 등 적당한 위치에 선택하여 표시하고, 포장명을 기입한다.
4. "라"지역은 기념공간으로 상징조각물을 설치하고, 주변에 앉아서 쉴 수 있도록 계획, 설계한다.
5. "나"지역은 어린이들의 놀이공간으로 계획, 그 안에 놀이시설을 3종 이상 배치한다.
6. "다"지역은 주차공간으로 소형자동차(3m×5m) 2대가 주차할 수 있는 공간으로 계획하고 설계한다.
7. "가"지역은 휴식공간으로 이용자들의 편안한 휴식을 위해 퍼걸러(5m×5m) 1개와 앉아서 휴식을 즐길 수 있도록 등벤치 1개를 계획, 설계한다.
8. 대상지 내에 보행자 통행에 지장을 주지 않는 곳에 평벤치(1.2m×0.5m) 4개(단, 퍼걸러 안에 설치된 벤치는 숫자에 포함하지 않는다.) 휴지통 3개를 설치한다.
9. "가", "나" 지역은 "다", "라" 지역보다 1m 높고, 그 높이 차이를 식수대로 처리하였으므로 적합한 조치를 계획한다.
10. 대상지 내에는 유도식재, 녹음식재, 경관식재, 소나무 군식 등의 식재 패턴을 필요한 곳에 적당히 배식하고, 필요한 곳에 수목보호대를 설치하여 포장 내에 식재를 한다.
11. 수목은 아래에 주어진 수종 중에서 10가지를 선정하여 사용하고 인출선을 이용하여 수종명, 수량, 규격을 표기하시오.

> 소나무(H4.0×W2.0), 소나무(H3.0×W1.5), 소나무(H2.5×W1.2), 스트로브잣나무(H2.5×W1.2), 스트로브잣나무(H2.0×W1.0), 왕벚나무(H4.5×B15), 버즘나무(H3.5×B8), 느티나무(H3.0×R6), 청단풍(H2.5×R8), 중국단풍(H2.5×R5), 자귀나무(H2.5×R6), 산딸나무(H2.0×R5), 산수유(H2.5×R7), 꽃사과(H2.5×R5), 쥐똥나무(H1.0×W0.3), 수수꽃다리(H1.5×W0.6), 병꽃나무(H1.0×W0.4), 자산홍(H0.4×W0.3), 산철쭉(H0.3×W0.3), 조릿대(H0.6×7가지)

12. B-B' 단면도는 경사, 포장재료, 경계석, 기타 시설물기초, 주변의 수목, 중요시설물, 이용자 등을 단면도 상에 반드시 표기한다.

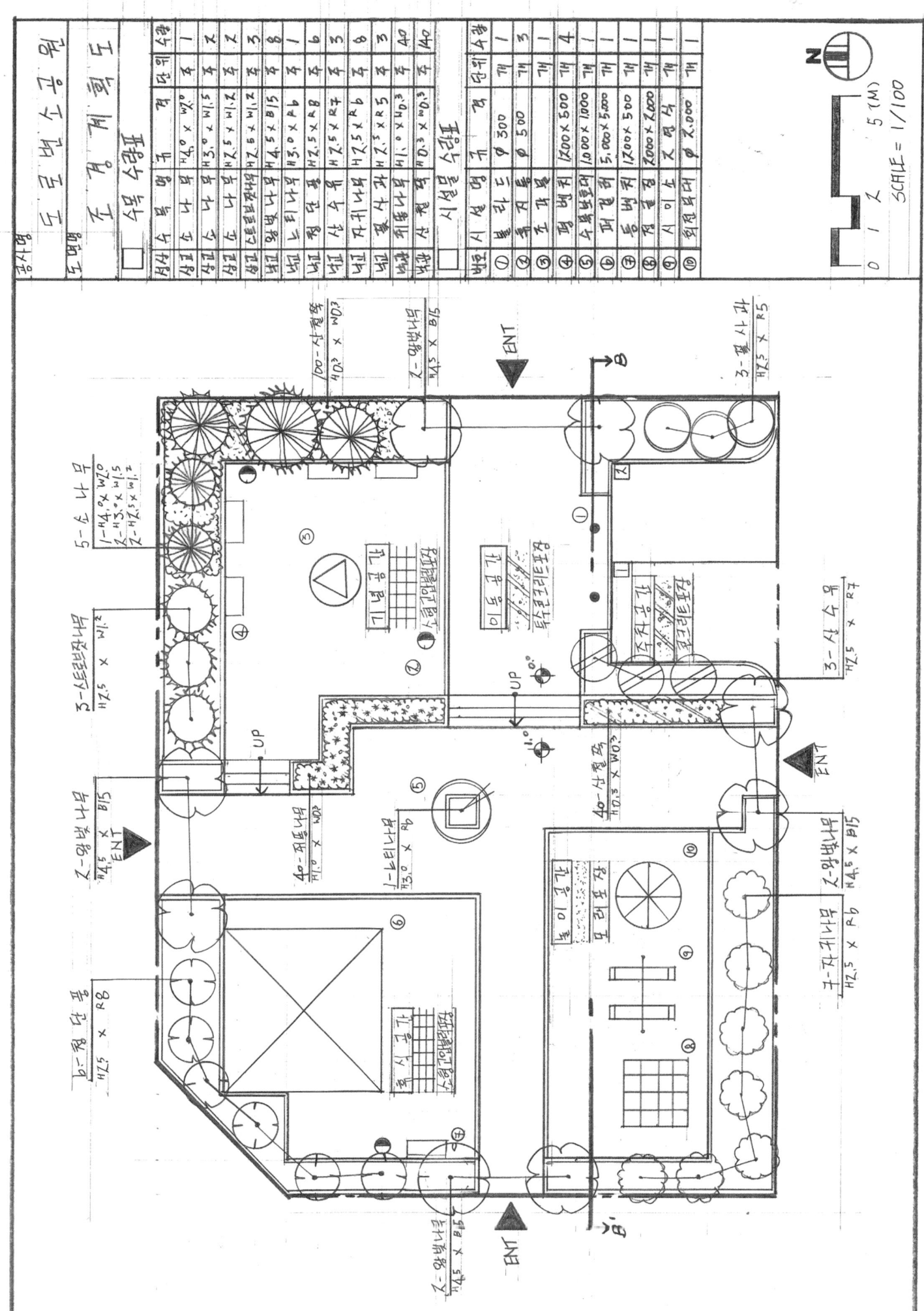

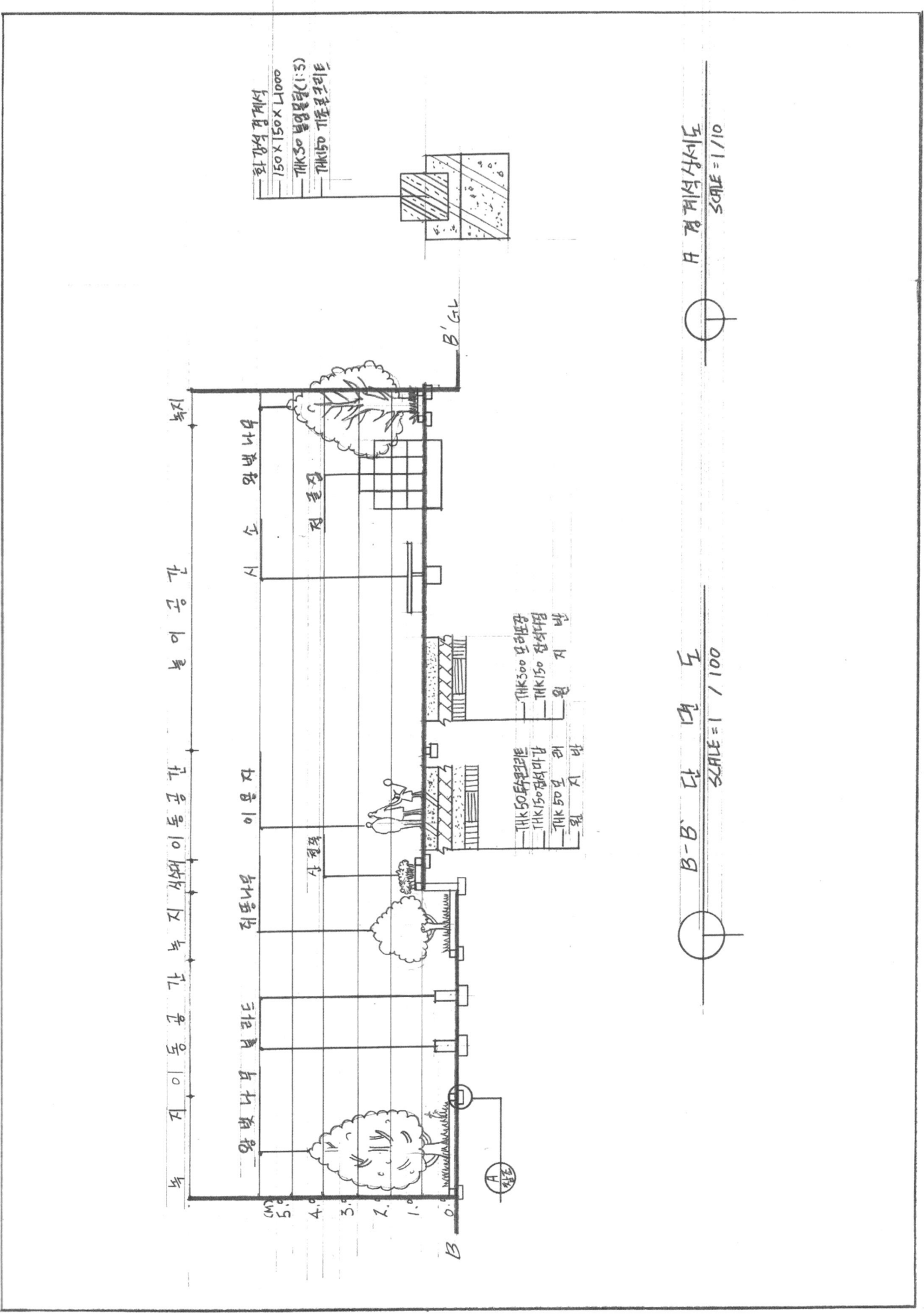

도로변 소공원 설계

우리나라 중부지역에 위치한 도로변의 빈 공간에 대한 조경설계를 하고자 한다. 주어진 현황도 및 아래 사항을 참조하여 설계조건에 따라 조경계획도를 작성한다. (단, 2점 쇄선 안 부분이 조경설계 대상지로 한다.)

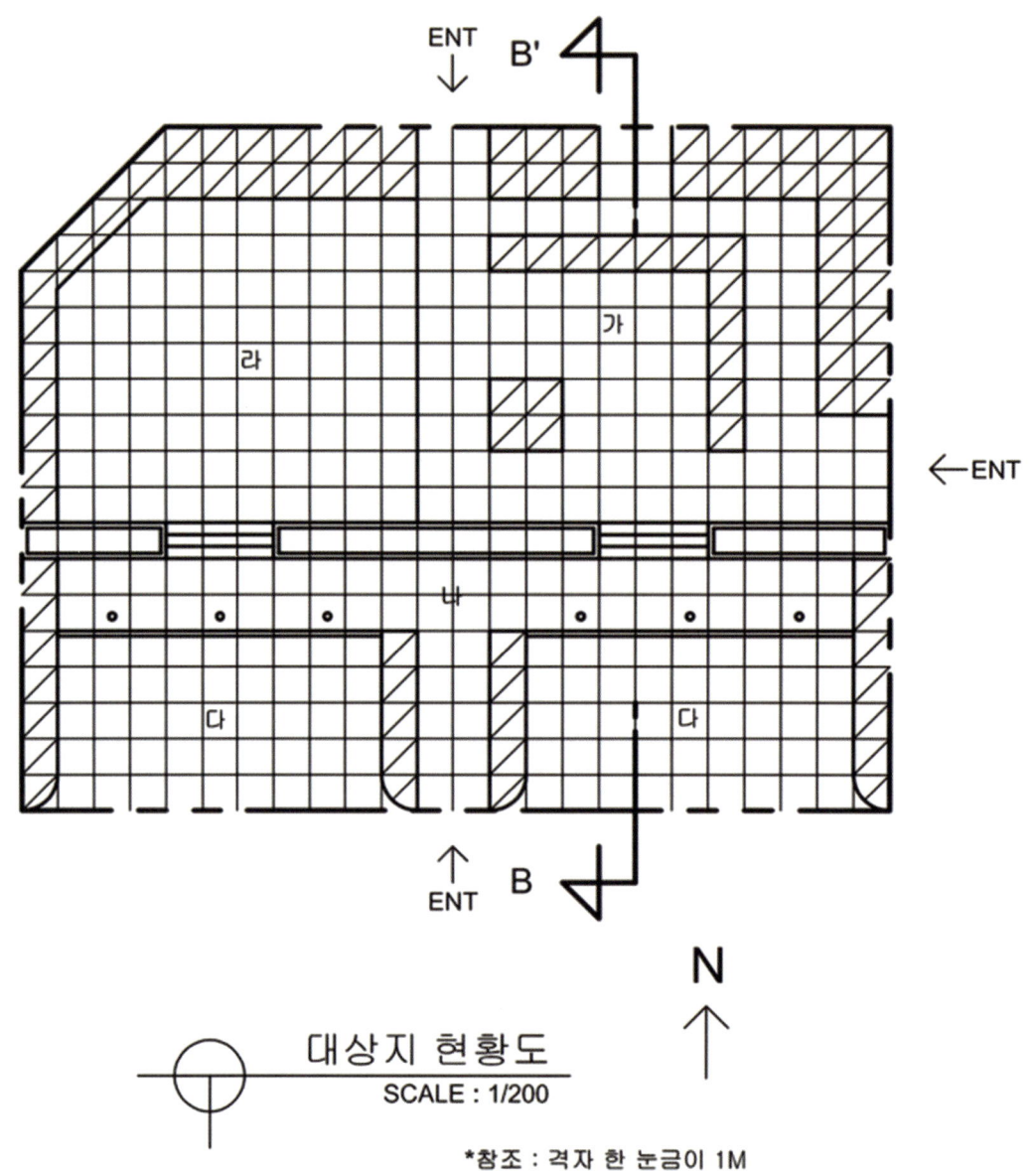

대상지 현황도
SCALE : 1/200

*참조 : 격자 한 눈금이 1M

✅ 요구사항

1. 식재평면도를 위주로 한 조경계획도를 축척 1/100로 작성하시오.(지급용지1)
2. 도면 오른쪽 위에 작업명칭을 작성하시오.
3. 도면 오른쪽에는 "중요시설물 수량표와 수목(식재)수량표"를 작성하고, 수량표 아래쪽에는 "방위표시와 막대축척"을 그려 넣는다.(단, 전체 대상지의 길이를 고려하여 범례표의 폭을 조정할 수 있다.)
4. 도면의 전체적인 안정감을 위하여 테두리선을 넣으시오.
5. B-B' 단면도를 축척 1/100로 작성하시오.(지급용지2.)

✅ 요구조건

1. 해당지역은 도로변의 자투리 공간을 이용하여 휴식 및 어린이들이 즐길 수 있는 소공원으로, 공원의 특징을 고려하여 조경계획도를 작성한다.
2. 포장지역을 제외한 곳에는 식재가 가능한 장소에는 식재를 하시오.(빗금친 부분이 녹지)
3. 포장지역은 "투수블럭, 점토블럭, 콘크리트, 고무칩, 마사토" 등 적당한 위치에 선택하여 표시하고, 포장명을 기입한다.
4. "라"지역은 다목적 운동공간으로 계획하고, 벤치 4개 및 적합한 포장을 실시한다.
5. "가"지역은 휴식공간 주변으로 수목보호대를 4개 설치하여 수목을 배치하고, 적당한 곳에 등벤치 4개를 설치한다.
6. "다"지역은 주차공간으로 소형자동차(3m×5m) 각 3대씩 모두 6대가 주차할 수 있는 공간으로 계획하고 설계한다.
7. "나"지역은 주차공간을 이용하는 고객 및 도보 이용자들을 위한 보행공간으로 활용한다.
8. 대상지 내에 보행자 통행에 지장을 주지 않는 곳에 휴지통 3개를 설치한다.
9. "가", "라" 지역은 "나", "다" 지역보다 1m 높고, 그 높이 차이를 식수대로 처리하였으므로 적합한 조치를 계획한다.
10. 대상지 내에는 유도식재, 녹음식재, 경관식재, 소나무 군식 등의 식재 패턴을 필요한 곳에 적당히 배식하고, 필요한 곳에 수목보호대를 설치하여 포장 내에 식재를 한다.
11. 수목은 아래에 주어진 수종 중에서 10가지를 선정하여 사용하고 인출선을 이용하여 수종명, 수량, 규격을 표기하시오.

> 소나무(H4.0×W2.0), 소나무(H3.0×W1.5), 소나무(H2.5×W1.2), 스트로브잣나무(H2.5×W1.2), 스트로브잣나무(H2.0×W1.0), 왕벚나무(H4.5×B15), 버즘나무(H3.5×B8), 느티나무(H3.0×R6), 청단풍(H2.5×R8), 중국단풍(H2.5×R5), 자귀나무(H2.5×R6), 산딸나무(H2.0×R5), 산수유(H2.5×R7), 꽃사과(H2.5×R5), 쥐똥나무(H1.0×W0.3), 수수꽃다리(H1.5×W0.6), 병꽃나무(H1.0×W0.4), 자산홍(H0.4×W0.3), 산철쭉(H0.3×W0.3), 조릿대(H0.6×7가지)

12. B-B' 단면도는 경사, 포장재료, 경계석, 기타 시설물기초, 주변의 수목, 중요시설물, 이용자 등을 단면도 상에 반드시 표기한다.

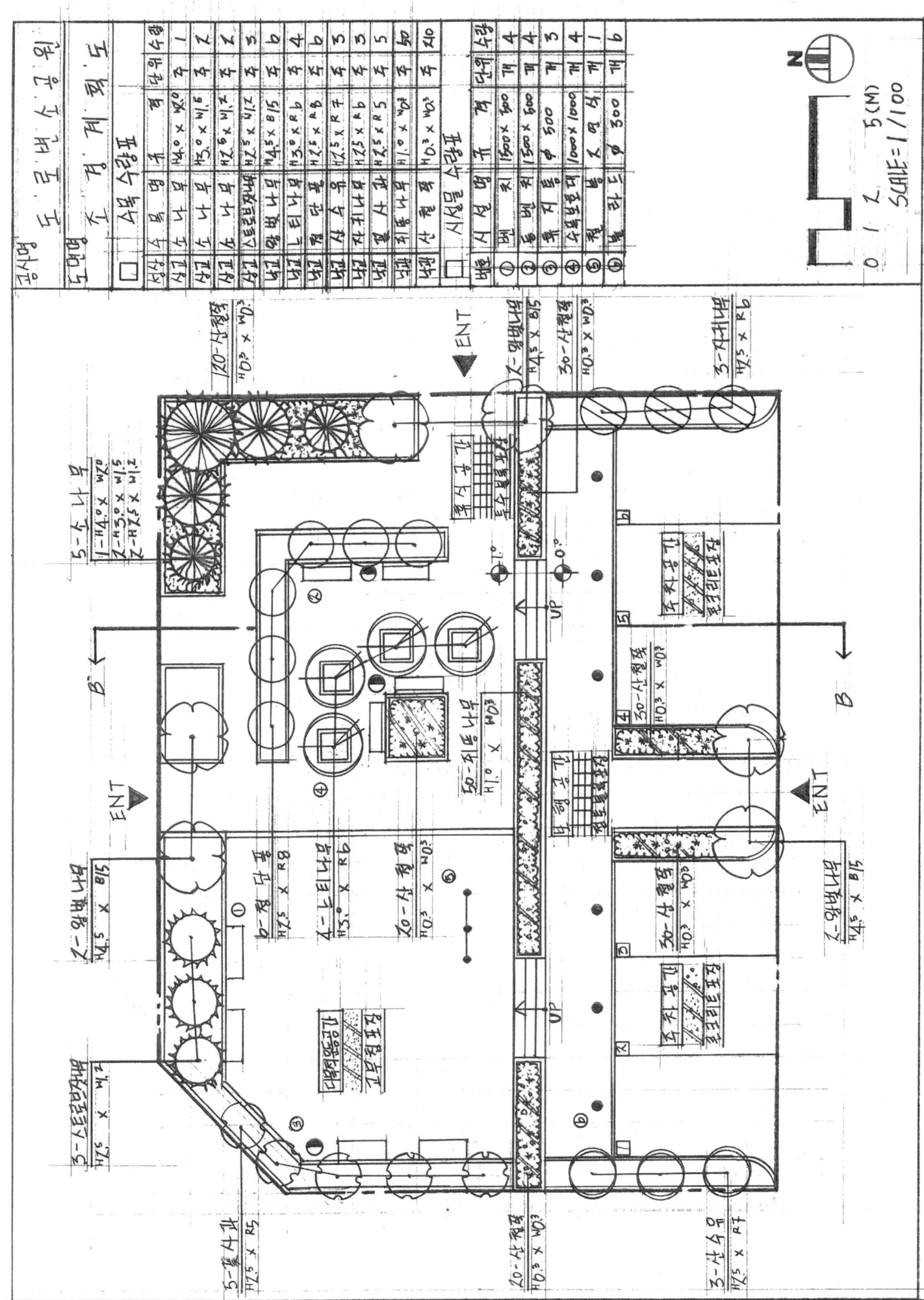

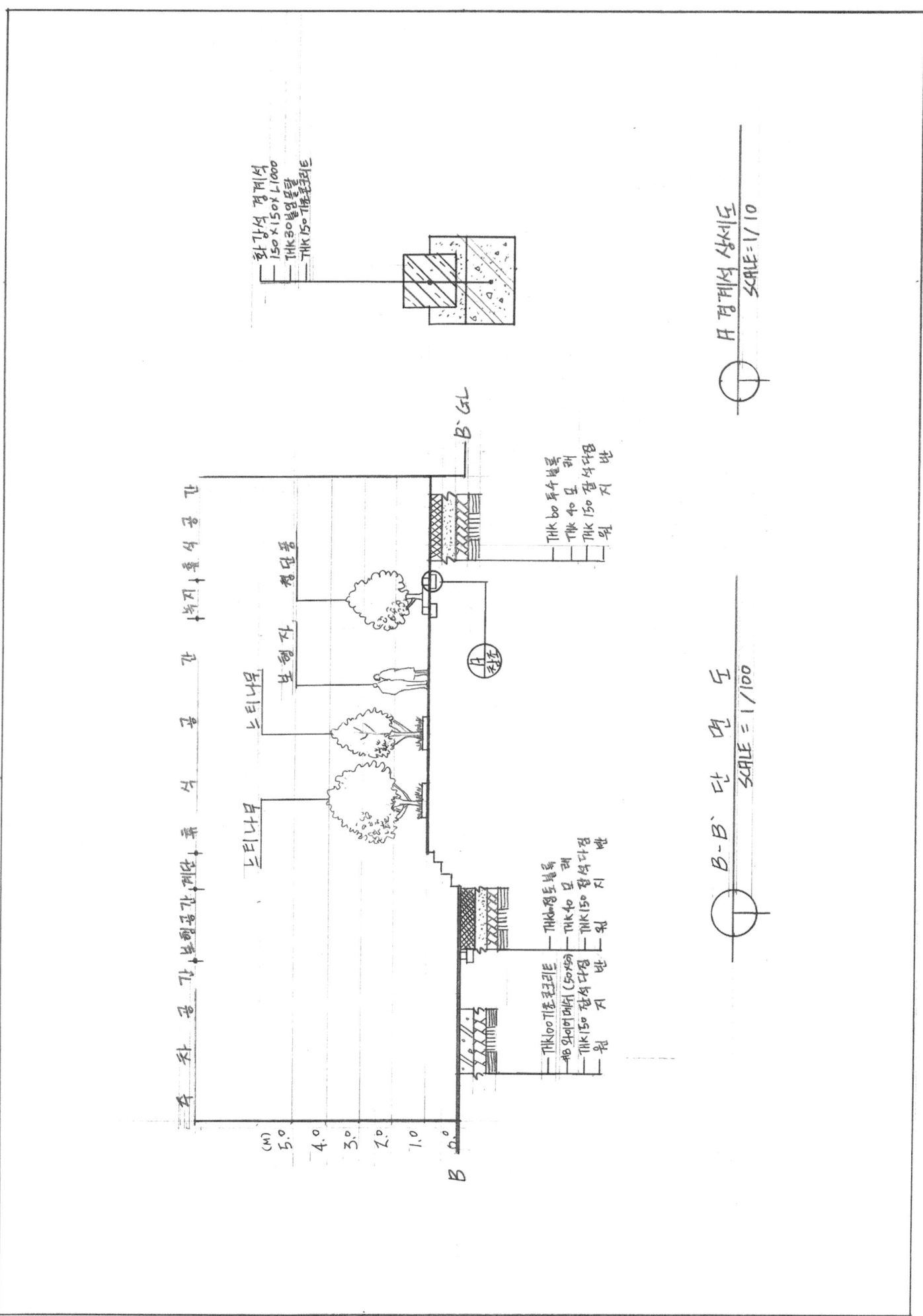

도로변 소공원 설계

우리나라 중부지역에 위치한 도로변의 빈 공간에 대한 조경설계를 하고자 한다. 주어진 현황도 및 아래 사항을 참조하여 설계조건에 따라 조경계획도를 작성한다. (단, 2점 쇄선 안 부분이 조경설계 대상지로 한다.)

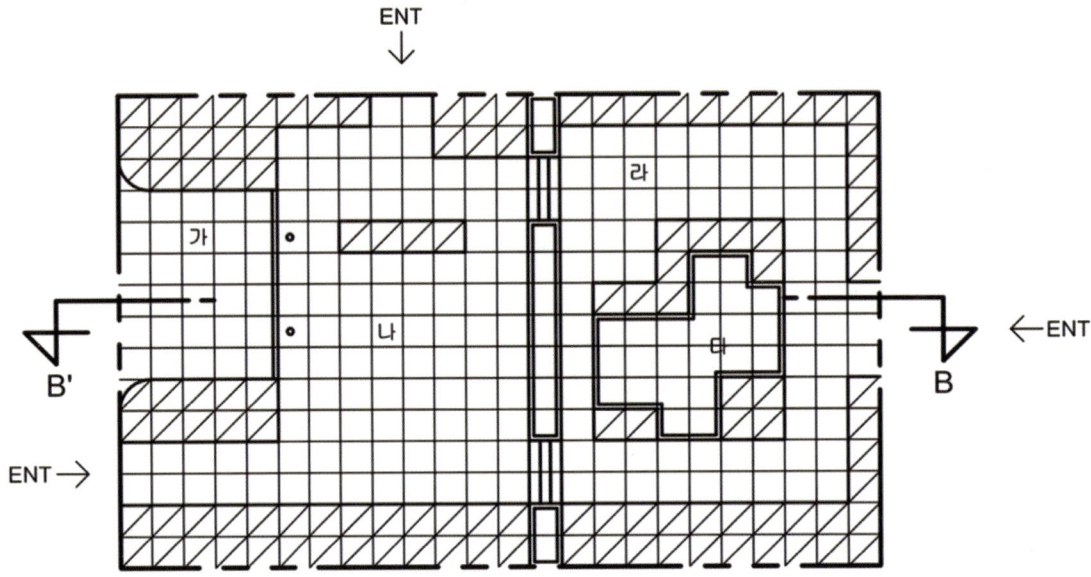

대상지 현황도
SCALE : 1/200

*참조 : 격자 한 눈금이 1M

✅ 요구사항

1. 식재평면도를 위주로 한 조경계획도를 축척 1/100로 작성하시오.(지급용지1)
2. 도면 오른쪽 위에 작업명칭을 작성하시오.
3. 도면 오른쪽에는 "중요시설물 수량표와 수목(식재)수량표"를 작성하고, 수량표 아래쪽에는 "방위표시와 막대축척"을 그려 넣는다.(단, 전체 대상지의 길이를 고려하여 범례표의 폭을 조정할 수 있다.)
4. 도면의 전체적인 안정감을 위하여 테두리선을 넣으시오.
5. B-B' 단면도를 축척 1/100로 작성하시오.(지급용지2.)

✅ 요구조건

1. 해당지역은 도로변의 자투리 공간을 이용하여 휴식 및 어린이들이 즐길 수 있는 소공원으로, 공원의 특징을 고려하여 조경계획도를 작성한다.
2. 포장지역을 제외한 곳에는 식재가 가능한 장소에는 식재를 하시오.(빗금친 부분이 녹지)
3. 포장지역은 "소형고압블럭, 콘크리트, 모래, 마사토, 투수콘크리트" 등 적당한 위치에 선택하여 표시하고, 포장명을 기입한다.
4. "가" 지역은 주차공간으로 소형자동차(3m×5m) 2대가 주차할 수 있도록 계획, 설계한다.
5. "나" 지역은 휴식공간으로 이용자들의 편안한 휴식을 위해 파고라(3.5m×5m) 1개를 설계한다.
6. 대상지 내에 보행자 통행에 지장을 주지 않는 곳에 2인용 평상형 벤치(1,200×500) 4개(단, 파고라 안에 설치된 벤치는 제외), 휴지통 3개소를 설치한다.
7. "다" 지역은 수(水)공간으로 설계한다.
8. "가", "나" 지역은 "라" 지역보다 1m 높고, 그 높이 차이를 식수대(plant box)로 처리하였으므로 적합한 조치를 계획한다.
9. 대상지 내에는 유도식재, 녹음식재, 경관식재, 소나무 군식 등의 식재 패턴을 필요한 곳에 적당히 배식하고, 필요한 곳에 수목보호대를 설치하여 포장 내에 식재를 한다.
10. 수목은 아래에 주어진 수종 중에서 10가지를 선정하여 사용하고 인출선을 이용하여 수종명, 수량, 규격을 표기하시오.

> 소나무(H4.0×W2.0), 소나무(H3.0×W1.5), 소나무(H2.5×W1.2), 스트로브잣나무(H2.5×W1.2), 스트로브잣나무(H2.0×W1.0), 왕벚나무(H4.5×B15), 버즘나무(H3.5×B8), 느티나무(H3.0×R6), 청단풍(H2.5×R8), 중국단풍(H2.5×R5), 자귀나무(H2.5×R6), 산딸나무(H2.0×R5), 산수유(H2.5×R7), 꽃사과(H2.5×R5), 쥐똥나무(H1.0×W0.3), 수수꽃다리(H1.5×W0.6), 명자나무(H0.6×W0.4), 병꽃나무(H1.0×W0.4), 자산홍(H0.4×W0.3), 산철쭉(H0.3×W0.3), 조릿대(H0.6×7가지)

11. B-B' 단면도는 경사, 포장재료, 경계석, 기타 시설물기초, 주변의 수목, 중요시설물, 이용자 등을 단면도 상에 반드시 표기한다.

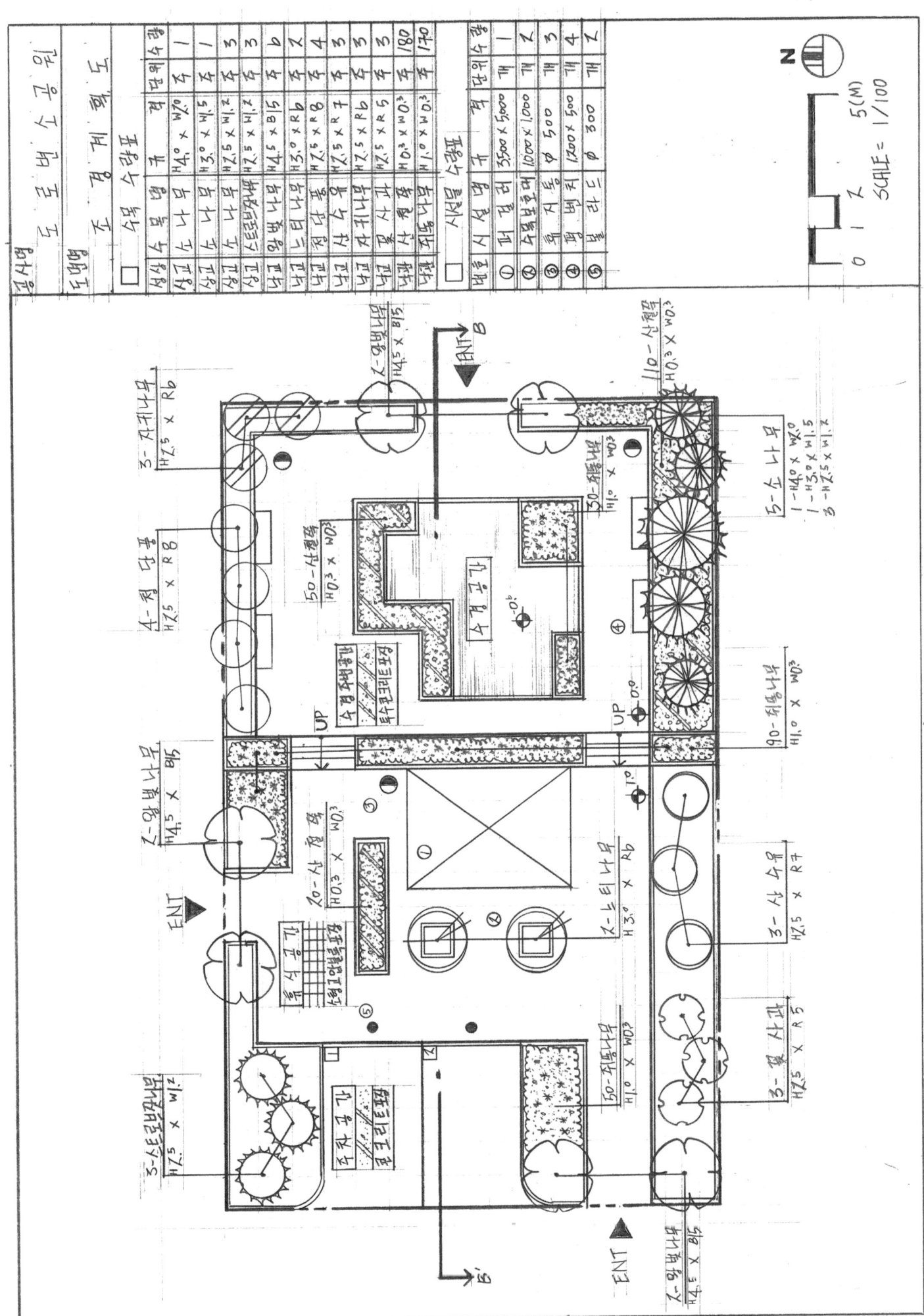

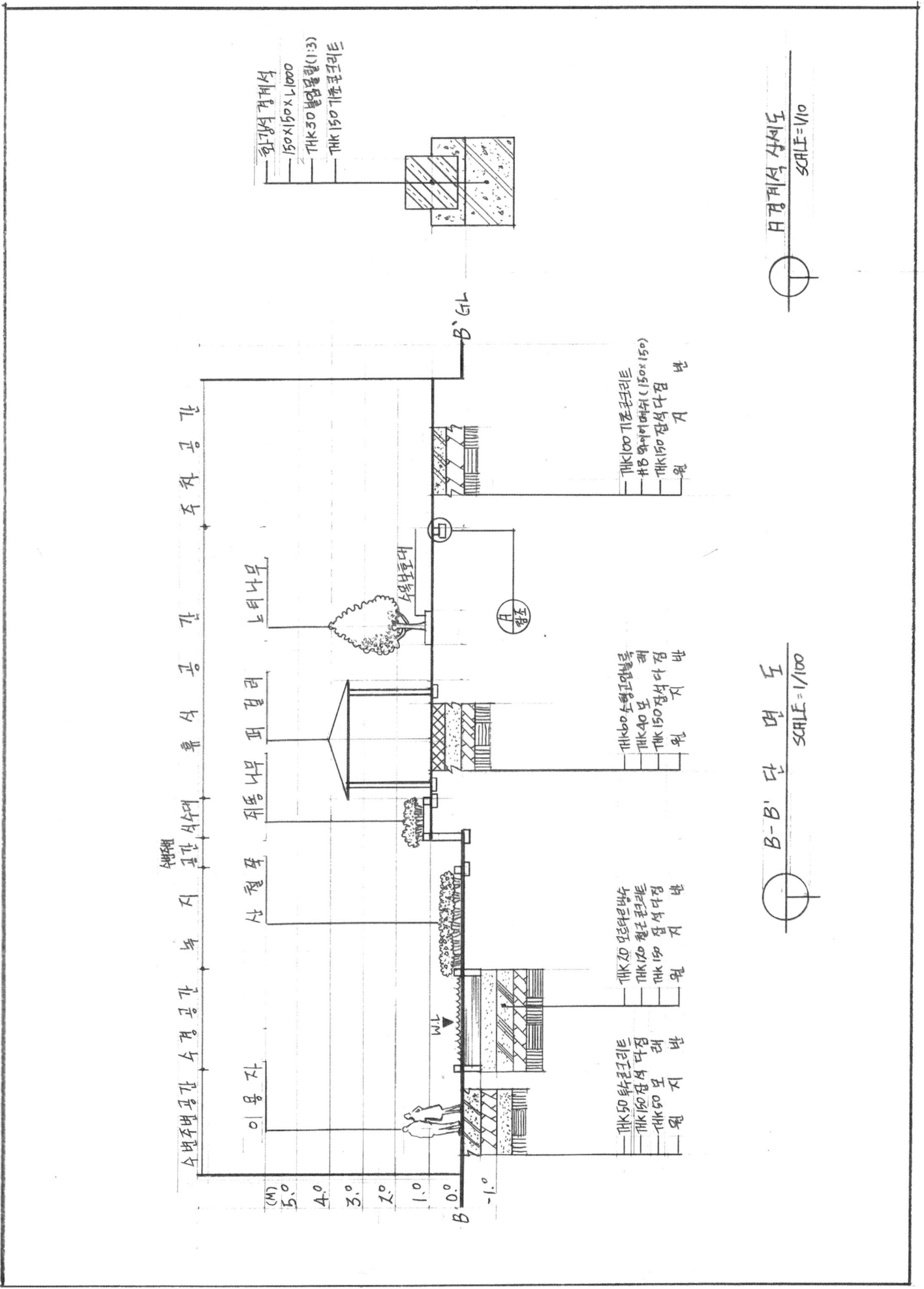

도로변 소공원 설계

우리나라 중부지역에 위치한 도로변의 빈 공간에 대한 조경설계를 하고자 한다. 주어진 현황도 및 아래 사항을 참조하여 설계조건에 따라 조경계획도를 작성한다. (단, 2점 쇄선 안 부분이 조경설계 대상지로 한다.)

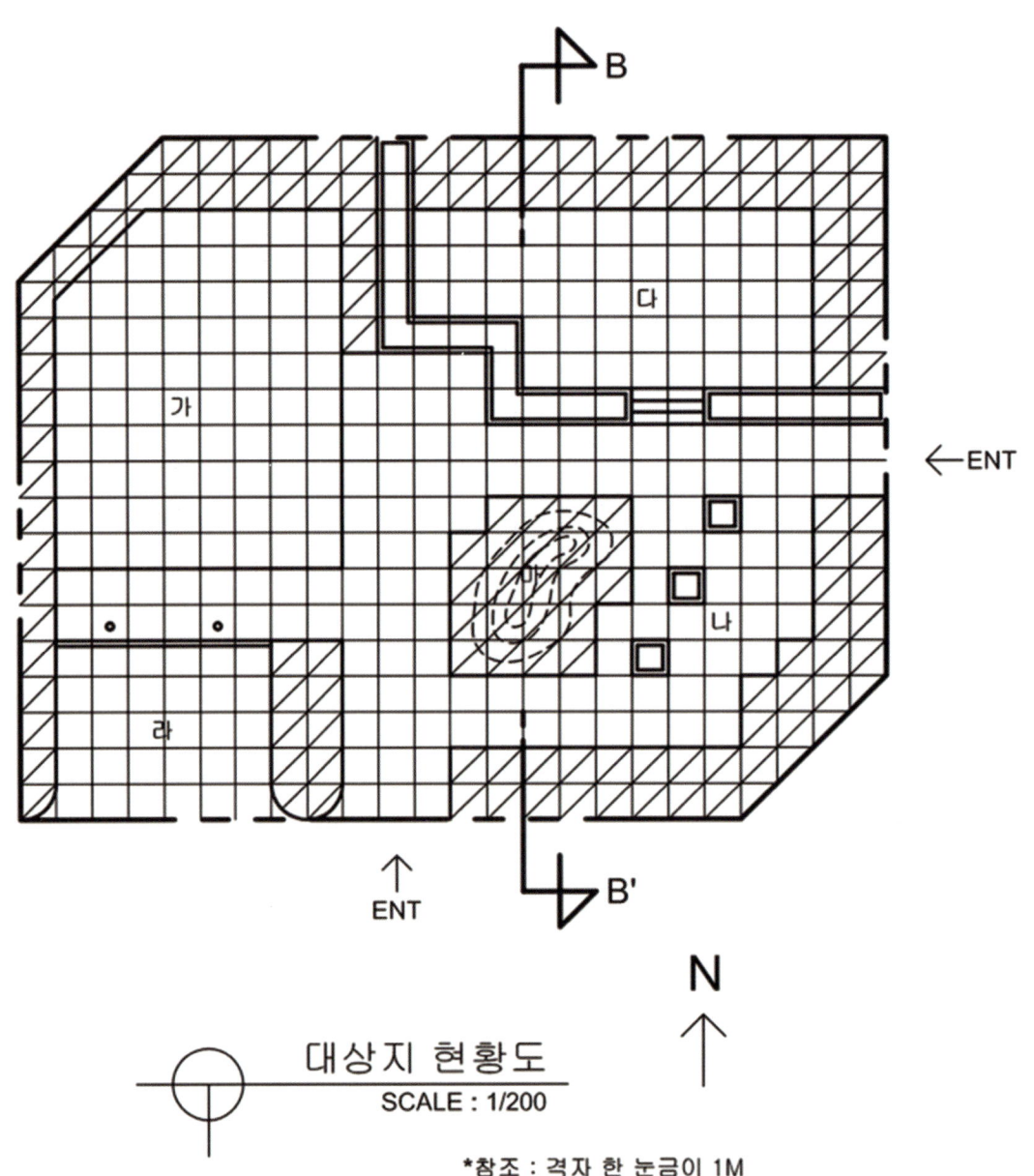

대상지 현황도
SCALE : 1/200

*참조 : 격자 한 눈금이 1M

요구사항

1. 식재평면도를 위주로 한 조경계획도를 축척 1/100로 작성하시오.(지급용지1)
2. 도면 오른쪽 위에 작업명칭을 작성하시오.
3. 도면 오른쪽에는 "중요시설물 수량표와 수목(식재)수량표"를 작성하고, 수량표 아래쪽에는 "방위표시와 막대축척"을 그려 넣는다.(단, 전체 대상지의 길이를 고려하여 범례표의 폭을 조정할 수 있다.)
4. 도면의 전체적인 안정감을 위하여 테두리선을 넣으시오.
5. B-B' 단면도를 축척 1/100로 작성하시오.(지급용지2.)

요구조건

1. 해당지역은 도로변의 자투리 공간을 이용하여 휴식 및 어린이들이 즐길 수 있는 소공원으로, 공원의 특징을 고려하여 조경계획도를 작성한다.
2. 포장지역을 제외한 곳에는 식재가 가능한 장소에는 식재를 하시오.(빗금친 부분이 녹지이며, 경사의 차이가 발생하는 곳은 식수대〈Plant box〉로 처리되어 있으며 분위기를 고려하여 식재를 실시하시오)
3. 포장지역은 "소형고압블럭, 투수콘크리트, 마사토, 모래, 콘크리트"등 적당한 위치에 선택하여 표시하고, 포장명을 기입한다.
4. "가" 지역은 어린이들의 놀이공간으로 계획, 그 안에 놀이시설을 3종 이상 배치한다.
5. "다" 지역은 휴식공간으로 이용자들의 편안한 휴식을 위해 퍼걸러(3,500×3,500) 1개와 앉아서 휴식을 즐길 수 있도록 등벤치 3개를 계획, 설계한다.
6. "라" 지역은 주차공간으로 소형자동차(3,000×5,000) 2대가 주차할 수 있도록 계획, 설계한다.
7. "나" 지역은 동적인 휴식공간으로 평벤치 3개를 설치하고, 수목보호대(3개)에 낙엽교목을 동일하게 식재하시오.
8. "마" 지역은 등고선 1개당 20cm가 높으며, 전체적으로 "나" 지역에 비해 60cm가 높은 녹지로 경관식재를 실시한다. 아울러 크기가 다른 소나무를 3종 식재하고, 계절성을 느낄 수 있게 다른 수목을 조화롭게 배치하시오.
9. "다" 지역은 "가", "나", "라" 지역보다 1m 높은 지역으로 계획하시오.
10. 대상지 내에는 유도식재, 녹음식재, 경관식재, 소나무 군식 등의 식재 패턴을 필요한 곳에 적당히 배식하고, 필요한 곳에 수목보호대를 설치하여 포장 내에 식재를 한다.
11. 수목은 아래에 주어진 수종 중에서 10가지를 선정하여 사용하고 인출선을 이용하여 수종명, 수량, 규격을 표기하시오.

> 소나무(H4.0×W2.0), 소나무(H3.0×W1.5), 소나무(H2.5×W1.2), 스트로브잣나무(H2.5×W1.2), 스트로브잣나무(H2.0×W1.0), 왕벚나무(H4.5×B15), 버즘나무(H3.5×B8), 느티나무(H3.0×R6), 청단풍(H2.5×R8), 다정큼나무(H1.0×W0.6), 동백나무(H2.0×R8), 중국단풍(H2.5×R5), 굴거리나무(H2.5×W0.6), 자귀나무(H2.5×R6), 태산목(H1.5×W0.5), 먼나무(H2.0×R5), 산딸나무(H2.0×R5), 산수유(H2.5×R7), 꽃사과(H2.5×R5), 쥐똥나무(H1.0×W0.3), 수수꽃다리(H1.5×W0.6), 병꽃나무(H1.0×W0.4), 명자나무(H0.6×W0.4), 자산홍(H0.3×W0.3), 산철쭉(H0.3×W0.3), 조릿대(H0.6×7가지), 영산홍(H0.4×W0.3)

12. B-B' 단면도는 경사, 포장재료, 경계석, 기타 시설물기초, 주변의 수목, 중요시설물, 이용자 등을 단면도 상에 반드시 표기한다.

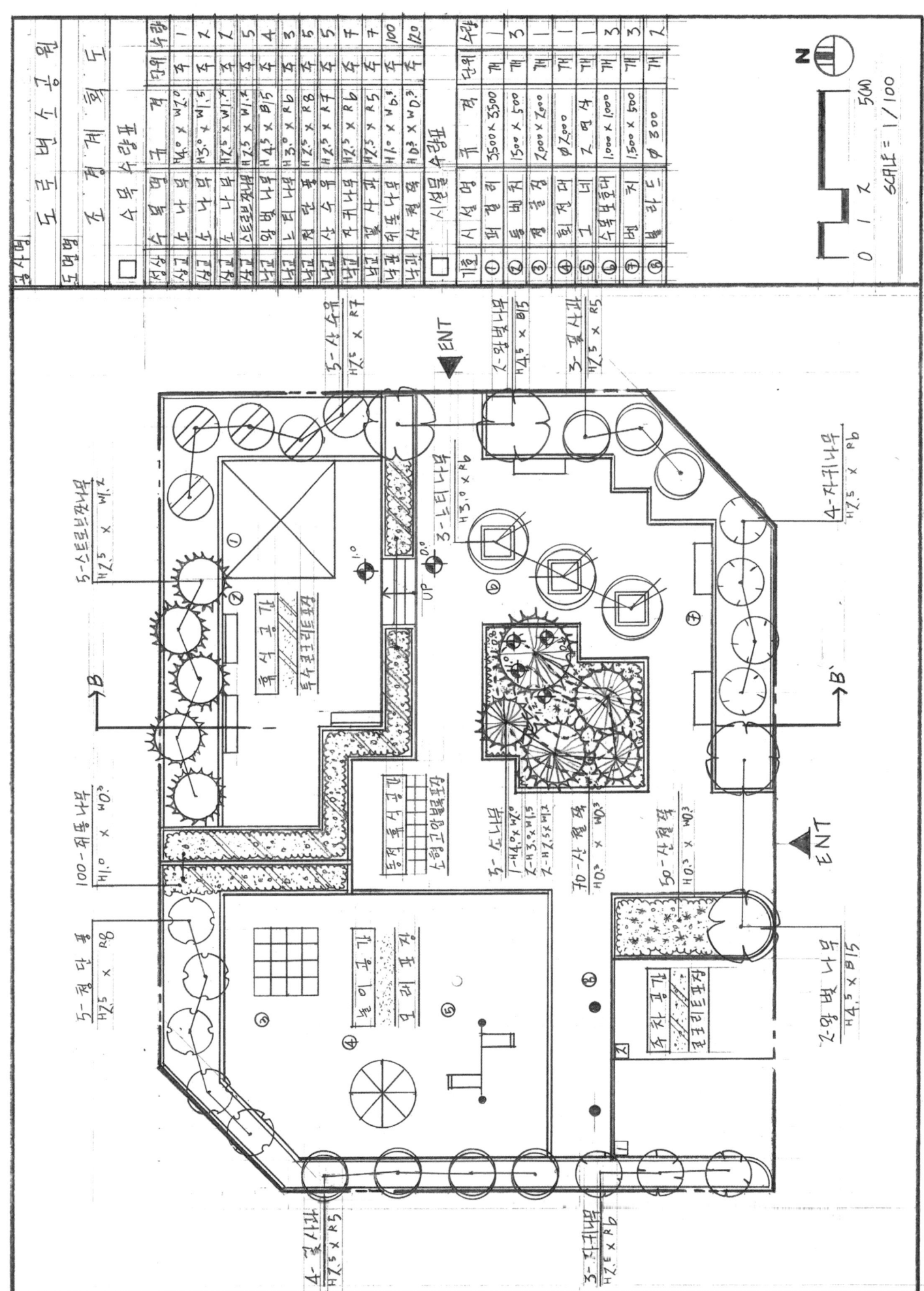

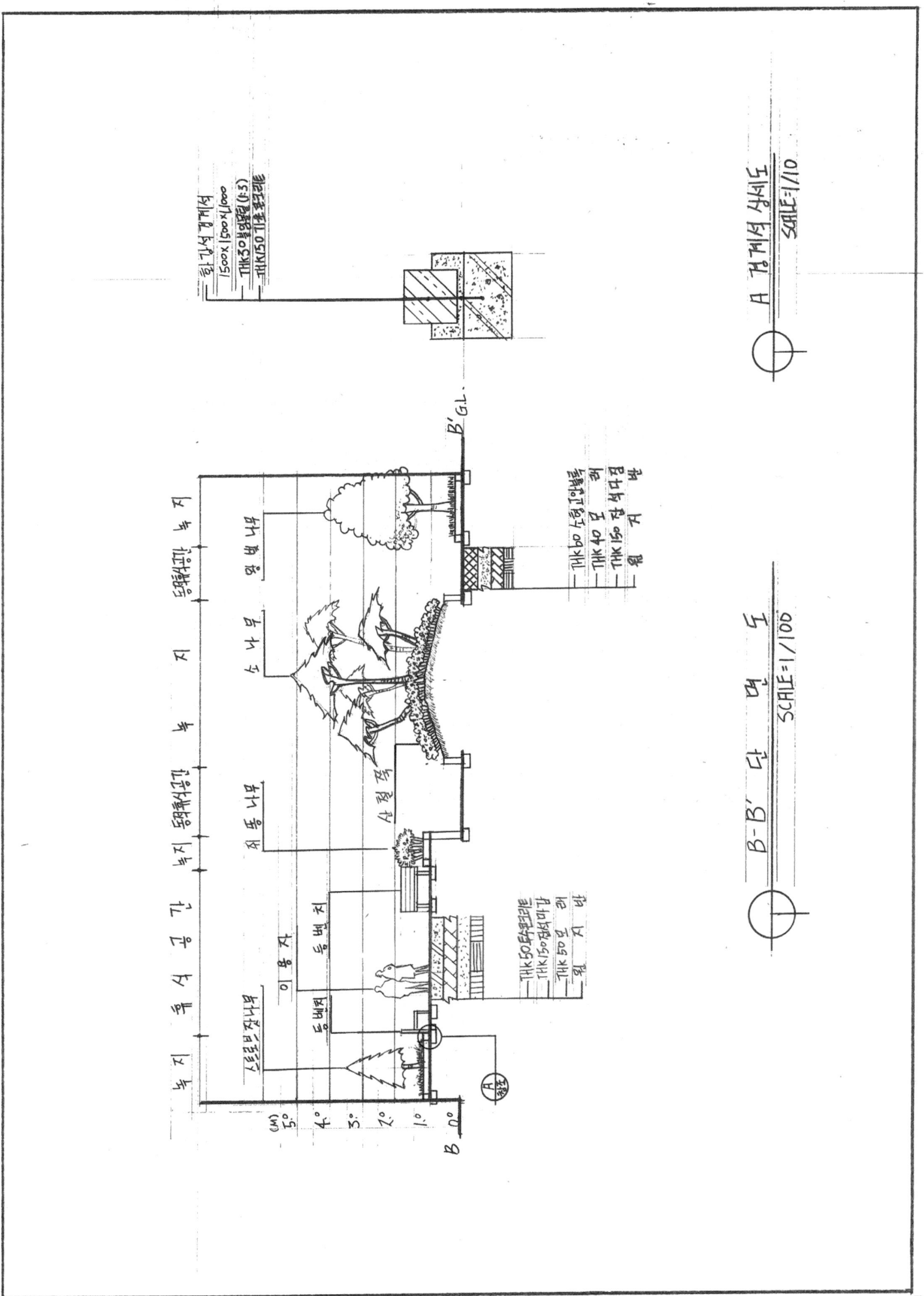

도로변 소공원 설계

우리나라 중부지역에 위치한 도로변의 빈 공간에 대한 조경설계를 하고자 한다. 주어진 현황도 및 아래 사항을 참조하여 설계조건에 따라 조경계획도를 작성한다. (단, 2점 쇄선 안 부분이 조경설계 대상지로 한다.)

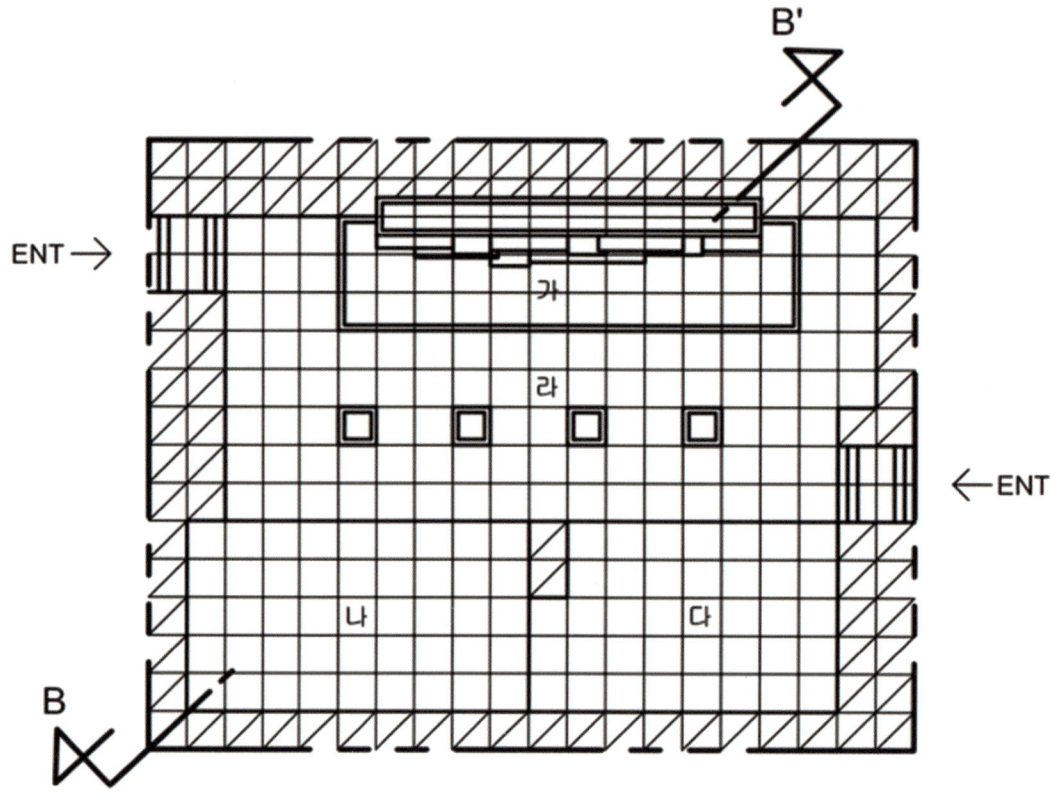

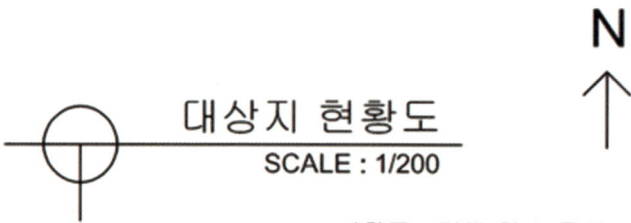

대상지 현황도
SCALE : 1/200

N ↑

*참조 : 격자 한 눈금이 1M

✅ 요구사항

1. 식재평면도를 위주로 한 조경계획도를 축척 1/100로 작성하시오.(지급용지1)
2. 도면 오른쪽 위에 작업명칭을 작성하시오.
3. 도면 오른쪽에는 "중요시설물 수량표와 수목(식재)수량표"를 작성하고, 수량표 아래쪽에는 "방위표시와 막대축척"을 그려 넣는다.(단, 전체 대상지의 길이를 고려하여 범례표의 폭을 조정할 수 있다.)
4. 도면의 전체적인 안정감을 위하여 테두리선을 넣으시오.
5. B-B' 단면도를 축척 1/100로 작성하시오.(지급용지2.)

✅ 요구조건

1. 해당지역은 도로변의 자투리 공간을 이용하여 휴식 및 어린이들이 즐길 수 있는 소공원으로, 공원의 특징을 고려하여 조경계획도를 작성한다.
2. 포장지역을 제외한 곳에는 식재가 가능한 장소에는 식재를 하시오.(빗금친 부분이 녹지이며, 분위기를 고려하여 식재를 실시하시오)
3. 포장지역은 "소형고압블럭, 투수콘크리트, 마사토, 고무칩, 콘크리트" 등 적당한 위치에 선택하여 표시하고, 포장명을 기입한다.
4. "가" 지역은 수경공간으로 최대높이 1m의 벽천이 위치하고, 벽천 앞의 수(水)공간은 깊이 60cm로 설계한다.
5. "나" 지역은 놀이공간으로 계획하고, 그 안에 어린이 놀이시설물 3종류를 배치한다.
6. "다" 지역은 휴식공간으로 이용자들의 편안한 휴식을 위해 퍼걸러(3,500 × 3,500) 1개와 앉아서 휴식을 즐길 수 있도록 등벤치 1개 이상을 계획 설계한다.
7. "라" 지역은 중심광장으로 각 공간과의 연결과 녹음을 부여하기 위해 수목보호대 4개에 적합한 수종을 식재한다.
8. 대상지역은 진입구에 계단이 위치해 있으며, 대상지 외곽부지보다 높이 차이가 1m 낮은 것으로 보고 설계한다.
9. 대상지 경계에 위치한 외곽 녹지대는 식수대(Plant box) 형태의 높이 1m의 적벽돌 구조를 가지게 설계한다.
10. 대상지 내에는 유도식재, 녹음식재, 경관식재, 소나무 군식 등의 식재 패턴을 필요한 곳에 적당히 배식한다.
11. 수목은 아래에 주어진 수종 중에서 10가지를 반드시 선정하여 골고루 안정적인 배식이 될 수 있도록 계획하며, 인출선을 이용하여 수종명, 수량, 규격을 반드시 표기하시오.

> 소나무(H4.0×W2.0), 소나무(H3.0×W1.5), 소나무(H2.5×W1.2), 스트로브잣나무(H2.5×W1.2), 스트로브잣나무(H2.0×W1.0), 왕벚나무(H4.5×B15), 버즘나무(H3.5×B8), 느티나무(H3.0×R6), 청단풍(H2.5×R8), 다정큼나무(H1.0×W0.6), 동백나무(H2.0×R8), 중국단풍(H2.5×R5), 굴거리나무(H2.5×W0.6), 자귀나무(H2.5×R6), 태산목(H1.5×W0.5), 먼나무(H2.0×R5), 산딸나무(H2.0×R5), 산수유(H2.5×R7), 꽃사과(H2.5×R5), 쥐똥나무(H1.0×W0.3), 수수꽃다리(H1.5×W0.6), 병꽃나무(H1.0×W0.4), 명자나무(H0.6×W0.4), 자산홍(H0.3×W0.3), 산철쭉(H0.3×W0.4), 조릿대(H0.6×7가지), 영산홍(H0.4×W0.3)

12. B-B' 단면도는 경사, 포장재료, 경계석, 기타 시설물기초, 주변의 수목, 중요시설물, 이용자 등을 단면도 상에 반드시 표기한다.

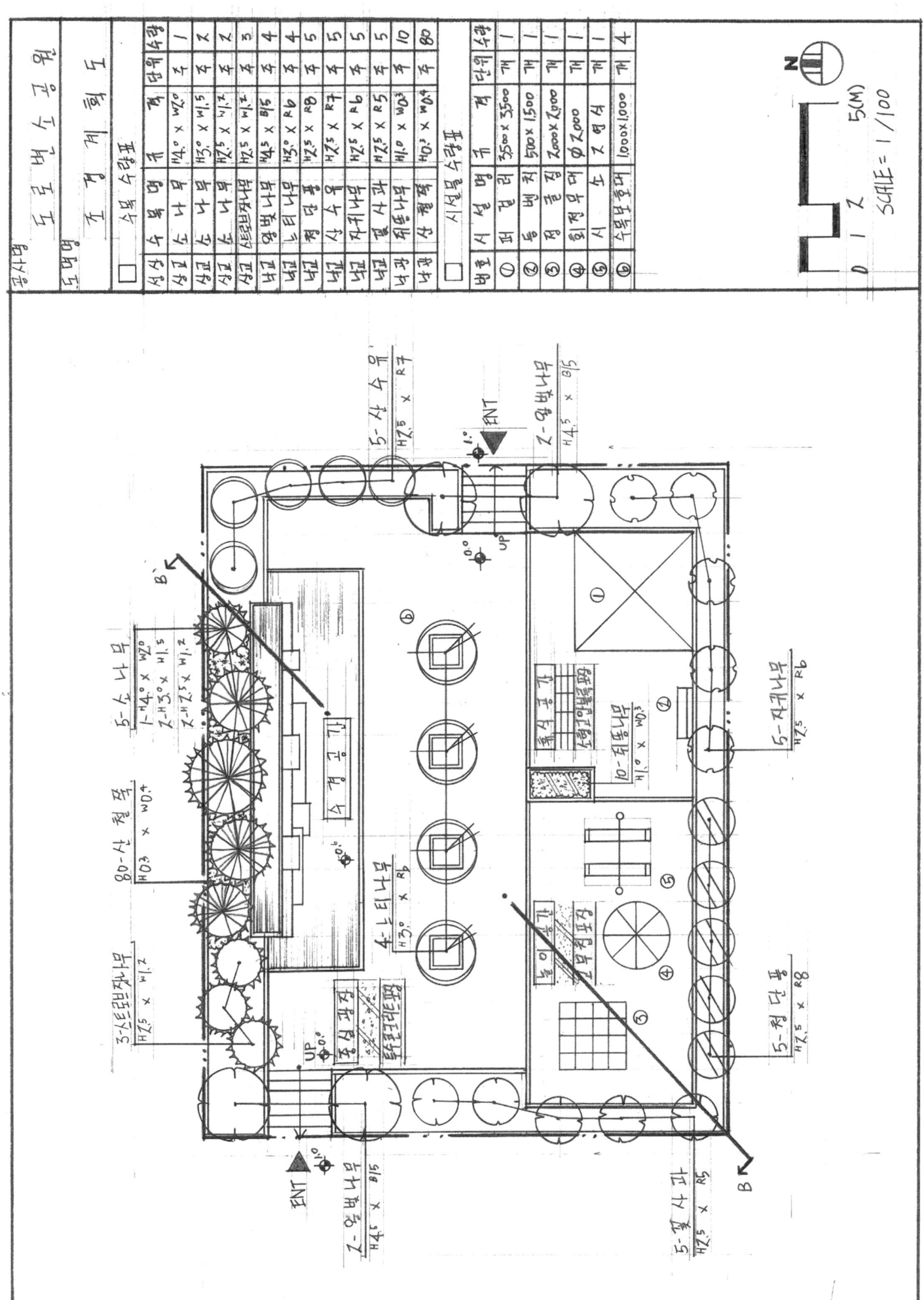

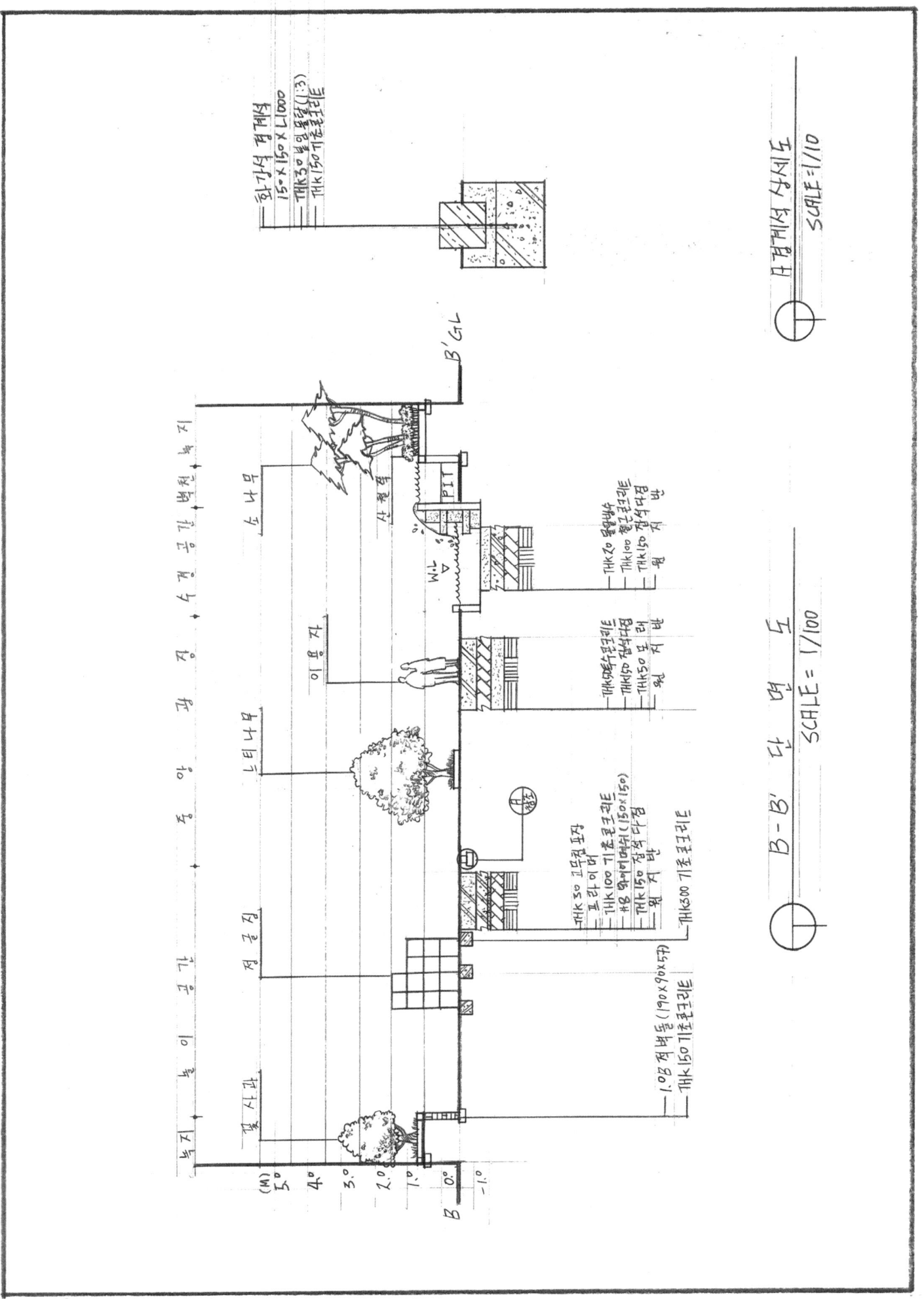

도로변 소공원 설계

우리나라 중부지역에 위치한 도로변의 빈 공간에 대한 조경설계를 하고자 한다. 주어진 현황도 및 아래 사항을 참조하여 설계조건에 따라 조경계획도를 작성한다. (단, 2점 쇄선 안 부분이 조경설계 대상지로 한다.)

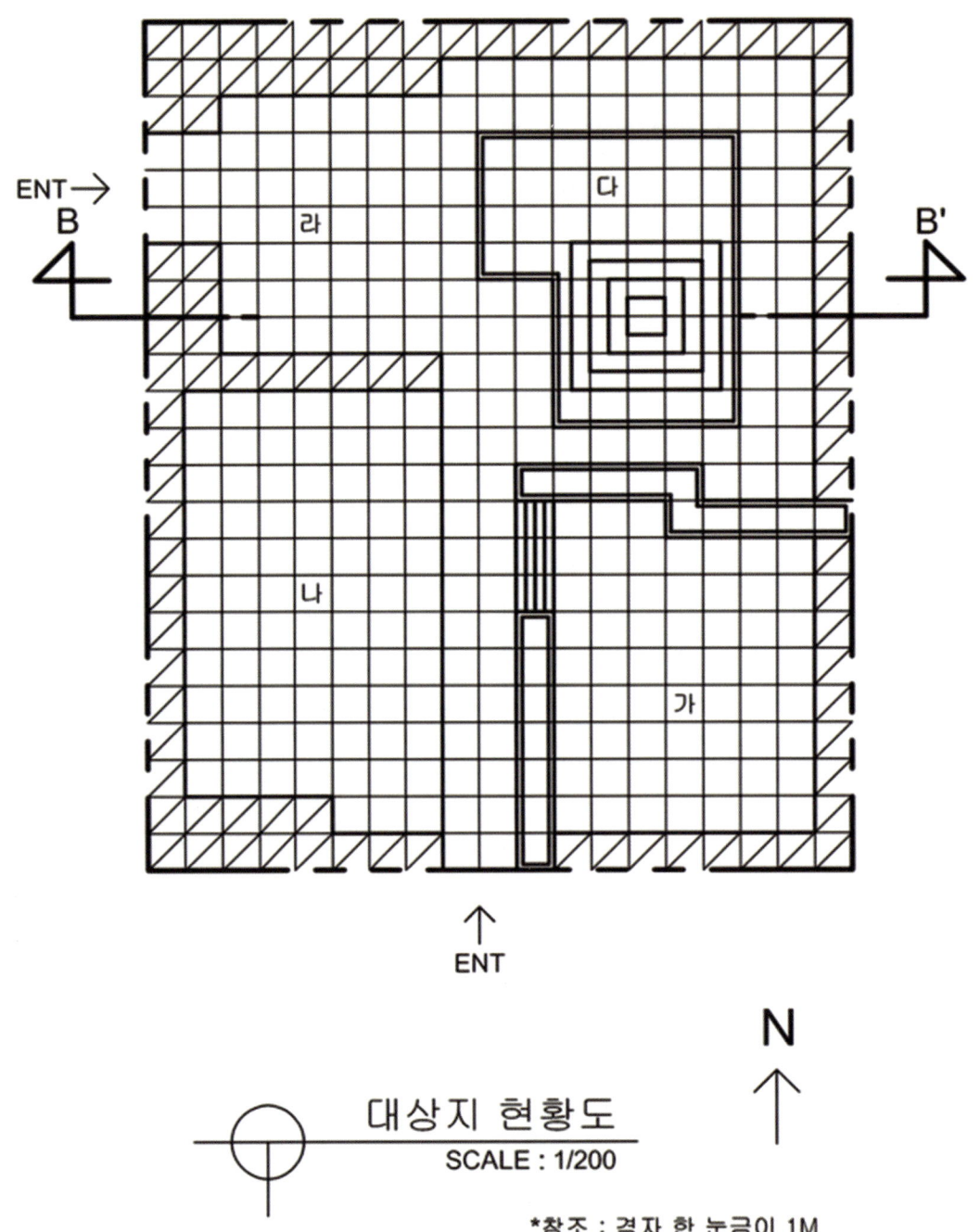

대상지 현황도
SCALE : 1/200

*참조 : 격자 한 눈금이 1M

☑ 요구사항

1. 식재평면도를 위주로 한 조경계획도를 축척 1/100로 작성하시오.(지급용지1)
2. 도면 오른쪽 위에 작업명칭을 작성하시오.
3. 도면 오른쪽에는 "중요시설물 수량표와 수목(식재)수량표"를 작성하고, 수량표 아래쪽에는 "방위표시와 막대축척"을 그려 넣는다.(단, 전체 대상지의 길이를 고려하여 범례표의 폭을 조정할 수 있다.)
4. 도면의 전체적인 안정감을 위하여 테두리선을 넣으시오.
5. B-B' 단면도를 축척 1/100로 작성하시오.(지급용지2.)

☑ 요구조건

1. 해당지역은 도로변의 자투리 공간을 이용하여 휴식 및 어린이들이 즐길 수 있는 소공원으로, 공원의 특징을 고려하여 조경계획도를 작성한다.
2. 포장지역을 제외한 곳에는 식재가 가능한 장소에는 식재를 하시오.(빗금친 부분이 녹지이며, 분위기를 고려하여 식재를 실시하시오)
3. 포장지역은 "소형고압블럭, 황토벽돌, 마사토, 고무칩, 콘크리트"등 적당한 위치에 선택하여 표시하고, 포장명을 기입한다.
4. "가" 지역은 "라" 지역보다 1m 높은 휴게공간으로 퍼걸러(3,500 × 3,500) 1개소, 등벤치 2개소를 계획하고 설치한다.
5. "나" 지역은 어린이를 위한 놀이공간으로 놀이시설 3종(미끄럼틀, 그네, 시소)을 계획하고 설계한다.
6. "다" 지역은 수경공간으로 깊이 60cm이고, 공간 내에 전체높이 1.6m, 전체면적 16㎡의 계단식 사각벽천(계단높이 40cm, 계단너비 50cm, 정상부의 면적 1㎡)이 위치하고 있으며, 벽천 중앙 상단에 토출구(내측 ø100mm, 외측 ø200mm, 높이 100mm)를 계획하고 설계한다.
7. "라" 지역은 이동공간으로 필요한 곳에 녹음수를 식재하고 휴지통 1개소, 벤치 2개소 이상을 계획하고 설계한다.
8. 필요한 곳에 수목보호대를 설치하고, 대상지 내에는 유도식재, 녹음식재, 경관식재, 소나무 군식 등의 식재 패턴을 필요한 곳에 적당히 배식한다.
9. 수목은 아래에 주어진 수종 중에서 10가지를 반드시 선정하여 골고루 안정적인 배식이 될 수 있도록 계획하며, 인출선을 이용하여 수종명, 수량, 규격을 반드시 표기하시오.

> 소나무(H4.0×W2.0), 소나무(H3.0×W1.5), 소나무(H2.5×W1.2), 스트로브잣나무(H2.5×W1.2), 스트로브잣나무(H2.0×W1.0), 왕벚나무(H4.5×B15), 버즘나무(H3.5×B8), 느티나무(H3.0×R6), 청단풍(H2.5×R8), 다정큼나무(H1.0×W0.6), 동백나무(H2.0×R8), 중국단풍(H2.5×R5), 굴거리나무(H2.5×W0.6), 자귀나무(H2.5×R6), 태산목(H1.5×W0.5), 먼나무(H2.0×R5), 산딸나무(H2.0×R5), 산수유(H2.5×R7), 꽃사과(H2.5×R5), 쥐똥나무(H1.0×W0.3), 수수꽃다리(H1.5×W0.6), 병꽃나무(H1.0×W0.4), 명자나무(H0.6×W0.4), 자산홍(H0.3×W0.3), 산철쭉(H0.3×W0.4), 조릿대(H0.6×7가지), 영산홍(H0.4×W0.3)

10. B-B' 단면도는 경사, 포장재료, 경계석, 기타 시설물기초, 주변의 수목, 중요시설물, 이용자 등을 단면도 상에 반드시 표기하고 높이차를 한눈에 알아볼 수 있도록 설계한다.

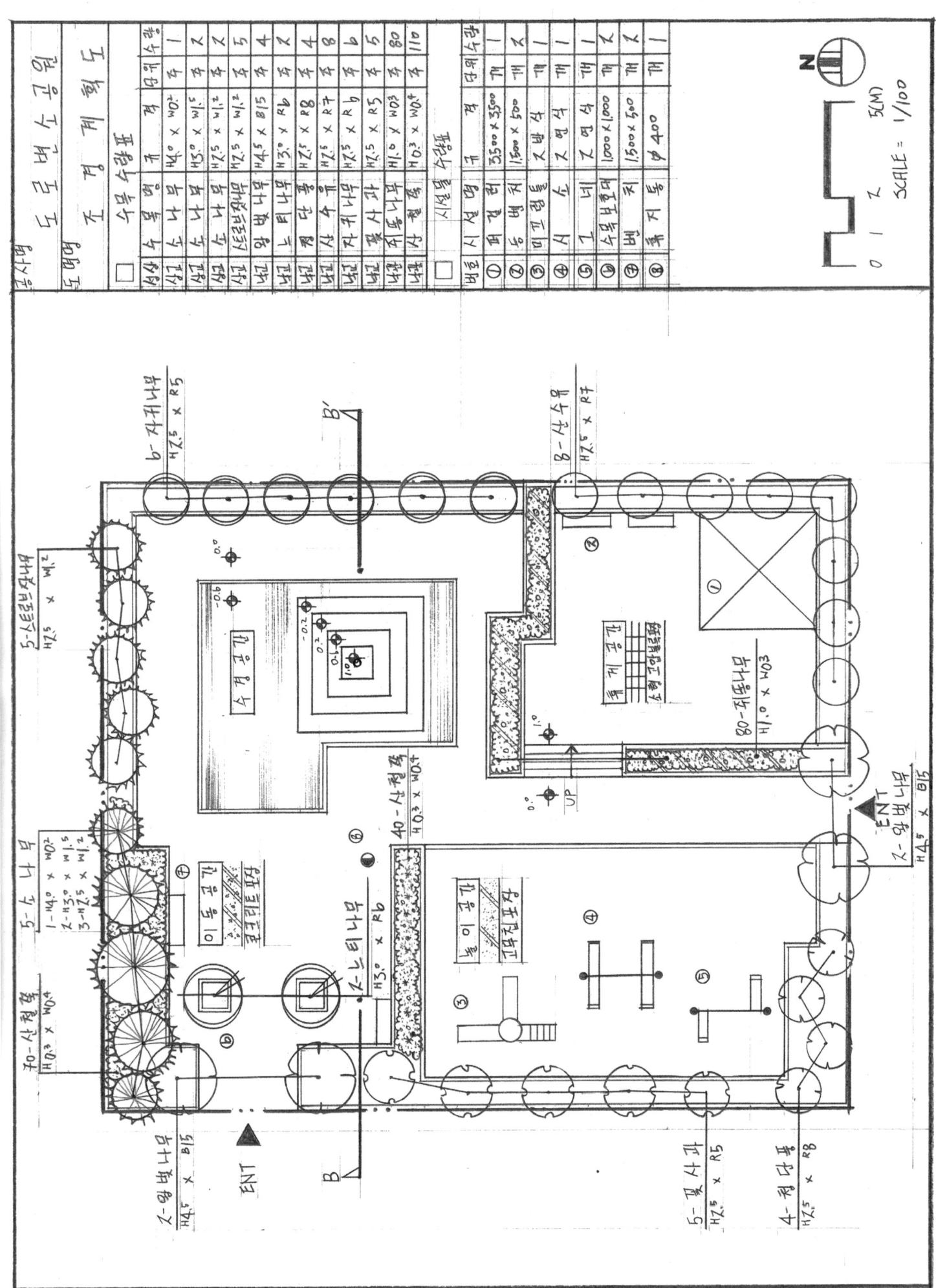

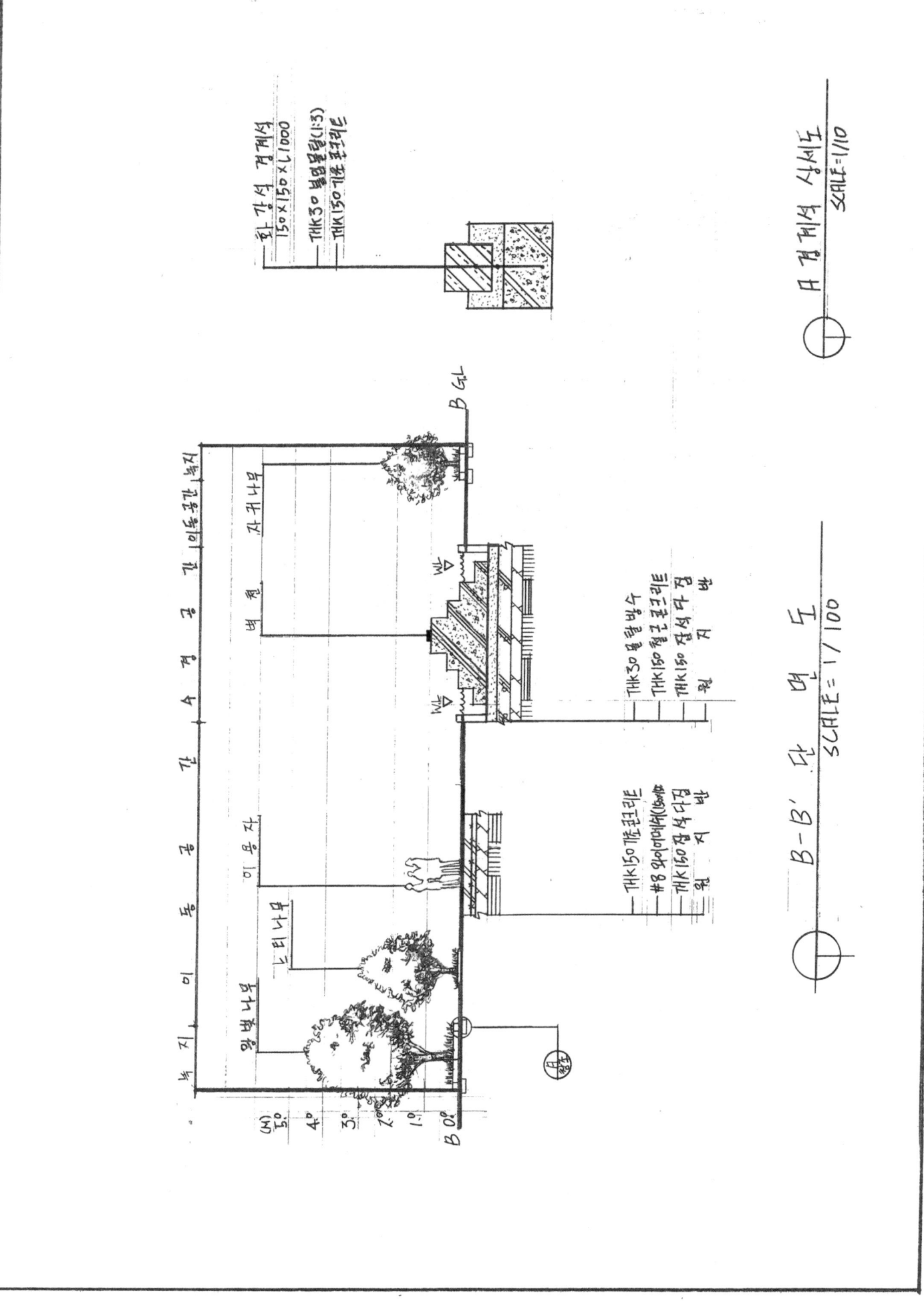

도로변 소공원 설계

우리나라 중부지역에 위치한 도로변의 빈 공간에 대한 조경설계를 하고자 한다. 주어진 현황도 및 아래 사항을 참조하여 설계조건에 따라 조경계획도를 작성한다. (단, 2점 쇄선 안 부분이 조경설계 대상지로 한다.)

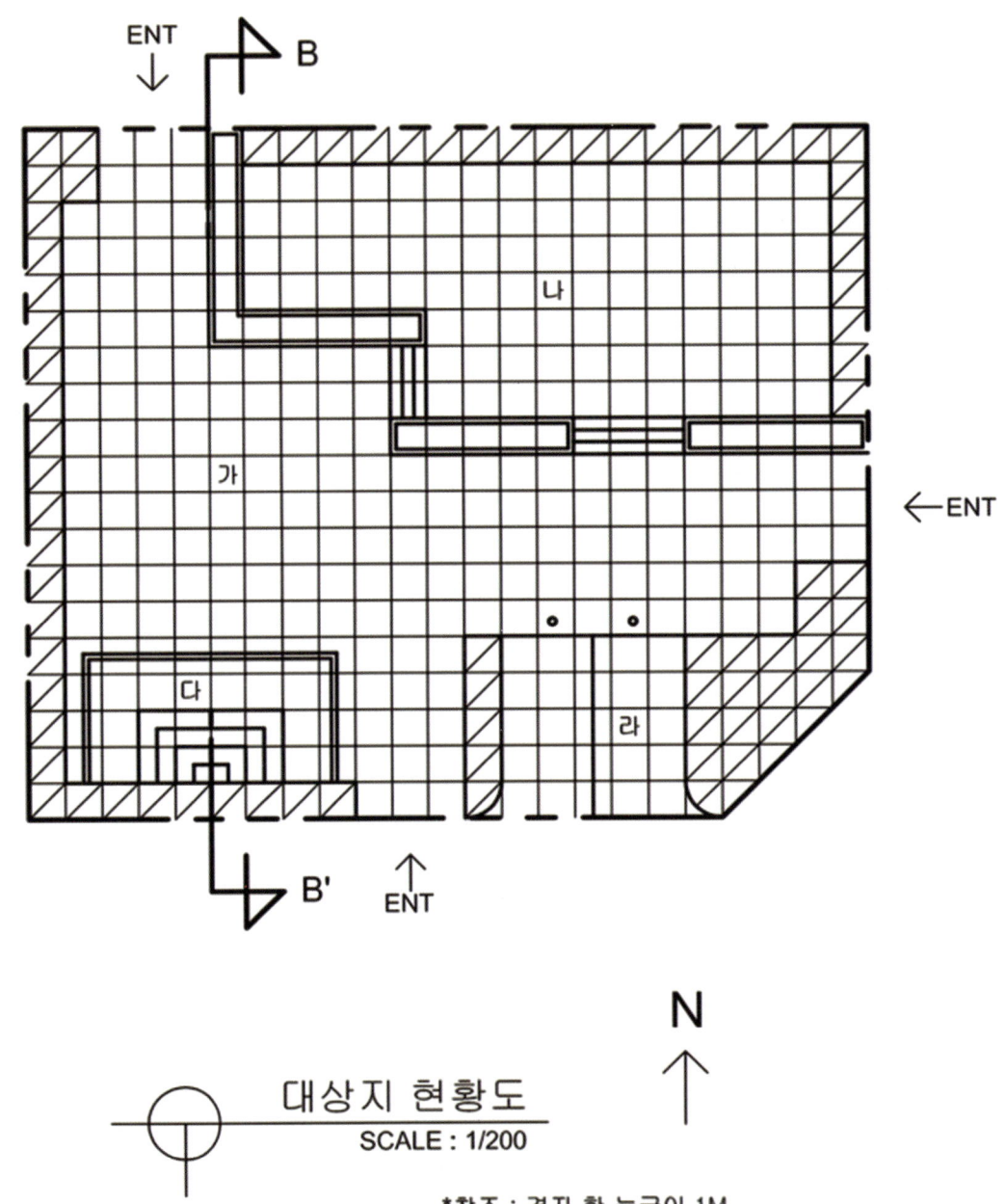

대상지 현황도
SCALE : 1/200

*참조 : 격자 한 눈금이 1M

☑ 요구사항

1. 식재평면도를 위주로 한 조경계획도를 축척 1/100로 작성하시오.(지급용지1)
2. 도면 오른쪽 위에 작업명칭을 작성하시오.
3. 도면 오른쪽에는 "중요시설물 수량표와 수목(식재)수량표"를 작성하고, 수량표 아래쪽에는 "방위표시와 막대축척"을 그려 넣는다.(단, 전체 대상지의 길이를 고려하여 범례표의 폭을 조정할 수 있다.)
4. 도면의 전체적인 안정감을 위하여 테두리선을 넣으시오.
5. B-B' 단면도를 축척 1/100로 작성하시오.(지급용지2.)

☑ 요구조건

1. 해당지역은 도로변의 자투리 공간을 이용하여 휴식 및 어린이들이 즐길 수 있는 소공원으로, 공원의 특징을 고려하여 조경계획도를 작성한다.
2. 포장지역을 제외한 곳에는 식재가 가능한 장소에는 식재를 하시오.(빗금친 부분이 녹지이며, 분위기를 고려하여 식재를 실시하시오)
3. 포장지역은 "소형고압블럭, 황토벽돌, 마사토, 고무칩, 콘크리트"등 적당한 위치에 선택하여 표시하고, 포장명을 기입한다.
4. "가" 지역은 중앙광장으로 휴식을 취할 수 있는 퍼걸러(3,500 × 3,500) 1개소, 등벤치 5개소를 계획하고 설치한다.
5. "나" 지역은 "가" 지역보다 1m 높은 놀이공간으로 놀이시설 3종(미끄럼틀, 그네, 시소)을 계획하고 설계한다.
6. "다" 지역은 수경공간으로 계단식 벽천이 계단높이 40cm, 계단너비 50cm, 전체높이 1.2m로 설치되어 있으며, 벽천 앞 수경공간(3,500 × 7,000)은 깊이 60cm로 계획하고 설계한다.
7. "라" 지역은 주차공간으로 소형자동차(2,500 × 5,000) 2대가 주차할 수 있는 공간으로 계획하고 설계한다.
8. 필요한 곳에 수목보호대를 설치하고, 대상지 내에는 유도식재, 녹음식재, 경관식재, 소나무 군식 등의 식재 패턴을 필요한 곳에 적당히 배식한다.
9. 수목은 아래에 주어진 수종 중에서 10가지를 반드시 선정하여 골고루 안정적인 배식이 될 수 있도록 계획하며, 인출선을 이용하여 수종명, 수량, 규격을 반드시 표기하시오.

> 소나무(H4.0×W2.0), 소나무(H3.0×W1.5), 소나무(H2.5×W1.2), 스트로브잣나무(H2.5×W1.2), 스트로브잣나무(H2.0×W1.0), 왕벚나무(H4.5×B15), 버즘나무(H3.5×B8), 느티나무(H3.0×R6), 청단풍(H2.5×R8), 다정큼나무(H1.0×W0.6), 동백나무(H2.0×R8), 중국단풍(H2.5×R5), 굴거리나무(H2.5×W0.6), 자귀나무(H2.5×R6), 태산목(H1.5×W0.5), 먼나무(H2.0×R5), 산딸나무(H2.0×R5), 산수유(H2.5×R7), 꽃사과(H2.5×R5), 쥐똥나무(H1.0×W0.3), 수수꽃다리(H1.5×W0.6), 병꽃나무(H1.0×W0.4), 명자나무(H0.6×W0.4), 자산홍(H0.3×W0.3), 산철쭉(H0.3×W0.4), 조릿대(H0.6×7가지), 영산홍(H0.4×W0.3)

10. B-B' 단면도는 경사, 포장재료, 경계석, 기타 시설물기초, 주변의 수목, 중요시설물, 이용자 등을 단면도 상에 반드시 표기하고 높이차를 한눈에 알아볼 수 있도록 설계한다.

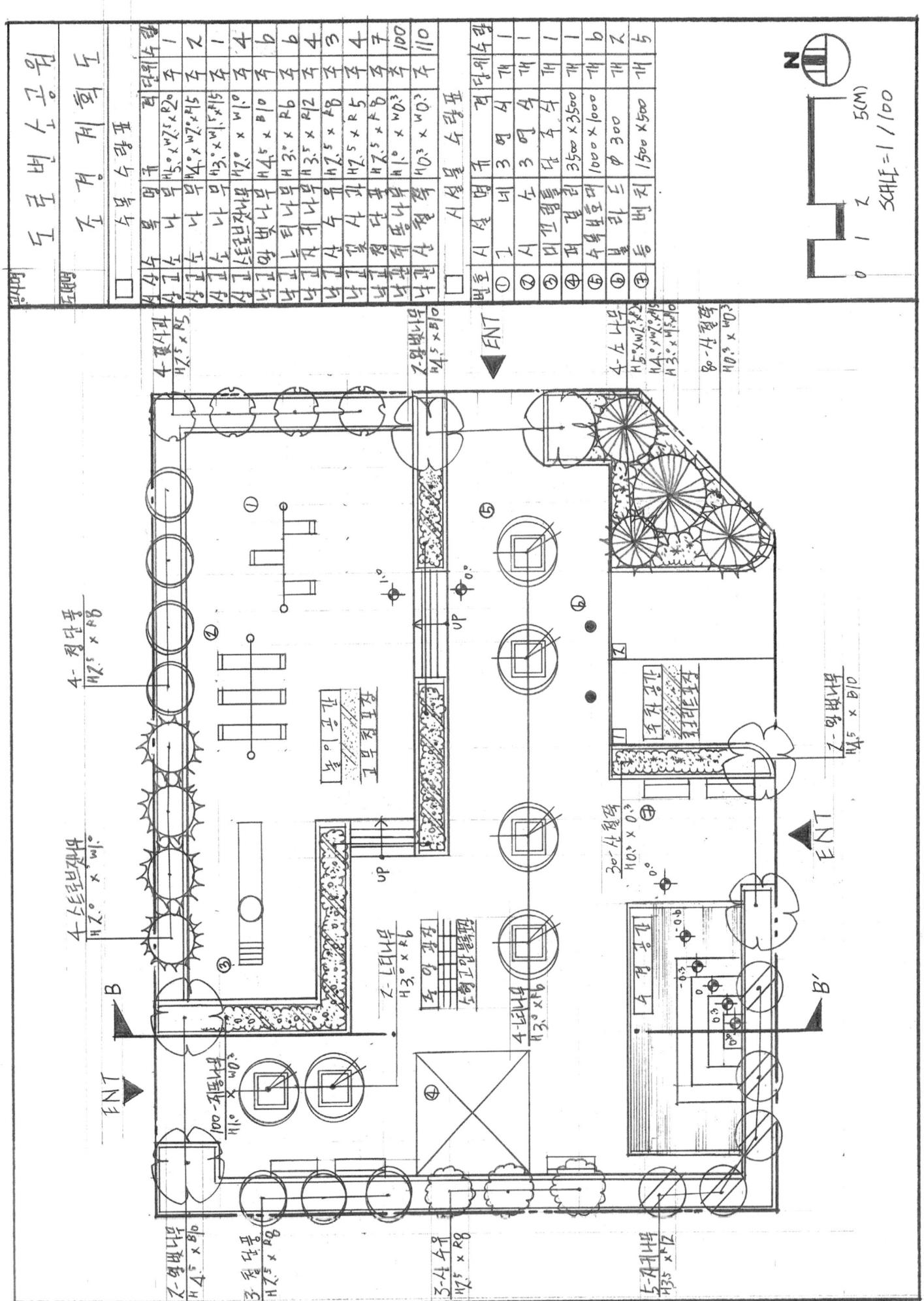

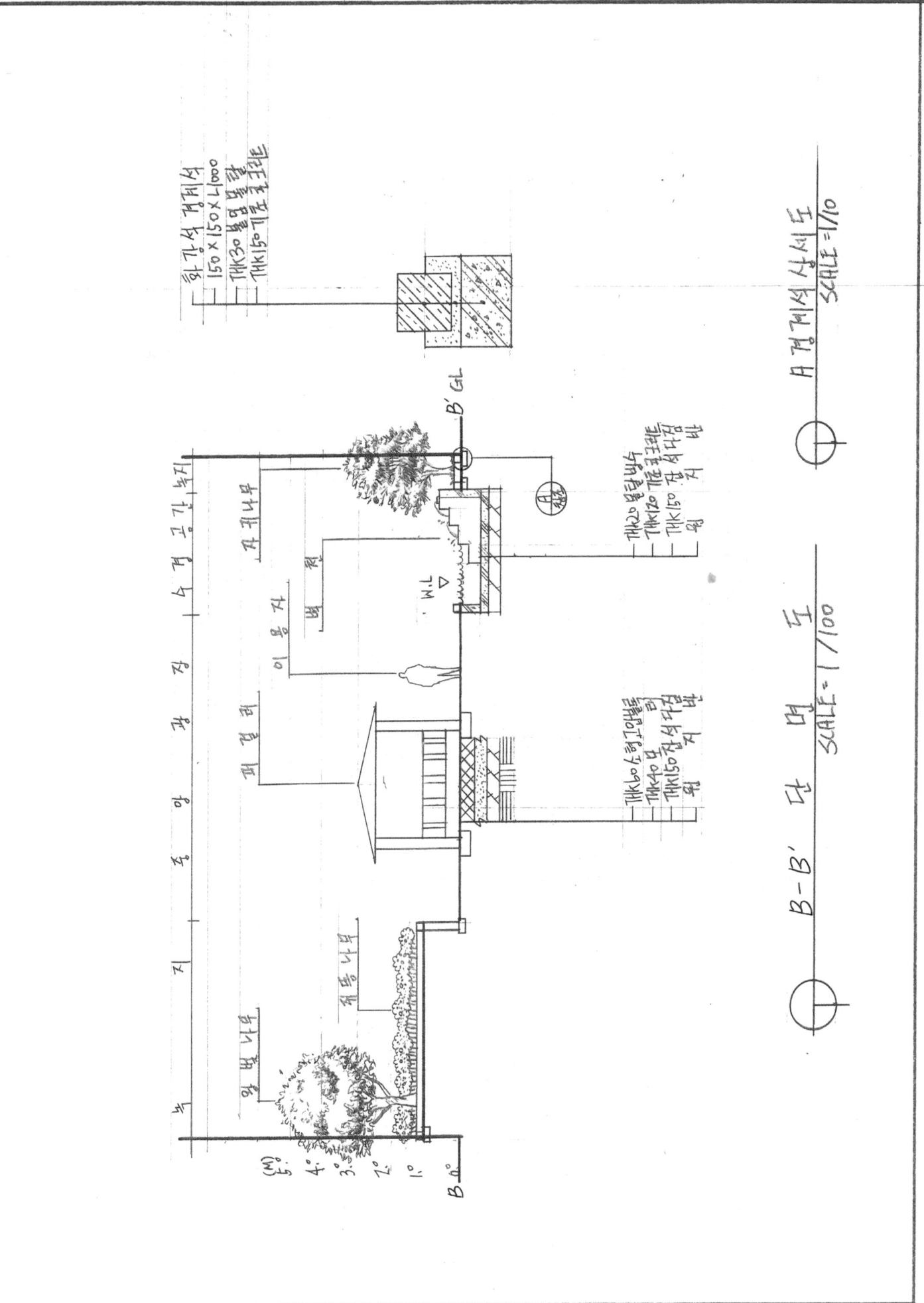

도로변 소공원 설계

우리나라 중부지역에 위치한 도로변의 빈 공간에 대한 조경설계를 하고자 한다. 주어진 현황도 및 아래 사항을 참조하여 설계조건에 따라 조경계획도를 작성한다. (단, 2점 쇄선 안 부분이 조경설계 대상지로 한다.)

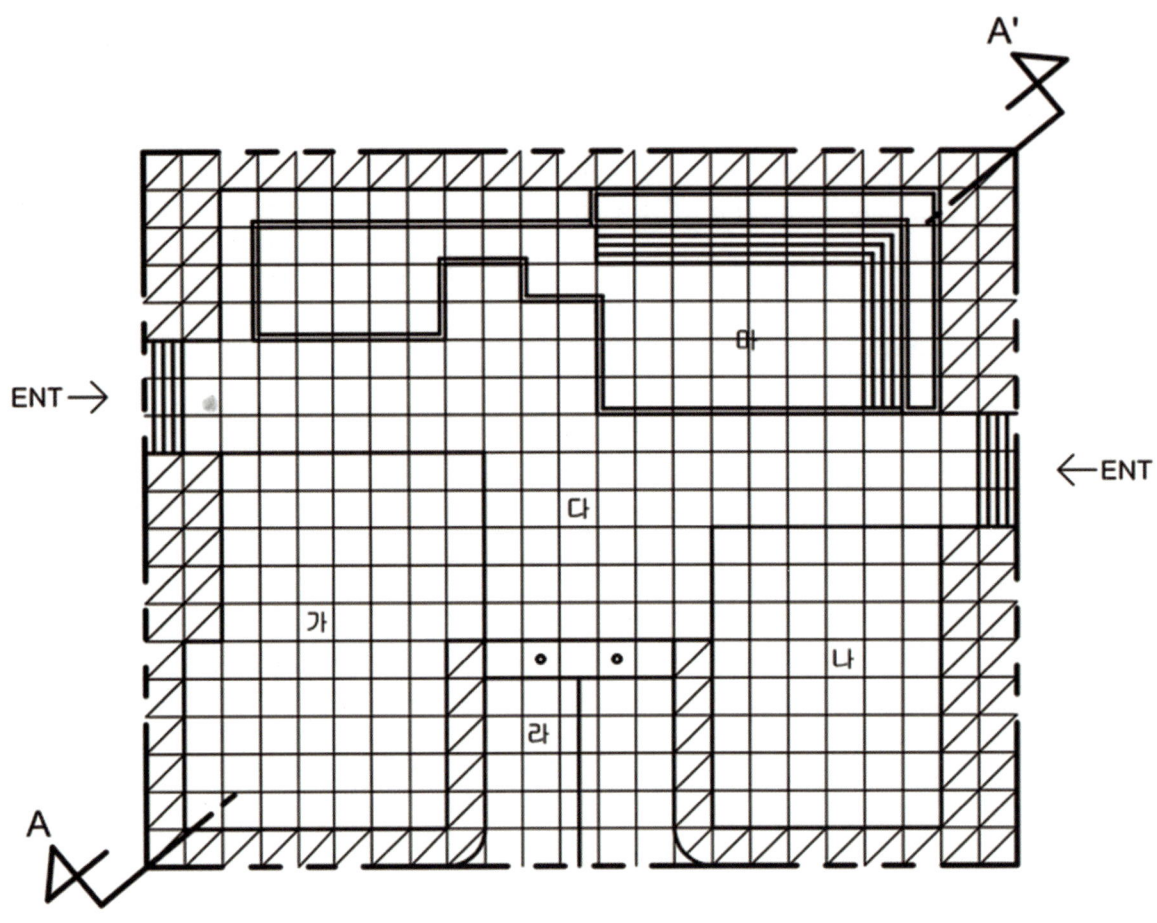

대상지 현황도
SCALE : 1/200

N ↑

*참조 : 격자 한 눈금이 1M

✅ 요구사항

1. 식재평면도를 위주로 한 조경계획도를 축척 1/100로 작성하시오.(지급용지1)
2. 도면 오른쪽 위에 작업명칭을 작성하시오.
3. 도면 오른쪽에는 "중요시설물 수량표와 수목(식재)수량표"를 작성하고, 수량표 아래쪽에는 "방위표시와 막대축척"을 그려 넣는다.(단, 전체 대상지의 길이를 고려하여 범례표의 폭을 조정할 수 있다.)
4. 도면의 전체적인 안정감을 위하여 테두리선을 넣으시오.
5. A-A' 단면도를 축척 1/100로 작성하시오.(지급용지2.)

✅ 요구조건

1. 해당지역은 도로변의 자투리 공간을 이용하여 휴식 및 어린이들이 즐길 수 있는 소공원으로, 공원의 특징을 고려하여 조경계획도를 작성한다.
2. 포장지역을 제외한 곳에는 식재가 가능한 장소에는 식재를 하시오.(빗금친 부분이 녹지이며, 분위기를 고려하여 식재를 실시하시오)
3. 포장지역은 "소형고압블럭, 투수콘크리트, 마사토, 고무칩, 콘크리트"등 적당한 위치에 선택하여 표시하고, 포장명을 기입한다.
4. "가" 지역은 어린이를 위한 놀이공간으로 놀이시설 3종(정글짐, 그네, 시소)을 계획하고 설계한다.
5. "나" 지역은 휴게공간으로 퍼걸러(3,500 × 3,500) 1개소, 등벤치 2개소를 계획하고 설치한다.
6. "다" 지역은 이동공간으로 필요한 공간에 수목보호대 4개소를 계획하여 낙엽활엽수를 식재하고, 평벤치 2개소를 계획하고 설계하시오.
7. "라" 지역은 주차공간으로 소형자동차(2,500 × 5,000) 2대가 주차할 수 있는 공간으로 계획하고 설계한다.
8. "마" 지역은 수경공간으로 계단식 벽천(4계단)이 30cm 간격(전체높이 : 1.2m)으로 설치되어 있으며 벽천 앞의 수경공간은 깊이 60cm로 설계한다.
9. 대상지역의 진입구에 계단이 위치해 있으며, 대상지 외곽부지보다 1m 높은 것으로 보고 설계한다.
10. 대상지 경계의 외곽 녹지대에는 유도식재, 녹음식재, 경관식재, 소나무 군식 등의 식재 패턴을 필요한 곳에 적당히 배식한다.
11. 수목은 아래에 주어진 수종 중에서 10가지를 반드시 선정하여 골고루 안정적인 배식이 될 수 있도록 계획하며, 인출선을 이용하여 수종명, 수량, 규격을 반드시 표기하시오.

> 소나무(H4.0×W2.0), 소나무(H3.0×W1.5), 소나무(H2.5×W1.2), 스트로브잣나무(H2.5×W1.2), 스트로브잣나무(H2.0×W1.0), 왕벚나무(H4.5×B15), 버즘나무(H3.5×B8), 느티나무(H3.0×R6), 청단풍(H2.5×R8), 다정큼나무(H1.0×W0.6), 동백나무(H2.0×R8), 중국단풍(H2.5×R5), 굴거리나무(H2.5×W0.6), 자귀나무(H2.5×R6), 태산목(H1.5×W0.5), 먼나무(H2.0×R5), 산딸나무(H2.0×R5), 산수유(H2.5×R7), 꽃사과(H2.5×R5), 쥐똥나무(H1.0×W0.3), 수수꽃다리(H1.5×W0.6), 병꽃나무(H1.0×W0.4), 명자나무(H0.6×W0.4), 자산홍(H0.3×W0.3), 산철쭉(H0.3×W0.4), 조릿대(H0.6×7가지), 영산홍(H0.4×W0.3)

12. A-A' 단면도는 경사, 포장재료, 경계석, 기타 시설물기초, 주변의 수목, 중요시설물, 이용자 등을 단면도 상에 반드시 표기하고 높이차를 한눈에 알아볼 수 있도록 설계한다.

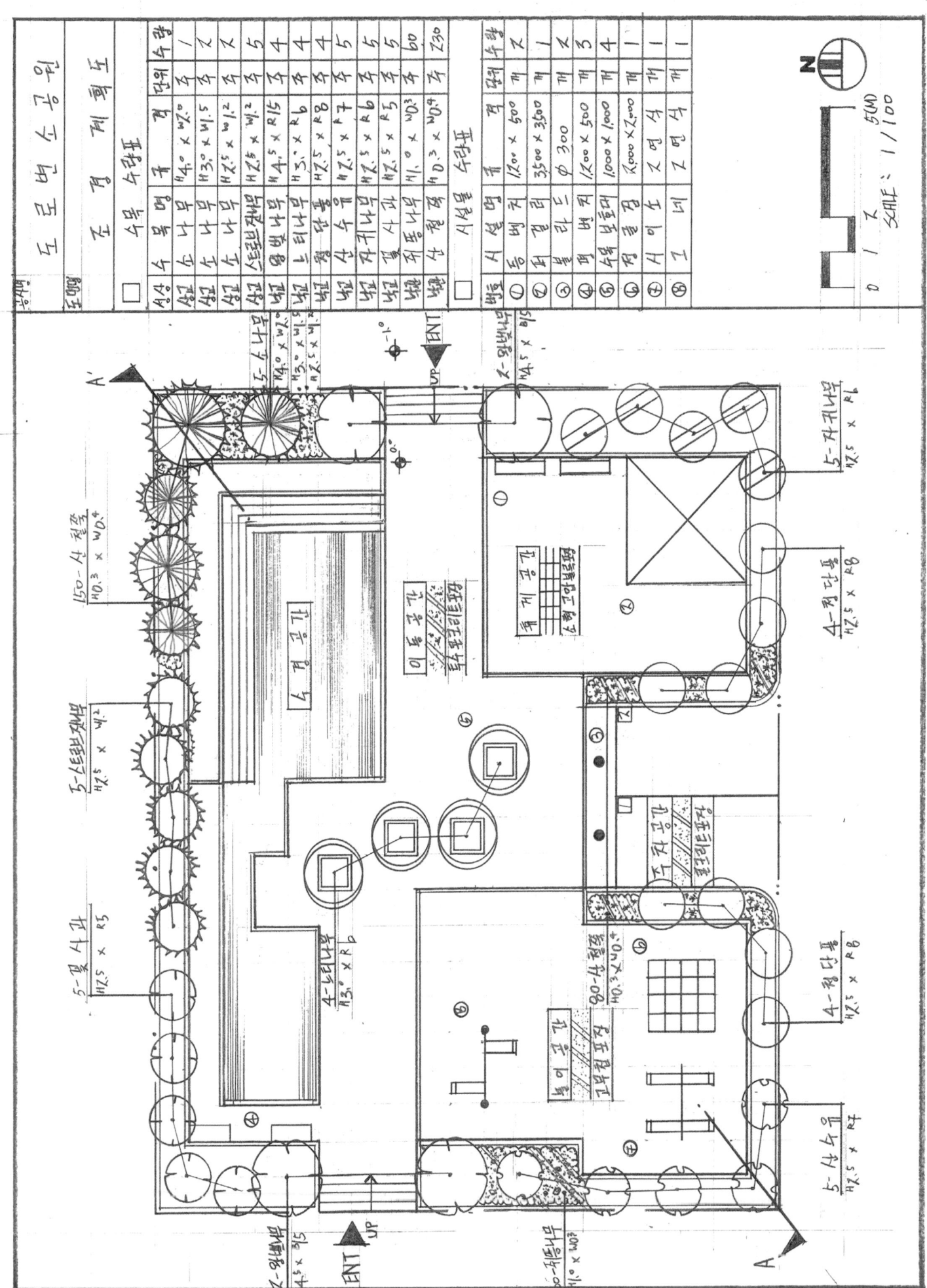

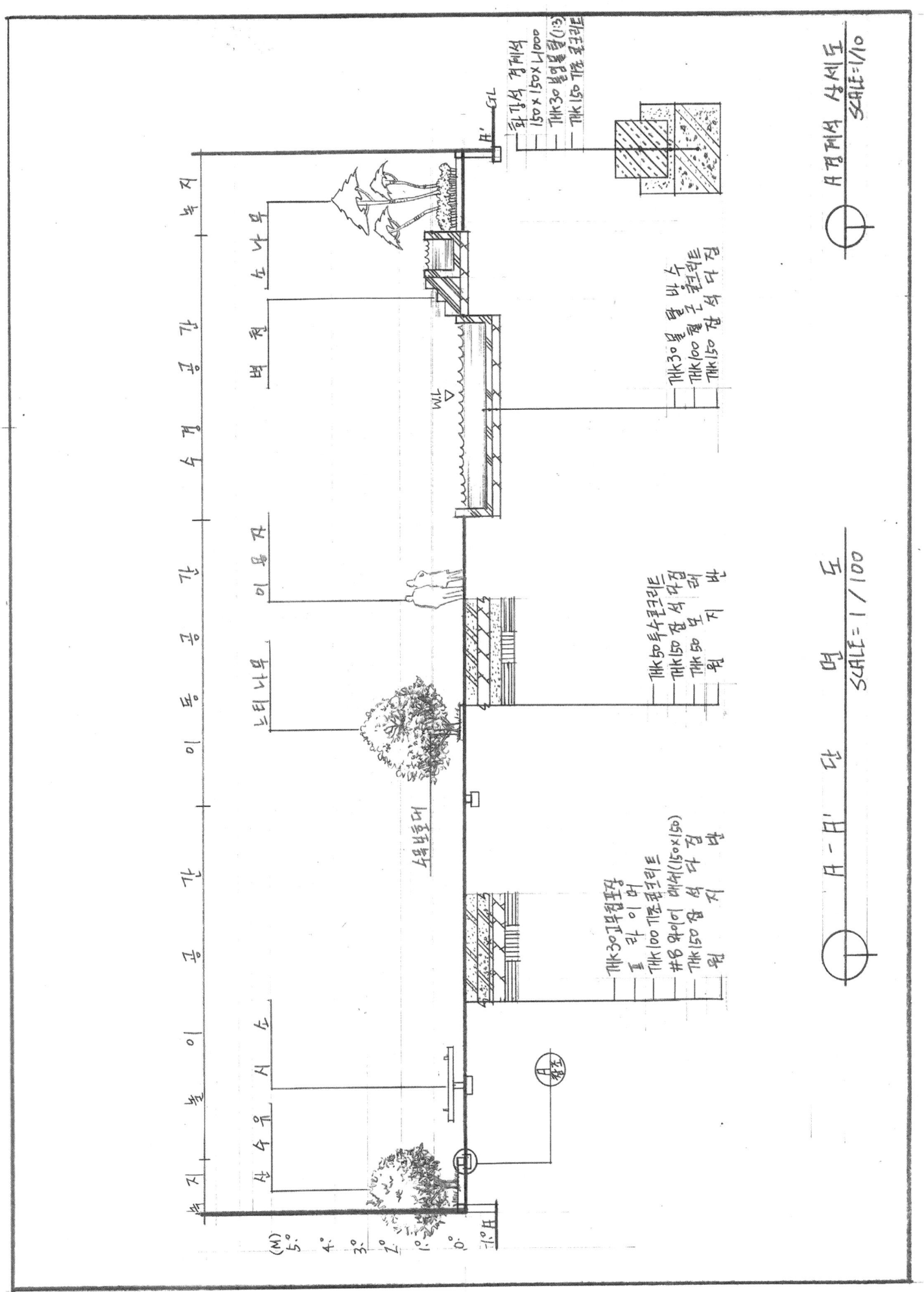

도로변 소공원 설계

우리나라 중부지역에 위치한 도로변의 빈 공간에 대한 조경설계를 하고자 한다. 주어진 현황도 및 아래 사항을 참조하여 설계조건에 따라 조경계획도를 작성한다. (단, 2점 쇄선 안 부분이 조경설계 대상지로 한다.)

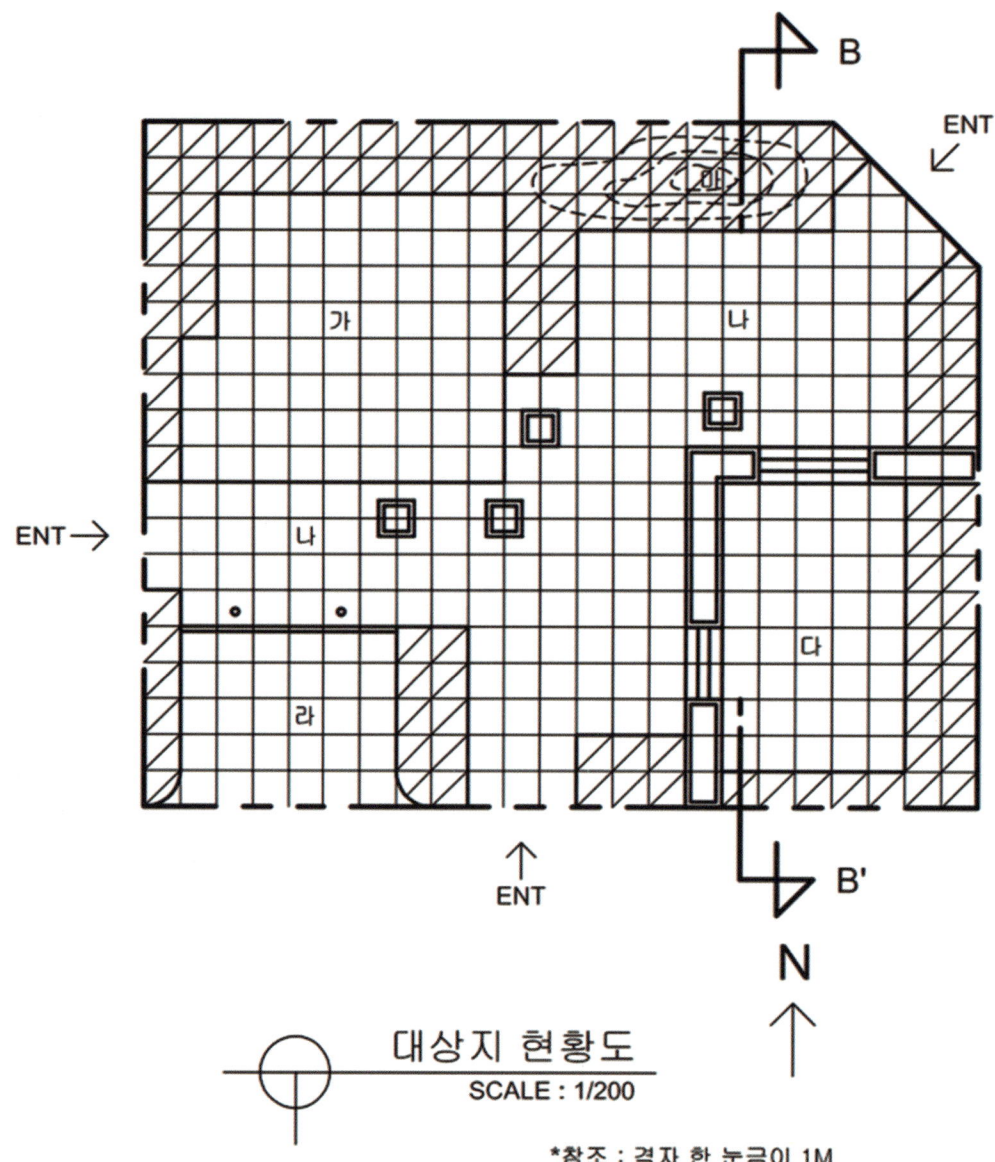

대상지 현황도
SCALE : 1/200

*참조 : 격자 한 눈금이 1M

☑ 요구사항

1. 식재평면도를 위주로 한 조경계획도를 축척 1/100로 작성하시오.(지급용지1)
2. 도면 오른쪽 위에 작업명칭을 작성하시오.
3. 도면 오른쪽에는 "중요시설물 수량표와 수목(식재)수량표"를 작성하고, 수량표 아래쪽에는 "방위표시와 막대축척"을 그려 넣는다.(단, 전체 대상지의 길이를 고려하여 범례표의 폭을 조정할 수 있다.)
4. 도면의 전체적인 안정감을 위하여 테두리선을 넣으시오.
5. B-B' 단면도를 축척 1/100로 작성하시오.(지급용지2)

☑ 요구조건

1. 해당지역은 도로변의 자투리 공간을 이용하여 휴식 및 어린이들이 즐길 수 있는 소공원으로, 공원의 특징을 고려하여 조경계획도를 작성한다.
2. 포장지역을 제외한 곳에는 식재가 가능한 장소에는 식재를 하시오.(빗금친 부분이 녹지이며, 경사의 차이가 발생하는 곳은 식수대(Plant box)로 처리되어 있으며 분위기를 고려하여 식재를 실시하시오)
3. 포장지역은 "소형고압블럭, 투수콘크리트, 마사토, 고무칩, 콘크리트"등 적당한 위치에 선택하여 표시하고, 포장명을 기입한다.
4. "가" 지역은 어린이를 위한 놀이공간으로 놀이시설 3종을 계획하고 설계한다.
5. "다" 지역은 휴식공간으로 이용자들의 편안한 휴식을 위해 퍼걸러(3,500 × 3,500) 1개소와 앉아서 휴식을 즐길 수 있도록 등벤치를 계획하고 설치한다.
6. "라" 지역은 주차공간으로 소형자동차(2,500 × 5,000) 2대가 주차할 수 있는 공간으로 계획하고 설계한다.
7. "나" 지역은 동적인 휴식공간으로 수목보호대 4개소에 동일한 낙엽활엽수를 식재하고, 평벤치 2개소를 계획하고 설계하시오.
8. "마" 지역은 등고선 1개당 20cm가 높으며, 녹지지역으로 경관식재를 실시한다. 아울러 크기가 다른 소나무 3종을 식재하고, 계절성을 느낄 수 있게 다른 수목을 조화롭게 배치한다.
9. "다" 지역은 "가", "나", "라" 지역보다 1m 높은 지역으로 계획한다.
10. 대상지 내에는 유도식재, 녹음식재, 경관식재, 소나무 군식 등의 식재 패턴을 필요한 곳에 적당히 배식한다.
11. 수목은 아래에 주어진 수종 중에서 10가지를 반드시 선정하여 골고루 안정적인 배식이 될 수 있도록 계획하며, 인출선을 이용하여 수종명, 수량, 규격을 반드시 표기하시오.

> 소나무(H4.0×W2.0), 소나무(H3.0×W1.5), 소나무(H2.5×W1.2), 스트로브잣나무(H2.5×W1.2), 스트로브잣나무(H2.0×W1.0), 왕벚나무(H4.5×B15), 버즘나무(H3.5×B8), 느티나무(H3.0×R6), 청단풍(H2.5×R8), 다정큼나무(H1.0×W0.6), 동백나무(H2.0×R8), 중국단풍(H2.5×R5), 굴거리나무(H2.5×W0.6), 자귀나무(H2.5×R6), 태산목(H1.5×W0.5), 먼나무(H2.0×R5), 산딸나무(H2.0×R5), 산수유(H2.5×R7), 꽃사과(H2.5×R5), 쥐똥나무(H1.0×W0.3), 수수꽃다리(H1.5×W0.6), 병꽃나무(H1.0×W0.4), 명자나무(H0.6×W0.4), 자산홍(H0.3×W0.3), 산철쭉(H0.3×W0.4), 조릿대(H0.6×7가지), 영산홍(H0.4×W0.3)

12. B-B' 단면도는 경사, 포장재료, 경계석, 기타 시설물기초, 주변의 수목, 중요시설물, 이용자 등을 단면도 상에 반드시 표기하고 높이차를 한눈에 알아볼 수 있도록 설계한다.

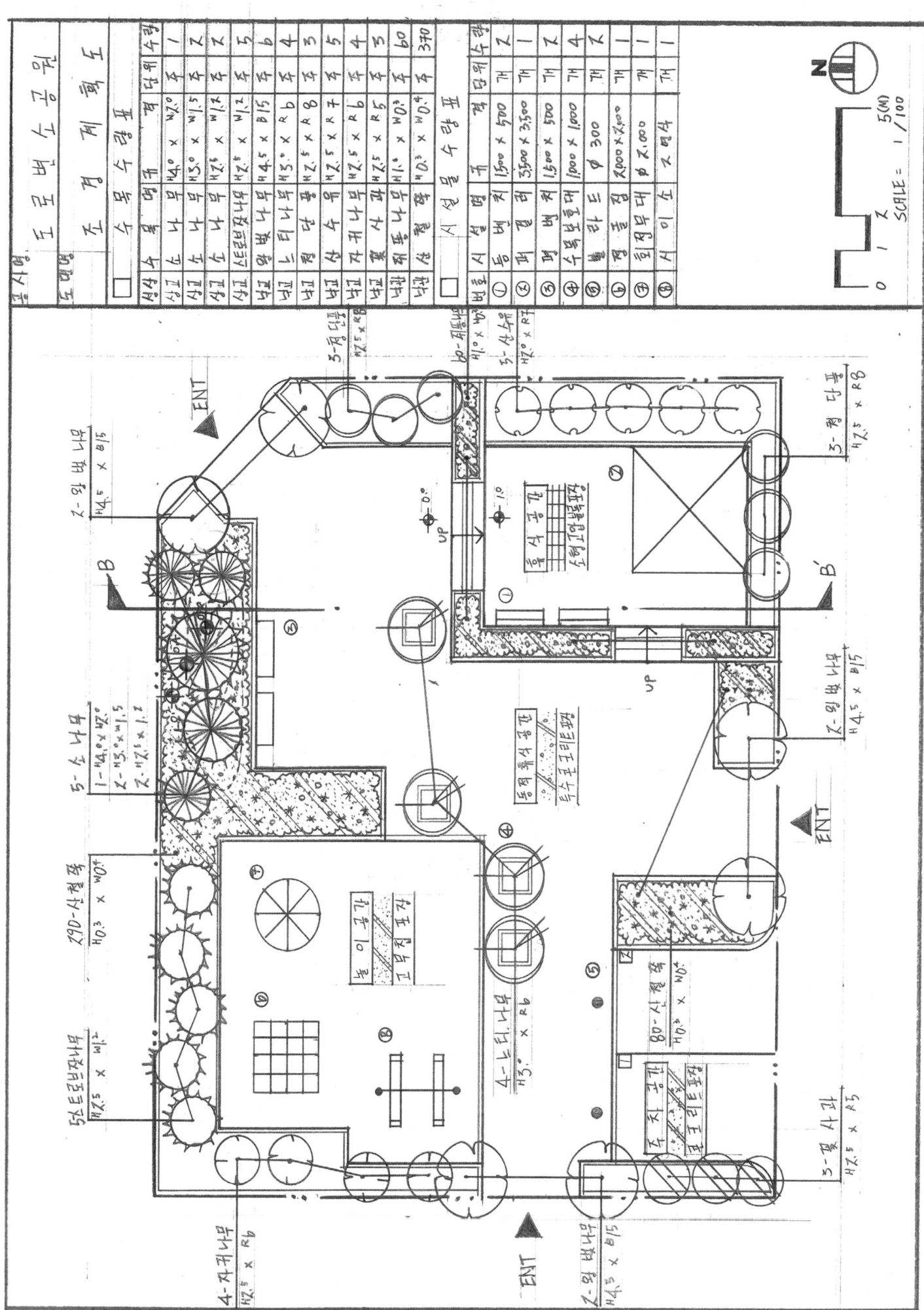

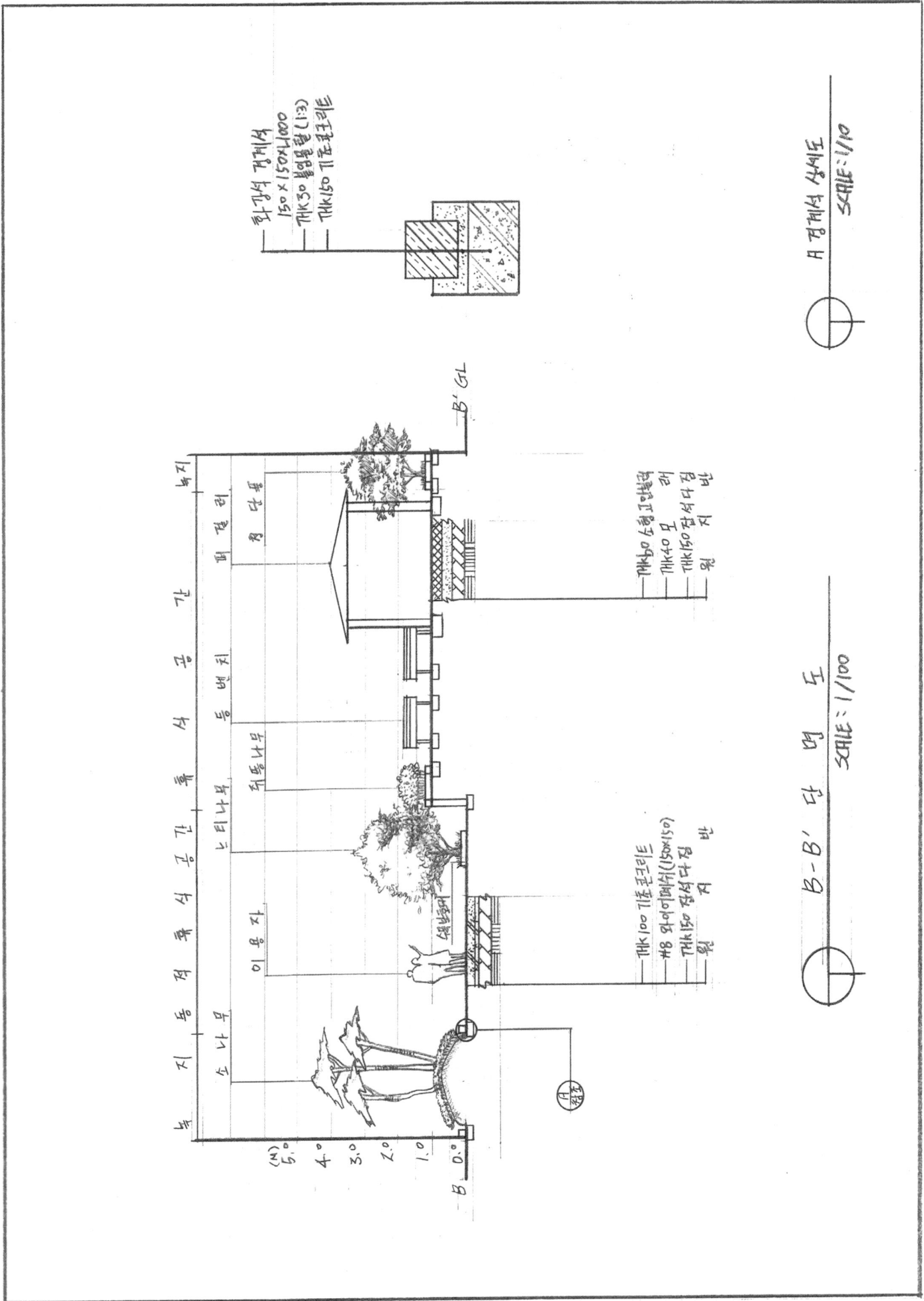

도로변 소공원 설계

우리나라 중부지역에 위치한 도로변의 빈 공간에 대한 조경설계를 하고자 한다. 주어진 현황도 및 아래 사항을 참조하여 설계조건에 따라 조경계획도를 작성한다. (단, 2점 쇄선 안 부분이 조경설계 대상지로 한다.)

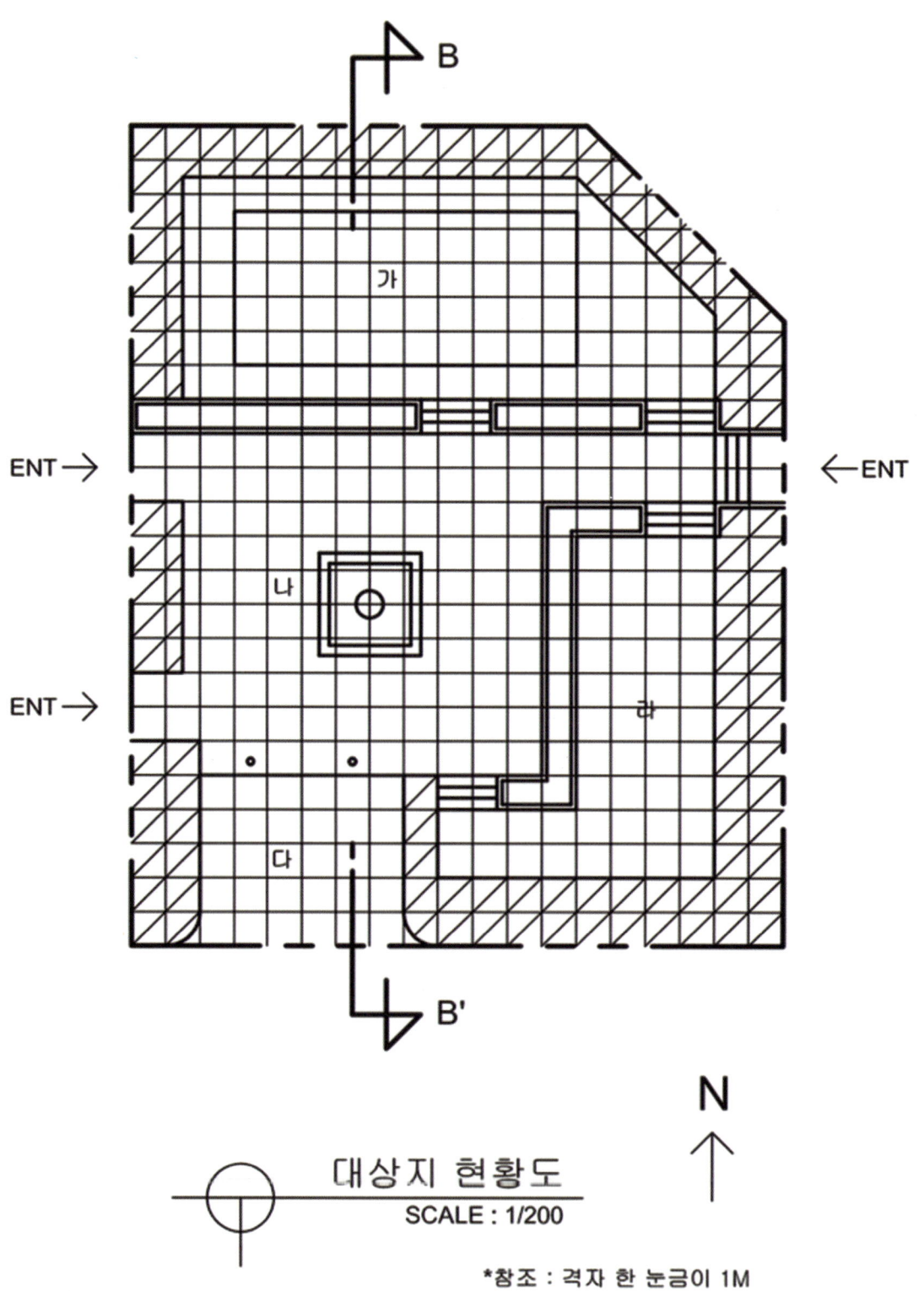

대상지 현황도
SCALE : 1/200

*참조 : 격자 한 눈금이 1M

✅ 요구사항

1. 식재평면도를 위주로 한 조경계획도를 축척 1/100로 작성하시오.(지급용지1)
2. 도면 오른쪽 위에 작업명칭을 작성하시오.
3. 도면 오른쪽에는 "중요시설물 수량표와 수목(식재)수량표"를 작성하고, 수량표 아래쪽에는 "방위표시와 막대축척"을 그려 넣는다.(단, 전체 대상지의 길이를 고려하여 범례표의 폭을 조정할 수 있다.)
4. 도면의 전체적인 안정감을 위하여 테두리선을 넣으시오.
5. B-B' 단면도를 축척 1/100로 작성하시오.(지급용지2)

✅ 요구조건

1. 해당지역은 도로변의 자투리 공간을 이용하여 휴식 및 어린이들이 즐길 수 있는 소공원으로, 공원의 특징을 고려하여 조경계획도를 작성한다.
2. 포장지역을 제외한 곳에는 식재가 가능한 장소에는 식재를 하시오.(빗금친 부분이 녹지이며, 경사의 차이가 발생하는 곳은 식수대(Plant box)로 처리되어 있으며 분위기를 고려하여 식재를 실시하시오)
3. 포장지역은 "소형고압블럭, 점토블럭, 황토벽돌 콘크리트, 모래, 마사토" 등 적당한 위치에 선택하여 표시하고, 포장명을 기입한다.
4. "가" 지역은 다목적 운동공간으로 계획하고, 벤치 4개 및 적합한 포장을 실시한다.
5. "나" 지역은 중심광장으로 중앙에 분수가 설치되어 있으며, 그 주변으로 수목보호대를 8개 설치하여 수목을 배치하고, 적당한 곳에 등벤치 4개를 설치한다.
6. "다" 지역은 주차공간으로 소형자동차(3m×5m) 2대가 주차할 수 있도록 계획, 설계한다.
7. "라" 지역은 휴식공간으로 계획하고, 적당한 곳에 퍼걸러(3.5m×3.5m) 2개를 설치하고 평상형 벤치 (1.2m× 0.5m) 2개를 퍼걸러 밖에 설치한다.
8. "가", "라" 지역은 "나", "다" 지역보다 1m 높다.
9. 대상지 내에 보행자 통행에 지장을 주지 않는 곳에 휴지통 3개를 설치한다.
10. 대상지 내에는 유도식재, 녹음식재, 경관식재, 소나무 군식 등의 식재 패턴을 필요한 곳에 적당히 배식하고, 필요한 곳에 수목보호대를 설치하여 포장 내에 식재를 한다.
11. 수목은 아래에 주어진 수종 중에서 10가지를 선정하여 사용하고 인출선을 이용하여 수종명, 수량, 규격을 표기하시오.

> 소나무(H4.0×W2.0), 소나무(H3.0×W1.5), 소나무(H2.5×W1.2), 스트로브잣나무(H2.5×W1.2), 스트로브잣나무(H2.0×W1.0), 왕벚나무(H4.5×B15), 버즘나무(H3.5×B8), 느티나무(H3.0×R6), 청단풍(H2.5×R8), 중국단풍(H2.5×R5), 자귀나무(H2.5×R6), 산딸나무(H2.0×R5), 산수유(H2.5×R7), 꽃사과(H2.5×R5), 쥐똥나무(H1.0×W0.3), 수수꽃다리(H1.5×W0.6), 명자나무(H0.6×W0.4), 병꽃나무(H1.0×W0.4), 자산홍(H0.4×W0.3), 산철쭉(H0.3×W0.3), 조릿대(H0.6×7가지)

12. B-B' 단면도는 경사, 포장재료, 경계석, 기타 시설물기초, 주변의 수목, 중요시설물, 이용자 등을 단면도 상에 반드시 표기한다.

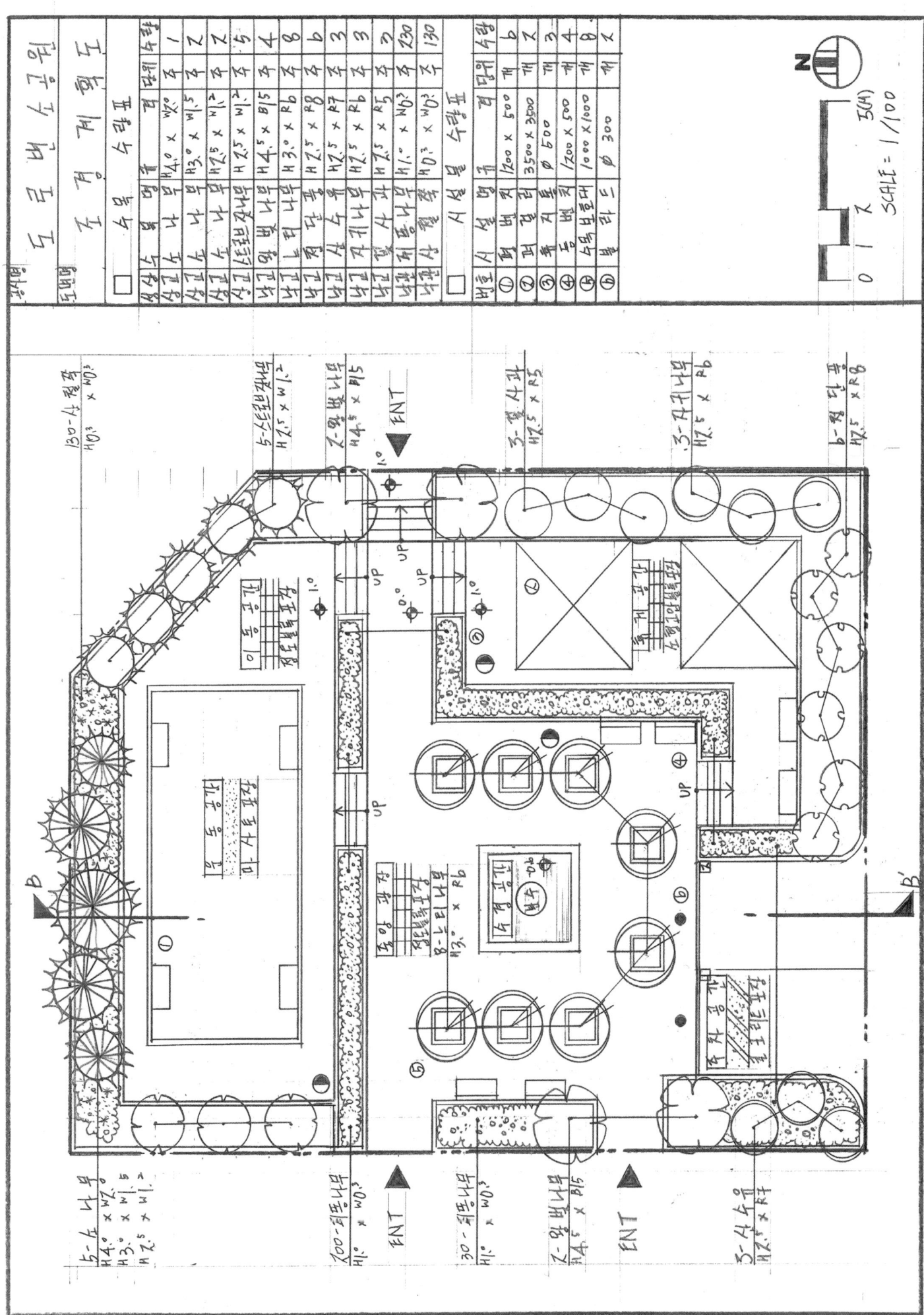

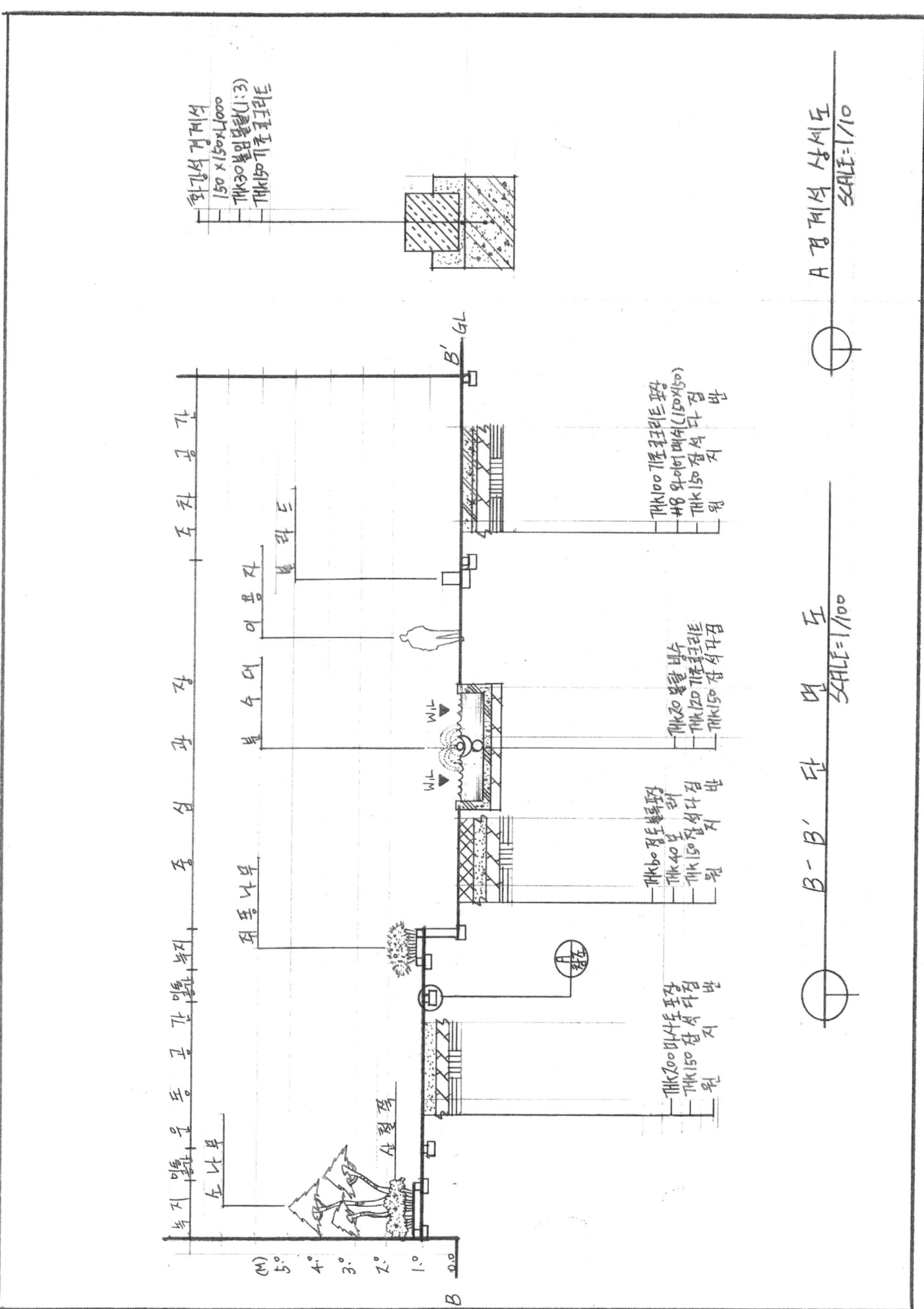

도로변 소공원 설계

우리나라 중부지역에 위치한 도로변의 빈 공간에 대한 조경설계를 하고자 한다. 주어진 현황도 및 아래 사항을 참조하여 설계조건에 따라 조경계획도를 작성한다. (단, 2점 쇄선 안 부분이 조경설계 대상지로 한다.)

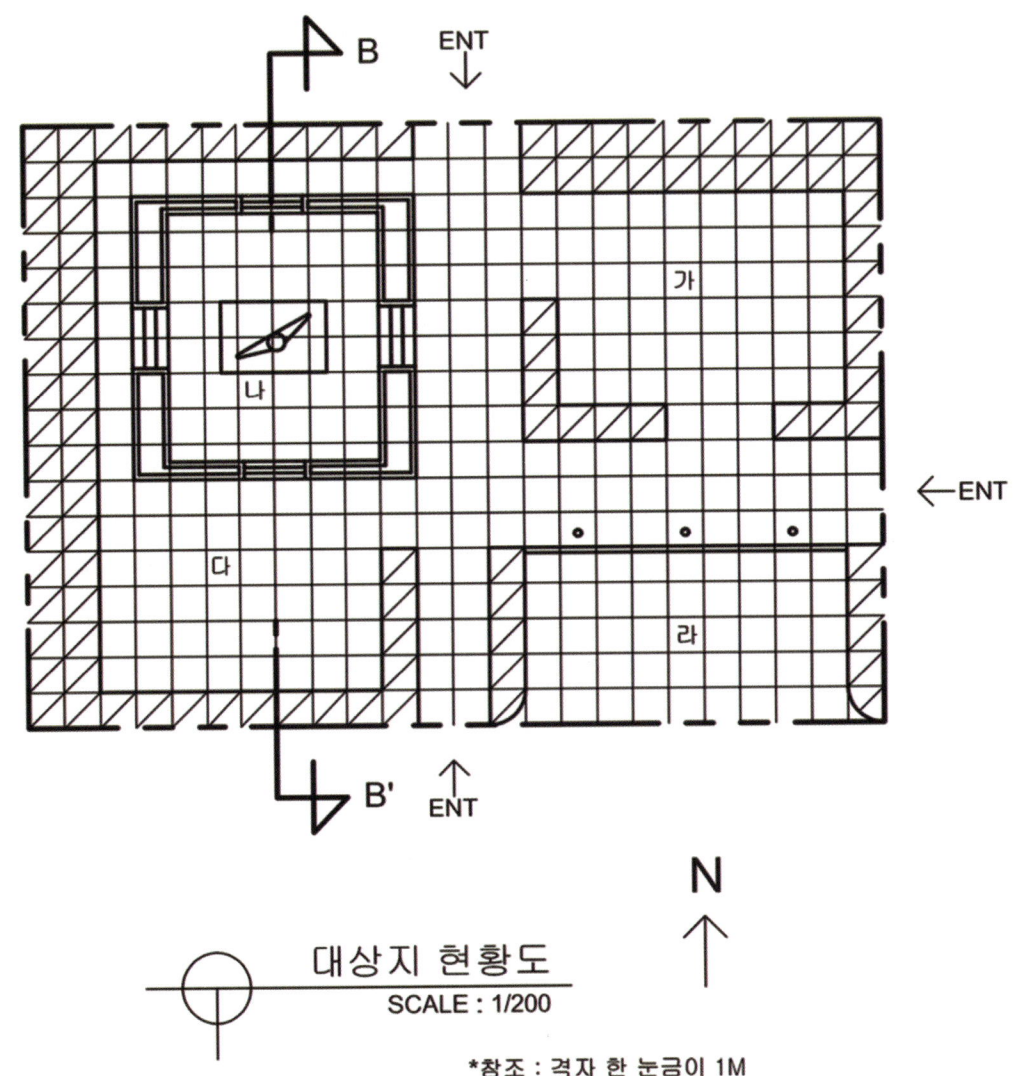

대상지 현황도
SCALE : 1/200

*참조 : 격자 한 눈금이 1M

☑ 요구사항

1. 식재평면도를 위주로 한 조경계획도를 축척 1/100로 작성하시오.(지급용지1)
2. 도면 오른쪽 위에 작업명칭을 작성하시오.
3. 도면 오른쪽에는 "중요시설물 수량표와 수목(식재)수량표"를 작성하고, 수량표 아래쪽에는 "방위표시와 막대축척"을 그려 넣는다.(단, 전체 대상지의 길이를 고려하여 범례표의 폭을 조정할 수 있다.)
4. 도면의 전체적인 안정감을 위하여 테두리선을 넣으시오.
5. B-B' 단면도를 축척 1/100로 작성하시오.(지급용지2.)

☑ 요구조건

1. 해당지역은 도로변의 자투리 공간을 이용하여 휴식 및 어린이들이 즐길 수 있는 소공원으로, 공원의 특징을 고려하여 조경계획도를 작성한다.
2. 포장지역을 제외한 곳에는 식재가 가능한 장소에는 식재를 하시오.(빗금친 부분이 녹지이며, 경사의 차이가 발생하는 곳은 식수대(Plant box)로 처리되어 있으며 분위기를 고려하여 식재를 실시하시오)
3. 포장지역은 "소형고압블럭, 투수콘크리트, 마사토, 모래, 콘크리트" 등 적당한 위치에 선택하여 표시하고, 포장명을 기입한다.
4. "가" 지역은 놀이공간으로 계획하고 놀이시설을 3종을 배치한다.
5. "나" 지역은 "가", "다", "라" 지역보다 1m 높은 지역으로 기념광장으로 계획하고, 적당한 곳에 벤치 3개를 배치한다.
6. "다" 지역은 휴식공간으로 이용자들의 편안한 휴식을 위해 퍼걸러(5,000 × 5,000) 1개와 앉아서 휴식을 즐길 수 있도록 등벤치(1,200 × 500) 3개를 설치한다.
7. "라" 지역은 주차공간으로 소형자동차(3,000 × 5,000) 3대가 주차할 수 있는 공간으로 계획하고 설계한다.
8. 대상지 내에 보행자 통행에 지장을 주지 않는 곳에 2인용 평상형 벤치(1,200 × 500) 4개(단, 퍼걸러 안에 설치된 벤치는 제외), 휴지통 3개소를 설치한다.
9. 대상지 내에는 유도식재, 녹음식재, 경관식재, 소나무 군식 등의 식재 패턴을 필요한 곳에 적당히 배식하고, 필요에 따라 수목보호대를 추가로 설치하여 포장 내 식재할 수 있다.
10. 수목은 아래에 주어진 수종 중에서 10가지를 반드시 선정하여 골고루 안정적인 배식이 될 수 있도록 계획하며, 인출선을 이용하여 수종명, 수량, 규격을 반드시 표기한다.

> 소나무(H4.0×W2.0), 소나무(H3.0×W1.5), 소나무(H2.5×W1.2), 스트로브잣나무(H2.5×W1.2), 스트로브잣나무(H2.0×W1.0), 왕벚나무(H4.5×B15), 버즘나무(H3.5×B8), 느티나무(H3.0×R6), 청단풍(H2.5×R8), 다정큼나무(H1.0×W0.6), 동백나무(H2.0×R8), 중국단풍(H2.5×R5), 굴거리나무(H2.5×W0.6), 자귀나무(H2.5×R6), 태산목(H1.5×W0.5), 먼나무(H2.0×R5), 산딸나무(H2.0×R5), 산수유(H2.5×R7), 꽃사과(H2.5×R5), 쥐똥나무(H1.0×W0.3), 수수꽃다리(H1.5×W0.6), 병꽃나무(H1.0×W0.4), 명자나무(H0.6×W0.4), 자산홍(H0.3×W0.3), 산철쭉(H0.3×W0.4), 조릿대(H0.6×7가지), 영산홍(H0.4×W0.3)

11. B-B' 단면도는 경사, 포장재료, 경계석, 기타 시설물기초, 주변의 수목, 중요시설물, 이용자 등을 단면도 상에 반드시 표기하고, 높이차를 한눈에 알아볼 수 있도록 설계한다.

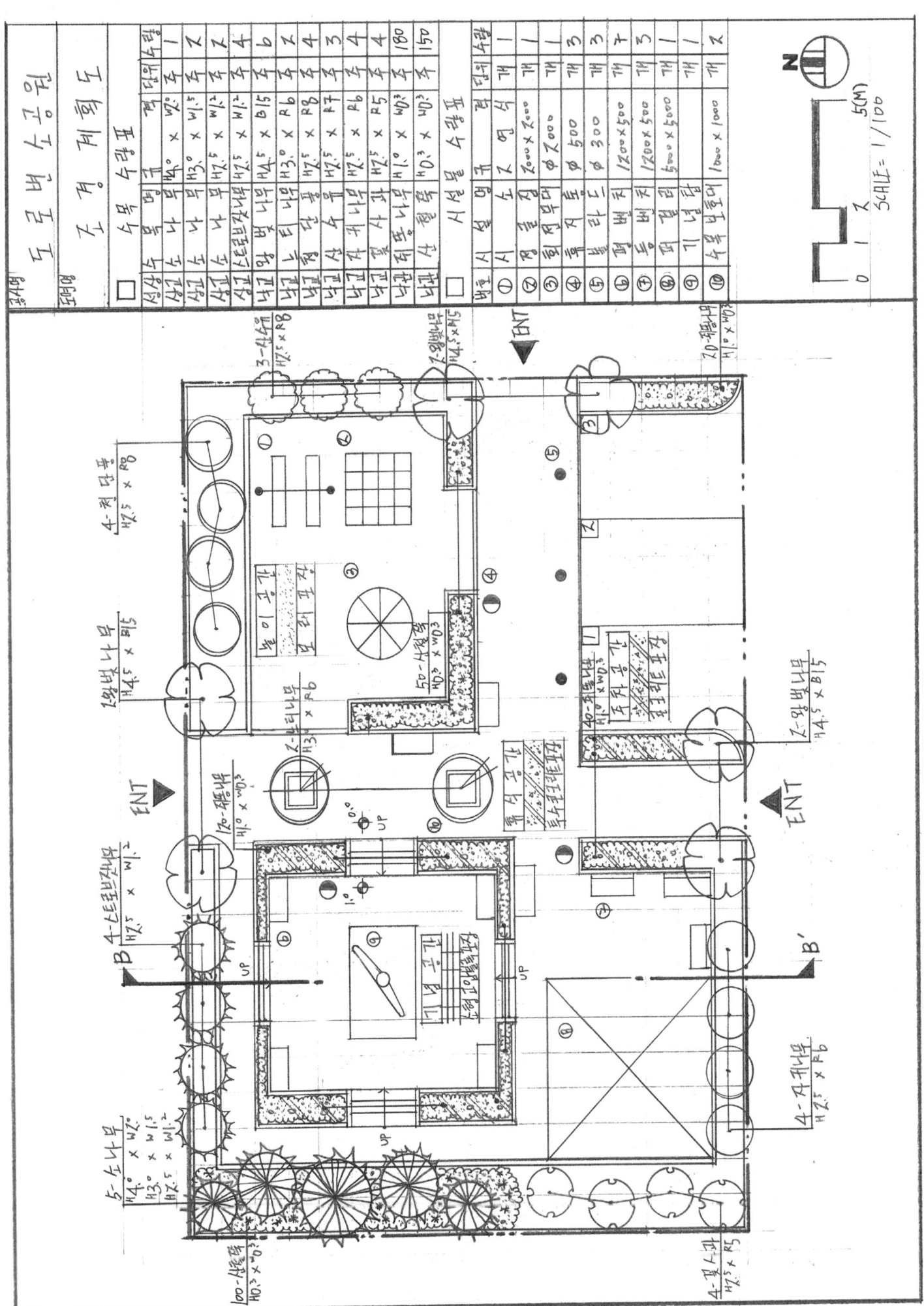

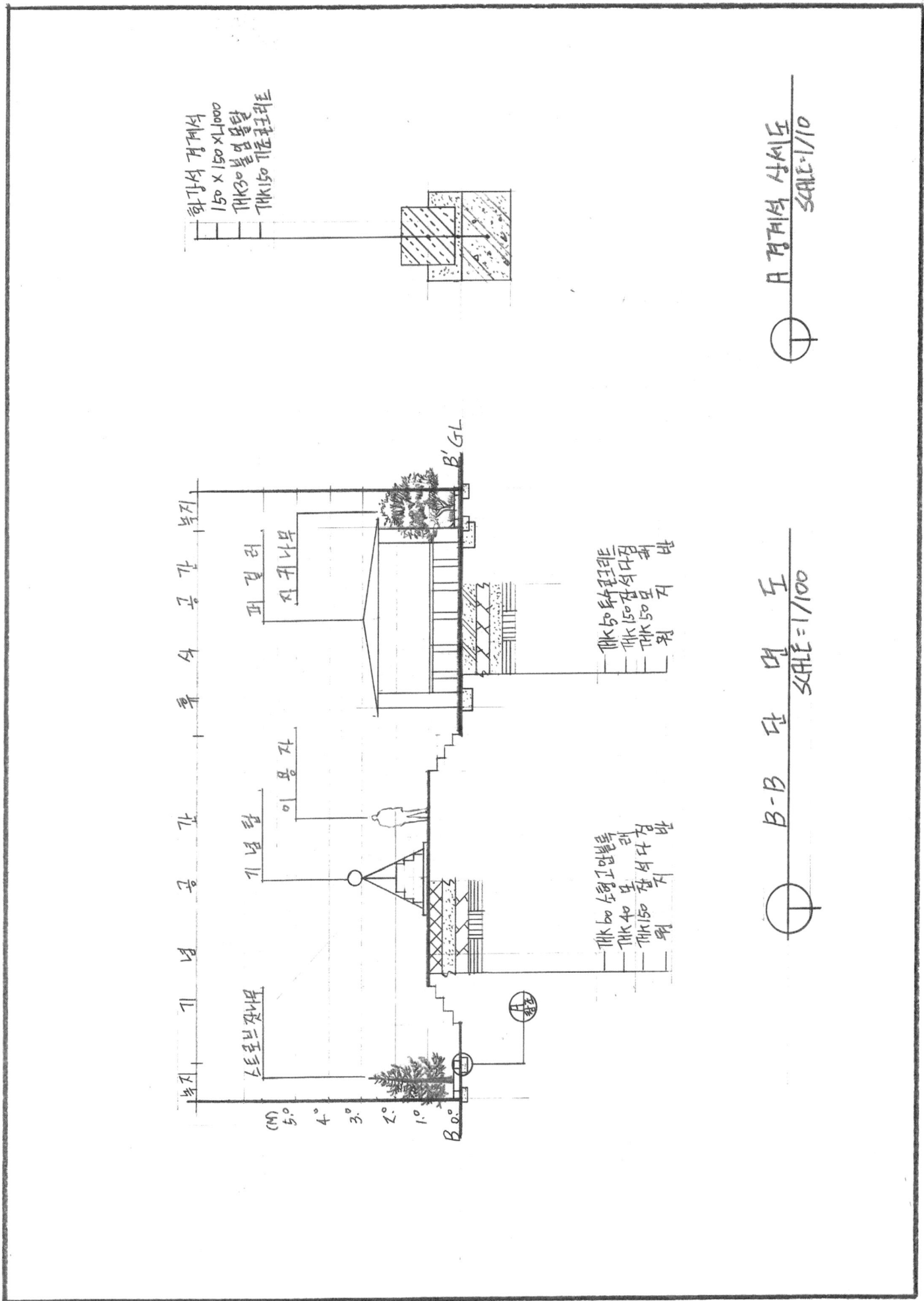

도로변 소공원 설계

우리나라 중부지역에 위치한 도로변의 빈 공간에 대한 조경설계를 하고자 한다. 주어진 현황도 및 아래 사항을 참조하여 설계조건에 따라 조경계획도를 작성한다. (단, 2점 쇄선 안 부분이 조경설계 대상지로 한다.)

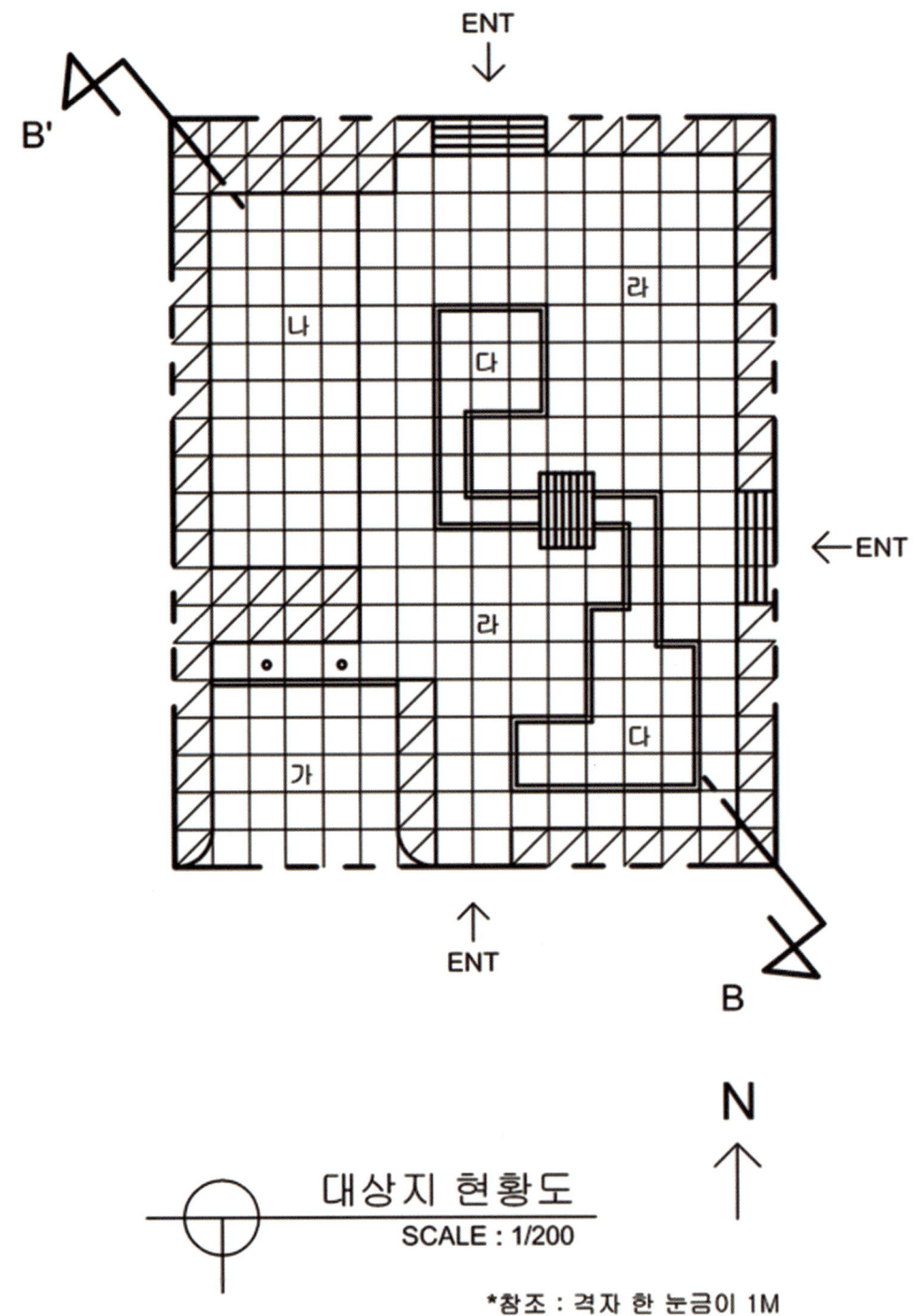

대상지 현황도
SCALE : 1/200

*참조 : 격자 한 눈금이 1M

✅ 요구사항

1. 식재평면도를 위주로 한 조경계획도를 축척 1/100로 작성하시오.(지급용지1)
2. 도면 오른쪽 위에 작업명칭을 작성하시오.
3. 도면 오른쪽에는 "중요시설물 수량표와 수목(식재)수량표"를 작성하고, 수량표 아래쪽에는 "방위표시와 막대축척"을 그려 넣는다.(단, 전체 대상지의 길이를 고려하여 범례표의 폭을 조정할 수 있다.)
4. 도면의 전체적인 안정감을 위하여 테두리선을 넣으시오.
5. B-B' 단면도를 축척 1/100로 작성하시오.(지급용지2.)

✅ 요구조건

1. 해당지역은 도로변의 자투리 공간을 이용하여 휴식 및 어린이들이 즐길 수 있는 소공원으로, 공원의 특징을 고려하여 조경계획도를 작성한다.
2. 포장지역을 제외한 곳에는 식재가 가능한 장소에는 식재를 하시오.(빗금친 부분이 녹지이며, 경사의 차이가 발생하는 곳은 식수대(Plant box)로 처리되어 있으며 분위기를 고려하여 식재를 실시하시오)
3. 포장지역은 "소형고압블럭, 투수콘크리트, 마사토, 고무칩, 콘크리트" 등 적당한 위치에 선택하여 표시하고, 포장명을 기입한다.
4. "가" 지역은 주차공간으로 소형자동차(2,500 × 5,000) 2대가 주차할 수 있는 공간으로 계획한다.
5. "나" 지역은 놀이공간으로 계획하고 놀이시설 3종을 계획하고 설계한다.
6. "다" 지역은 수(水)공간으로 수심 60cm 깊이로 설계한다.
7. "라" 지역은 휴식공간으로 이용자들의 편안한 휴식을 위해 퍼걸러(3,500 × 3,500) 1개와 앉아서 휴식을 즐길 수 있도록 등벤치(1,200 × 500) 2개를 설치한다.
8. 대상지역은 진입구에 계단이 위치해 있으며 대상지 외곽보다 1m 높은 것으로 보고 설계한다.
9. 대상지 내에는 유도식재, 녹음식재, 경관식재, 소나무 군식 등의 식재 패턴을 필요한 곳에 적당히 배식하고, 필요에 따라 수목보호대를 추가로 설치하여 포장 내 식재할 수 있다.
10. 수목은 아래에 주어진 수종 중에서 10가지를 반드시 선정하여 골고루 안정적인 배식이 될 수 있도록 계획하며, 인출선을 이용하여 수종명, 수량, 규격을 반드시 표기한다.

> 소나무(H4.0×W2.0), 소나무(H3.0×W1.5), 소나무(H2.5×W1.2), 스트로브잣나무(H2.5×W1.2), 스트로브잣나무(H2.0×W1.0), 왕벚나무(H4.5×B15), 버즘나무(H3.5×B8), 느티나무(H3.0×R6), 청단풍(H2.5×R8), 다정큼나무(H1.0×W0.6), 동백나무(H2.0×R8), 중국단풍(H2.5×R5), 굴거리나무(H2.5×W0.6), 자귀나무(H2.5×R6), 태산목(H1.5×W0.5), 먼나무(H2.0×R5), 산딸나무(H2.0×R5), 산수유(H2.5×R7), 꽃사과(H2.5×R5), 쥐똥나무(H1.0×W0.3), 수수꽃다리(H1.5×W0.6), 병꽃나무(H1.0×W0.4), 명자나무(H0.6×W0.4), 자산홍(H0.3×W0.3), 산철쭉(H0.3×W0.4), 조릿대(H0.6×7가지), 영산홍(H0.4×W0.3)

11. B-B' 단면도는 경사, 포장재료, 경계석, 기타 시설물기초, 주변의 수목, 중요시설물, 이용자 등을 단면도 상에 반드시 표기하고, 높이차를 한눈에 알아볼 수 있도록 설계한다.

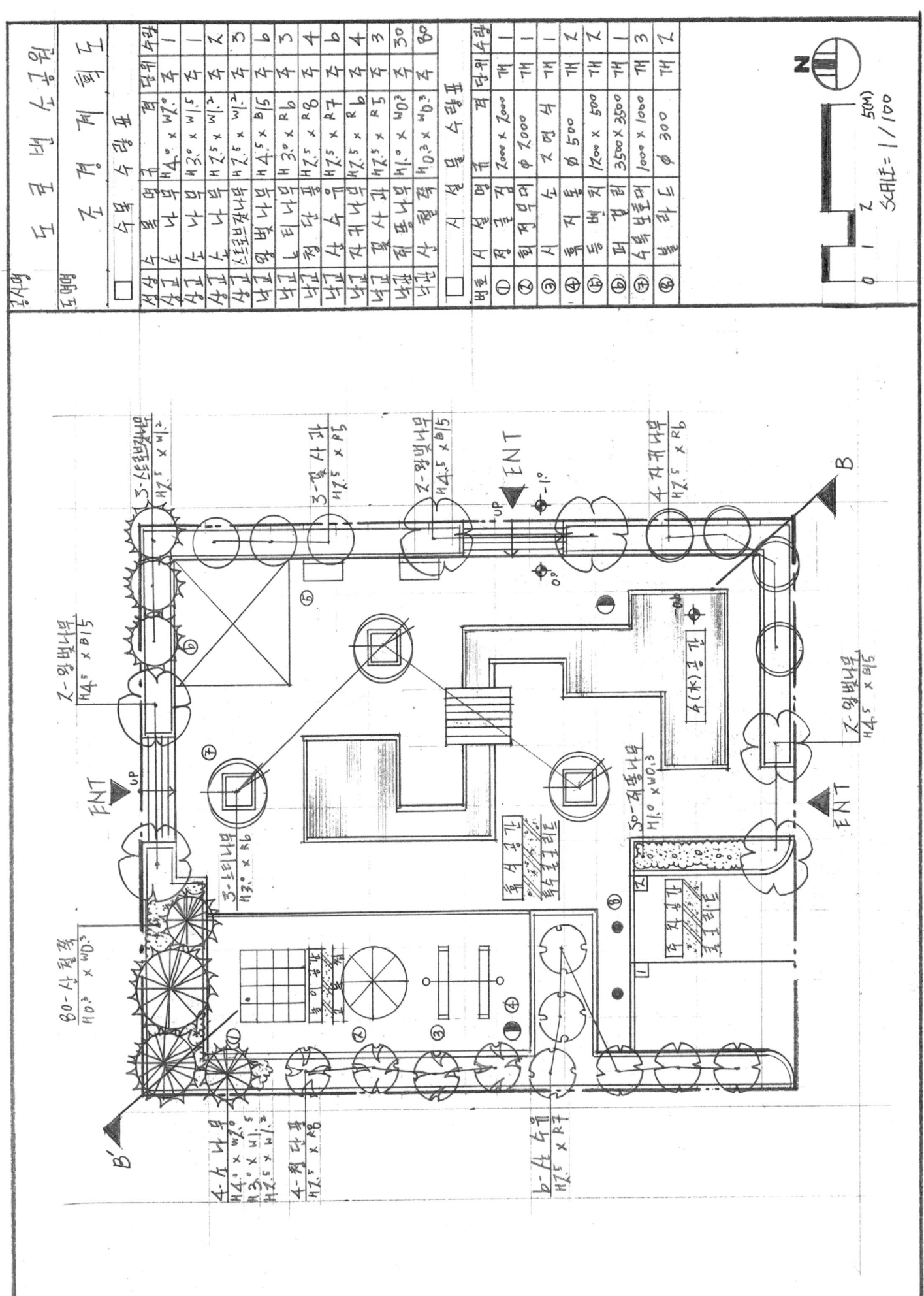

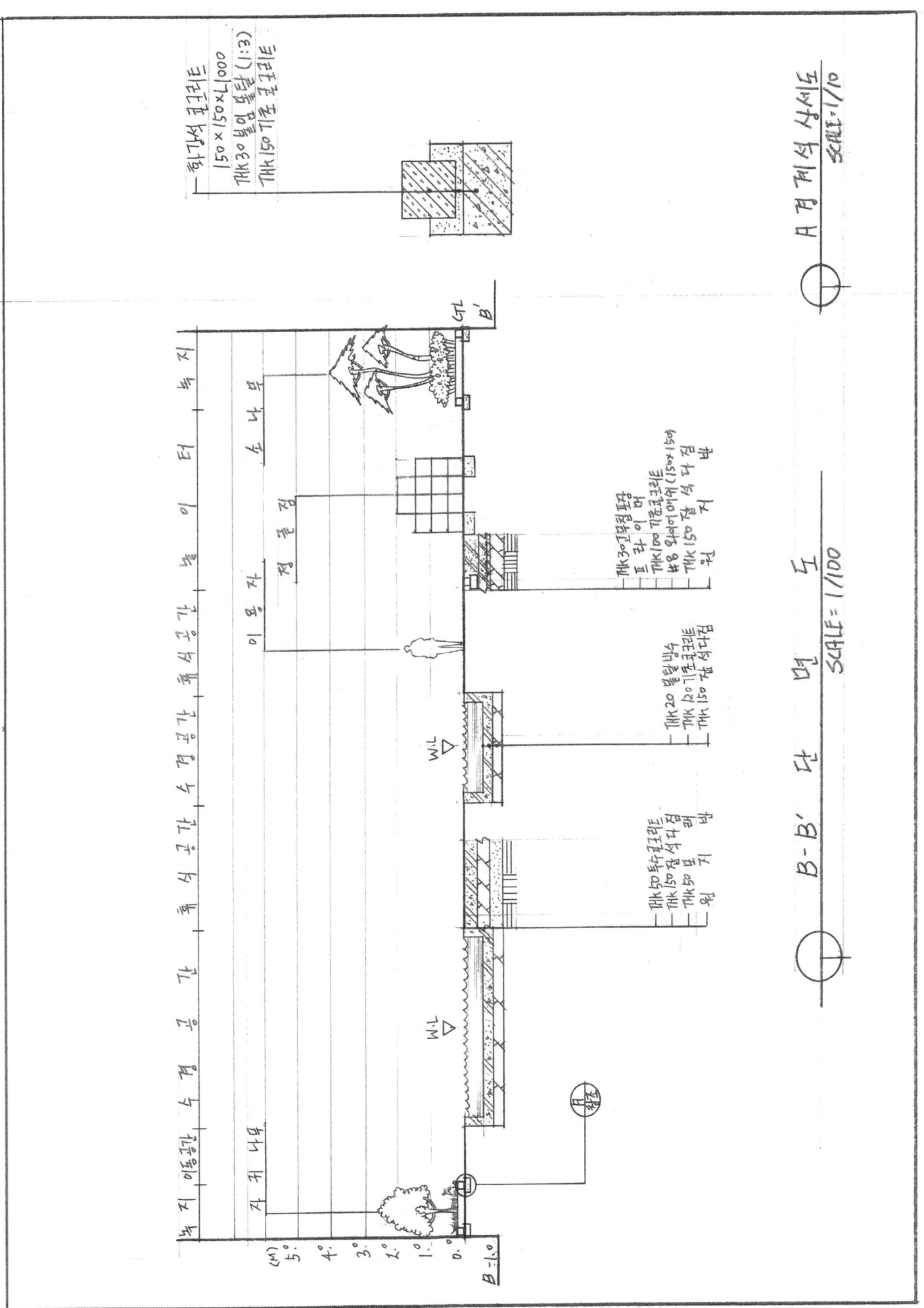

도로변 소공원 설계

우리나라 중부지역에 위치한 도로변의 빈 공간에 대한 조경설계를 하고자 한다. 주어진 현황도 및 아래 사항을 참조하여 설계조건에 따라 조경계획도를 작성한다. (단, 2점 쇄선 안 부분이 조경설계 대상지로 한다.)

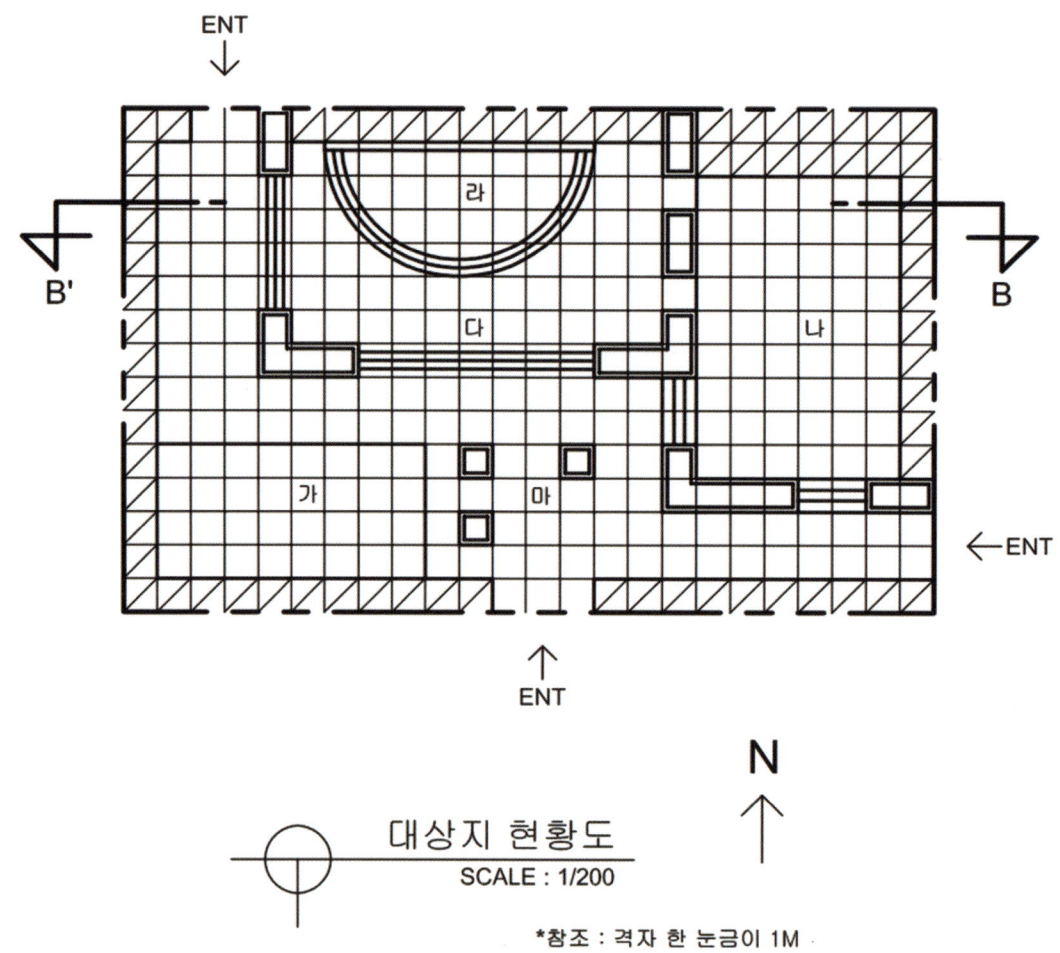

대상지 현황도
SCALE : 1/200

*참조 : 격자 한 눈금이 1M

요구사항

1. 식재평면도를 위주로 한 조경계획도를 축척 1/100로 작성하시오.(지급용지1)
2. 도면 오른쪽 위에 작업명칭을 작성하시오.
3. 도면 오른쪽에는 "중요시설물 수량표와 수목(식재)수량표"를 작성하고, 수량표 아래쪽에는 "방위표시와 막대축척"을 그려 넣는다.(단, 전체 대상지의 길이를 고려하여 범례표의 폭을 조정할 수 있다.)
4. 도면의 전체적인 안정감을 위하여 테두리선을 넣으시오.
5. B-B' 단면도를 축척 1/100로 작성하시오.(지급용지2.)

요구조건

1. 해당지역은 도로변의 자투리 공간을 이용하여 휴식 및 어린이들이 즐길 수 있는 소공원으로, 공원의 특징을 고려하여 조경계획도를 작성한다.
2. 포장지역을 제외한 곳에는 식재가 가능한 장소에는 식재를 하시오.(빗금친 부분이 녹지이며, 경사의 차이가 발생하는 곳은 식수대(Plant box)로 처리되어 있으며 분위기를 고려하여 식재를 실시하시오)
3. 포장지역은 "점토벽돌, 화강석판석, 투수콘크리트, 마사토, 고무칩, 콘크리트" 등 적당한 위치에 선택하여 표시하고, 포장명을 기입한다.
4. "가" 지역은 정적인 휴식공간으로 이용자들의 편안한 휴식을 위해 퍼걸러(3,500 × 3,500) 1개와 앉아서 휴식을 즐길 수 있도록 등벤치(1,200 × 500) 2개, 휴지통 1개를 설치한다.
5. "나" 지역은 놀이공간으로 계획하고 놀이시설(회전무대, 철봉, 시소 2연식, 정글짐 등)을 3종을 계획하고 설계한다.
6. "다" 지역은 완충공간으로 필요시 휴식공간으로 사용할 수 있으며, "마" 지역에 비해 1m 낮다.
7. "라" 지역은 야외무대공간으로 "다" 지역에 비해 0.6m 높게 설치하고 바닥포장은 미끄러짐이 비교적 적은 재료를 사용한다.(녹지대 쪽 가림벽 2.5m 고려)
8. "마" 지역은 이동공간으로 "나" 지역에 비해 1m 높다. 필요에 따라 평벤치, 수목보호대, 휴지통을 추가로 설치할 수 있다.
9. 주출입구 근처 수목보호대에는 동일한 수종 3주를 배식한다.
10. 대상지 내에는 유도식재, 녹음식재, 경관식재, 소나무 군식 등의 식재 패턴을 필요한 곳에 적당히 배식하고, 필요에 따라 수목보호대를 추가로 설치하여 포장 내 식재할 수 있다.
11. 수목은 아래에 주어진 수종 중에서 10가지를 반드시 선정하여 골고루 안정적인 배식이 될 수 있도록 계획하며, 인출선을 이용하여 수종명, 수량, 규격을 반드시 표기한다.

> 소나무(H4.0×W2.0), 소나무(H3.0×W1.5), 소나무(H2.5×W1.2), 스트로브잣나무(H2.5×W1.2), 스트로브잣나무(H2.0×W1.0), 왕벚나무(H4.5×B15), 버즘나무(H3.5×B8), 느티나무(H3.0×R6), 청단풍(H2.5×R8), 다정큼나무(H1.0×W0.6), 동백나무(H2.0×R8), 중국단풍(H2.5×R5), 굴거리나무(H2.5×W0.6), 자귀나무(H2.5×R6), 태산목(H1.5×W0.5), 먼나무(H2.0×R5), 산딸나무(H2.0×R5), 산수유(H2.5×R7), 꽃사과(H2.5×R5), 쥐똥나무(H1.0×W0.3), 수수꽃다리(H1.5×W0.6), 병꽃나무(H1.0×W0.4), 명자나무(H0.6×W0.4), 자산홍(H0.3×W0.3), 산철쭉(H0.3×W0.4), 조릿대(H0.6×7가지), 영산홍(H0.4×W0.3)

12. B-B' 단면도는 경사, 포장재료, 경계석, 기타 시설물기초, 주변의 수목, 중요시설물, 이용자 등을 단면도 상에 반드시 표기하고, 높이차를 한눈에 알아볼 수 있도록 설계한다.

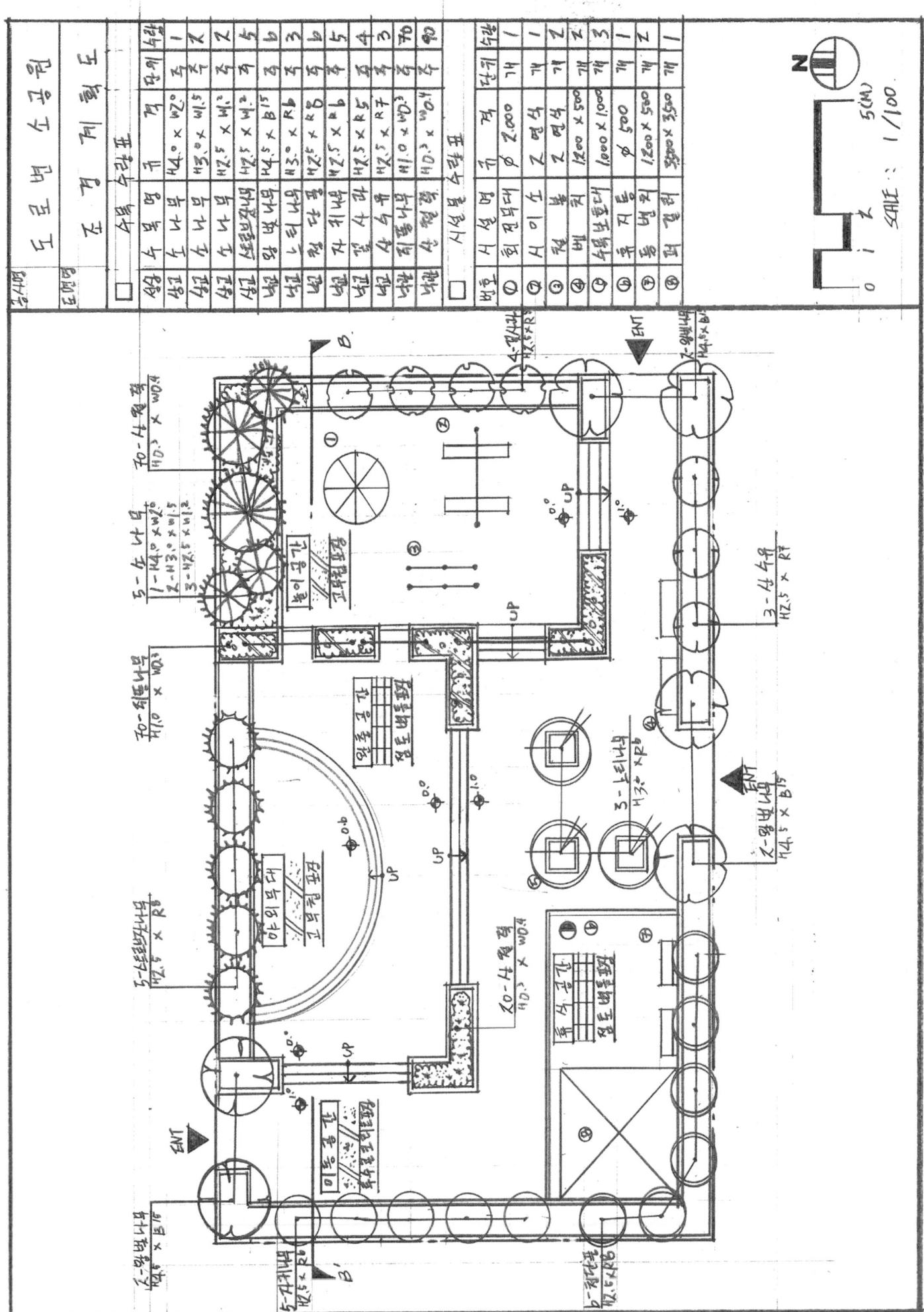

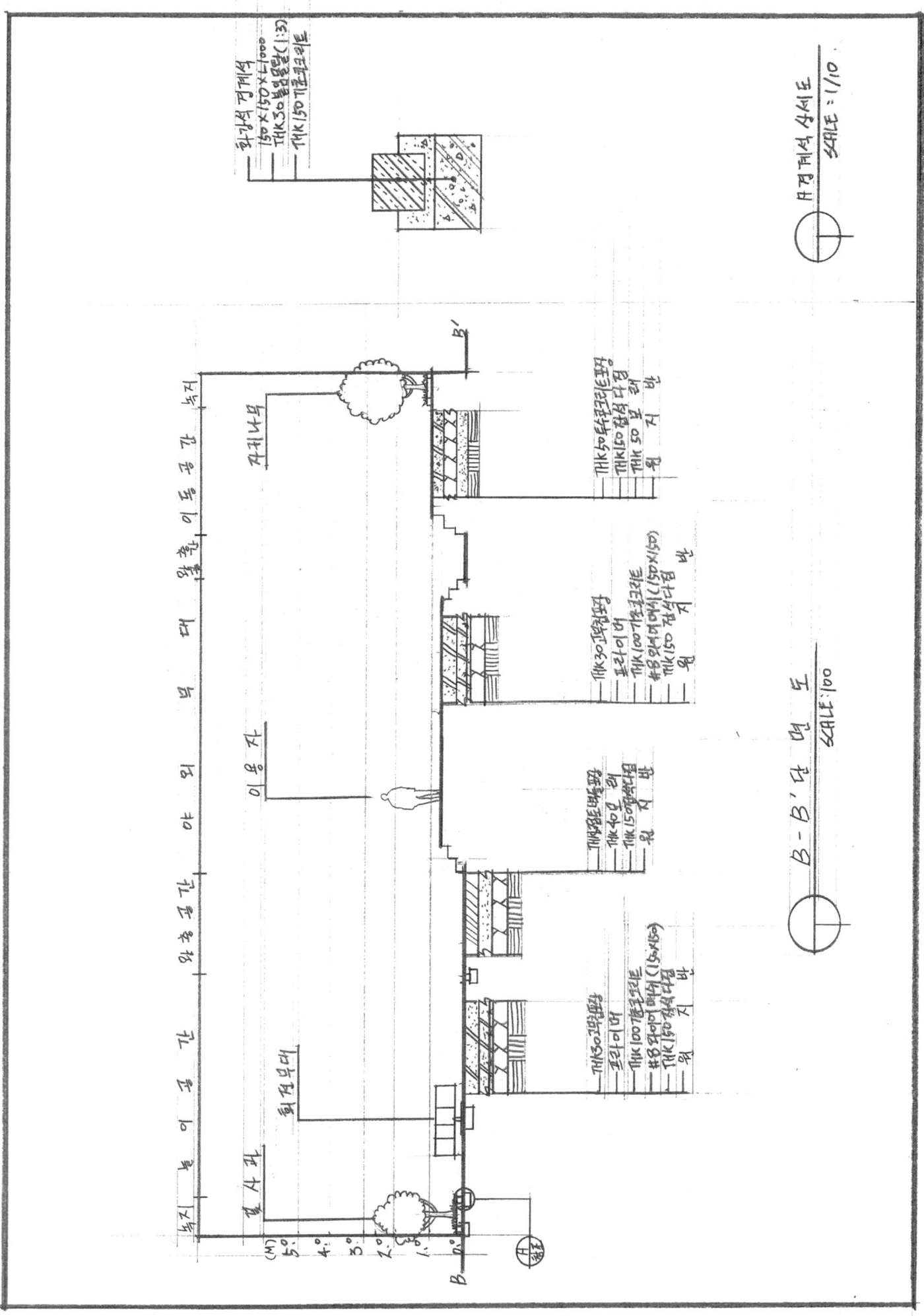

도로변 소공원 설계

우리나라 중부지역에 위치한 도로변의 빈 공간에 대한 조경설계를 하고자 한다. 주어진 현황도 및 아래 사항을 참조하여 설계조건에 따라 조경계획도를 작성한다. (단, 2점 쇄선 안 부분이 조경설계 대상지로 한다.)

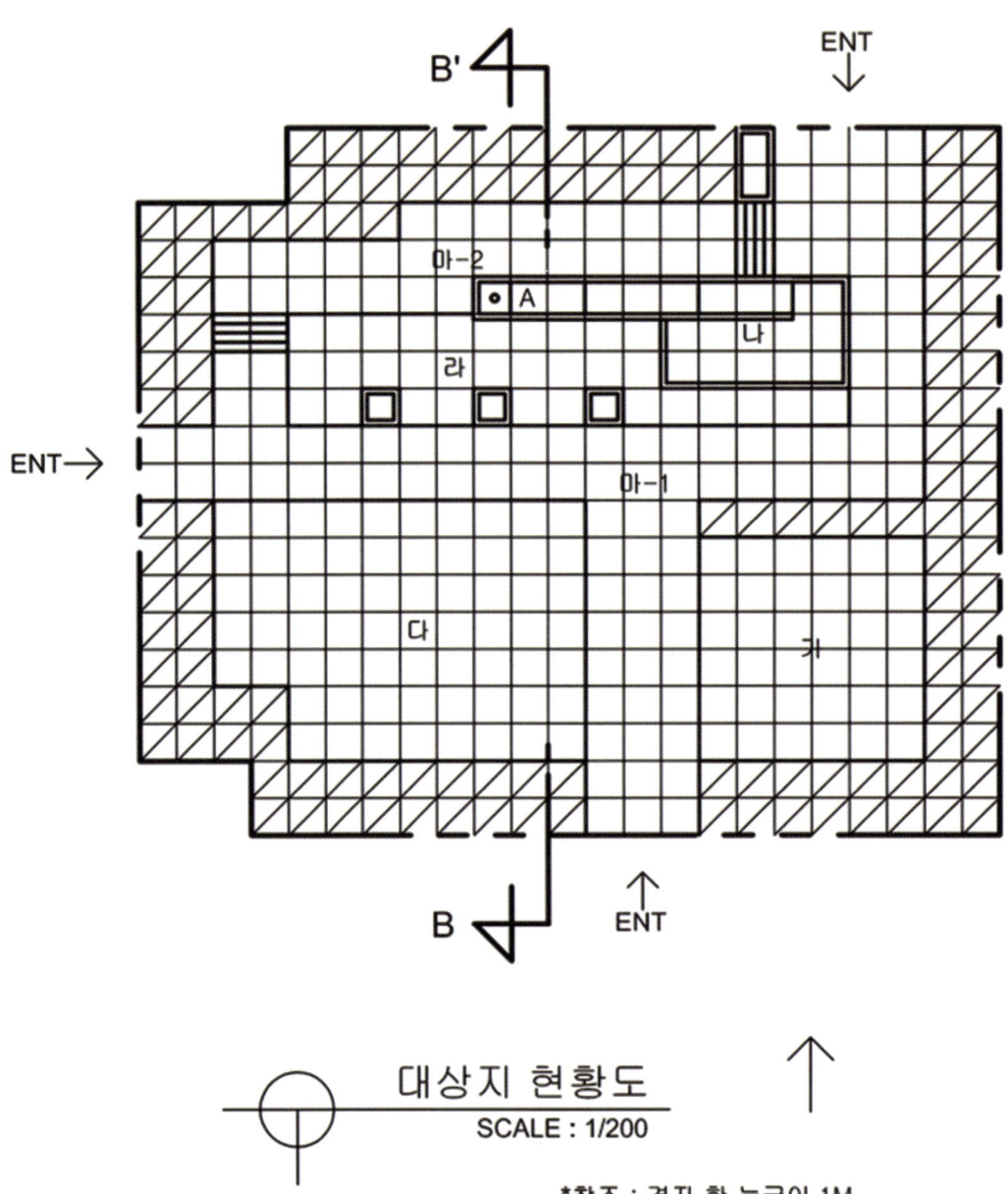

대상지 현황도
SCALE : 1/200

*참조 : 격자 한 눈금이 1M

☑ 요구사항

1. 식재평면도를 위주로 한 조경계획도를 축척 1/100로 작성하시오.(지급용지1)
2. 도면 오른쪽 위에 작업명칭을 작성하시오.
3. 도면 오른쪽에는 "중요시설물 수량표와 수목(식재)수량표"를 작성하고, 수량표 아래쪽에는 "방위표시와 막대축척"을 그려 넣는다.(단, 전체 대상지의 길이를 고려하여 범례표의 폭을 조정할 수 있다.)
4. 도면의 전체적인 안정감을 위하여 테두리선을 넣으시오.
5. B-B' 단면도를 축척 1/100로 작성하시오.(지급용지2.)

☑ 요구조건

1. 해당지역은 도로변의 자투리 공간을 이용하여 휴식 및 어린이들이 즐길 수 있는 소공원으로, 공원의 특징을 고려하여 조경계획도를 작성한다.
2. 포장지역을 제외한 곳에는 식재가 가능한 장소에는 식재를 하시오.(빗금친 부분이 녹지이며, 경사의 차이가 발생하는 곳은 식수대(Plant box)로 처리되어 있으며 분위기를 고려하여 식재를 실시하시오)
3. 포장지역은 "소형고압블럭, 투수콘크리트, 마사토, 고무칩, 콘크리트"등 적당한 위치에 선택하여 표시하고, 포장명을 기입한다.
4. "가" 지역은 정적인 휴게공간으로 이용자들의 편안한 휴식을 위해 장퍼걸러(5,000 × 3,000) 1개, 등벤치 1개를 설치한다.
5. "나" 지역은 수경공간으로 물이 차 있으며 깊이는 60cm로 계획한다.
6. "다" 지역은 놀이공간으로 단주식 미끄럼대(H2,700×L4,200×W1,000), 3단 철봉(H2,200×L4,000), 회전무대(D2,400) 3종을 배치한다.
7. "라" 지역은 "나" 연못의 인접지역으로 수목보호대 3개에 동일한 낙엽교목을 식재하고, 평벤치 2개를 설치한다.
8. "마-1" 지역은공간과 공간을 연결하는 연계동선으로 대상지의 성격에 맞는 포장을 선택한다.
9. "마-2" 지역은 "마-1" 지역과 "라" 지역보다 1m 높은 지역으로 산책로 주변에 등벤치 3개를 설치하고, 벤치 주변에 휴지통 1개소를 설치한다.
10. "A" 시설은 폭 1m의 정형식 캐스캐이드로 약 9m 정도 흘러가 연못과 합류된다. 3번의 단차로 자연스럽게 연못으로 흘러들어가며, 가장 높은 곳은 "마-2" 지역과 거의 동일한 높이를 유지하므로 "라" 지역과는 옹벽을 설치하여 단 차이를 자연스럽게 해소한다.
11. 대상지 내에는 유도식재, 녹음식재, 경관식재, 소나무 군식 등의 식재 패턴을 필요한 곳에 적당히 배식하고, 필요에 따라 수목보호대를 추가로 설치하여 포장 내 식재할 수 있다.
12. 수목은 아래에 주어진 수종 중에서 10가지를 반드시 선정하여 골고루 안정적인 배식이 될 수 있도록 계획하며, 인출선을 이용하여 수종명, 수량, 규격을 반드시 표기한다.

> 소나무(H4.0×W2.0), 소나무(H3.0×W1.5), 소나무(H2.5×W1.2), 스트로브잣나무(H2.5×W1.2), 스트로브잣나무(H2.0×W1.0), 왕벚나무(H4.5×B15), 버즘나무(H3.5×B8), 느티나무(H3.0×R6), 청단풍(H2.5×R8), 다정큼나무(H1.0×W0.6), 동백나무(H2.0×R8), 중국단풍(H2.5×R5), 굴거리나무(H2.5×W0.6), 자귀나무(H2.5×R6), 태산목(H1.5×W0.5), 먼나무(H2.0×R5), 산딸나무(H2.0×R5), 산수유(H2.5×R7), 꽃사과(H2.5×R5), 쥐똥나무(H1.0×W0.3), 수수꽃다리(H1.5×W0.6), 병꽃나무(H1.0×W0.4), 명자나무(H0.6×W0.4), 자산홍(H0.3×W0.3), 산철쭉(H0.3×W0.4), 조릿대(H0.6×7가지), 영산홍(H0.4×W0.3)

13. B-B' 단면도는 경사, 포장재료, 경계석, 기타 시설물기초, 주변의 수목, 중요시설물, 이용자 등을 단면도 상에 반드시 표기하고, 높이차를 한눈에 알아볼 수 있도록 설계한다.

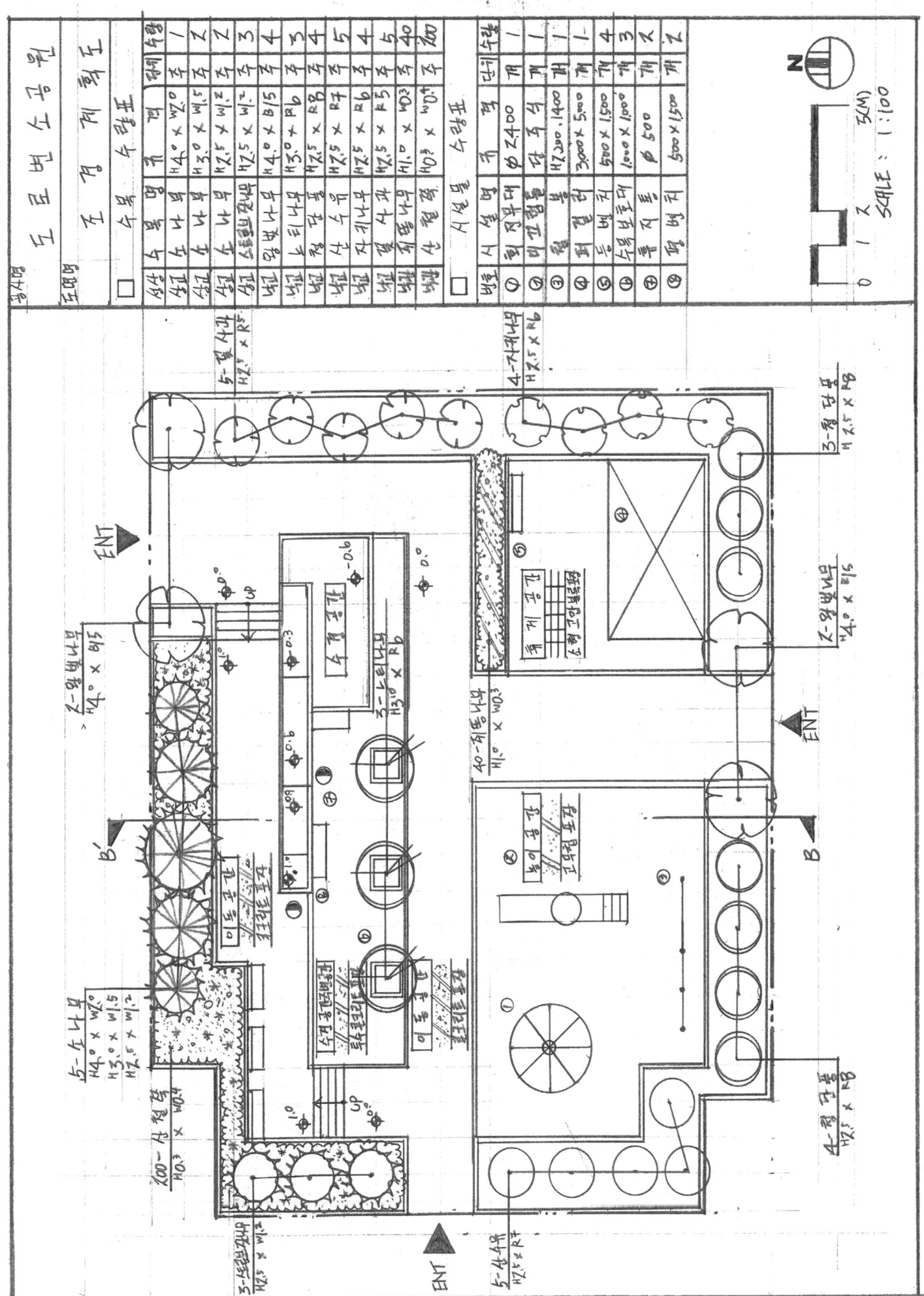

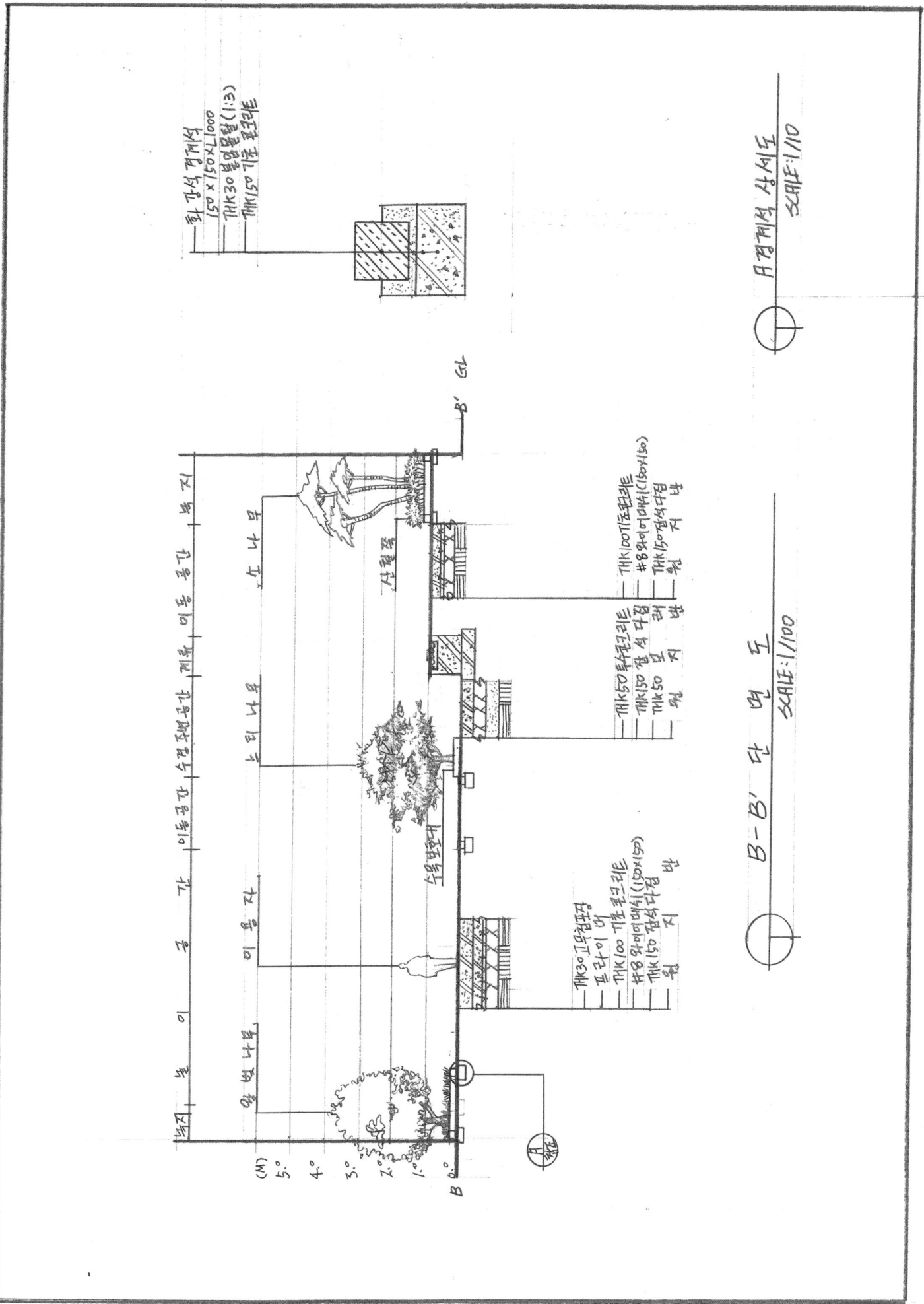

미로 및 놀이 소공원 설계

우리나라 중부지역에 위치한 도로변의 빈 공간에 대한 조경설계를 하고자 한다. 주어진 현황도 및 아래 사항을 참조하여 설계조건에 따라 조경계획도를 작성한다. (단, 2점 쇄선 안 부분이 조경설계 대상지로 한다.)

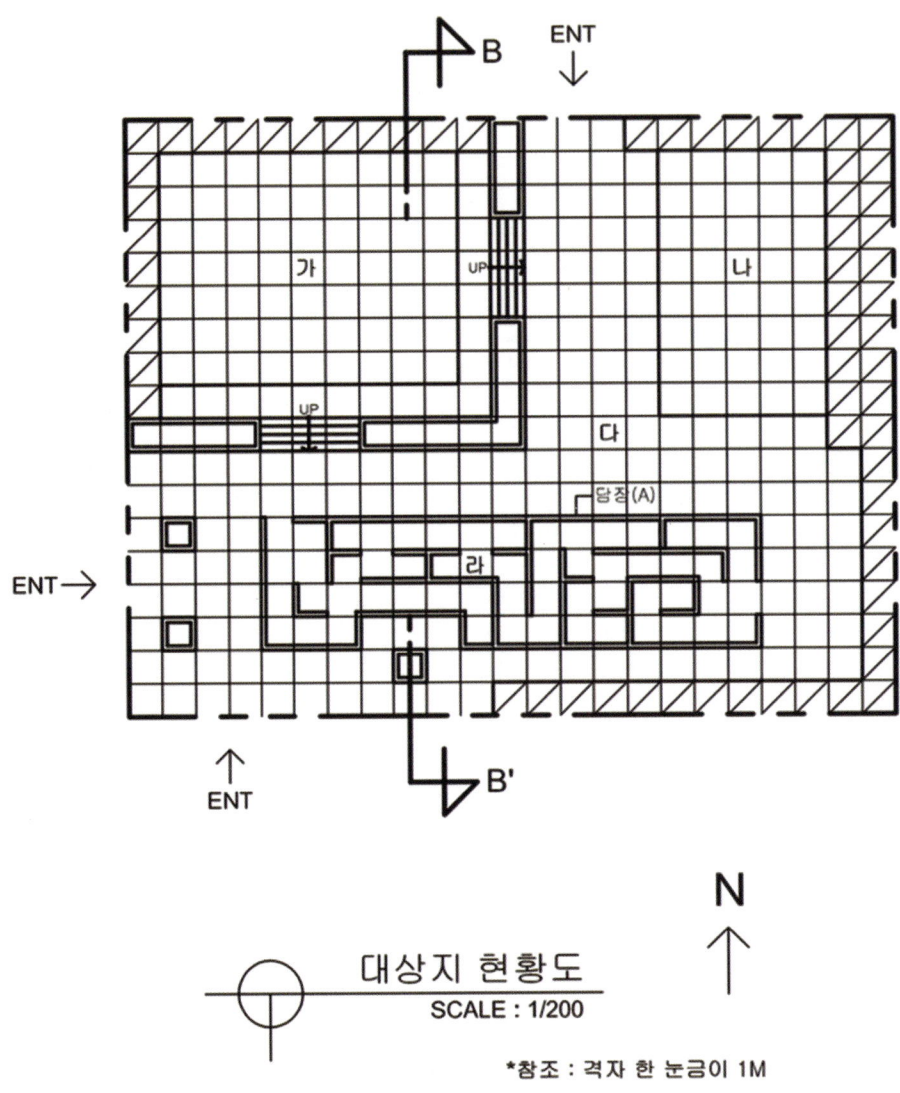

대상지 현황도
SCALE : 1/200

*참조 : 격자 한 눈금이 1M

☑ 요구사항

1. 식재평면도를 위주로 한 조경계획도를 축척 1/100로 작성하시오.(지급용지1)
2. 도면 오른쪽 위에 작업명칭을 작성하시오.
3. 도면 오른쪽에는 "중요시설물 수량표와 수목(식재)수량표"를 작성하고, 수량표 아래쪽에는 "방위표시와 막대축척"을 그려 넣는다.(단, 전체 대상지의 길이를 고려하여 범례표의 폭을 조정할 수 있다.)
4. 도면의 전체적인 안정감을 위하여 테두리선을 넣으시오.
5. B-B' 단면도를 축척 1/100로 작성하시오.(지급용지2.)

☑ 요구조건

1. 해당지역은 도로변의 자투리 공간을 이용하여 즐길 수 있는 미로 및 놀이 소공원으로, 공원의 특징을 고려하여 조경계획도를 작성한다.
2. 포장지역을 제외한 곳에는 식재가 가능한 장소에는 식재를 하시오.(빗금친 부분이 녹지이며, 경사의 차이가 발생하는 곳은 식수대(Plant box)로 처리되어 있으며 분위기를 고려하여 식재를 실시하시오)
3. 포장지역은 "점토벽돌, 투수콘크리트, 마사토, 고무칩, 콘크리트" 등 적당한 위치에 선택하여 표시하고, 포장명을 기입한다.
4. "가" 지역은 놀이공간으로 계획하고, 그 안에 놀이시설(회전무대, 3단 철봉, 2연식 시소, 정글짐 등)을 3종을 계획하고 설계한다.
5. "나" 지역은 휴식공간으로 이용자들의 편안한 휴식을 위해 퍼걸러(3,500 × 5,000) 1개를 설치한다.
6. "라" 지역은 미로공간으로 담장(A)의 소재와 두께는 자유이며, 단 높이는 1m 정도로 한다.
7. 보행자의 통행에 지장을 주지 않는 곳에 2인용 평의자(1,200 × 500) 3개와 휴지통 3개를 배치한다.
8. "가" 지역은 "나", "다", "라" 지역과 1m의 높이 차이가 있다.
9. 대상지 내에는 유도식재, 녹음식재, 경관식재, 소나무 군식 등의 식재 패턴을 필요한 곳에 적당히 배식하고, 필요에 따라 수목보호대를 추가로 설치하여 포장 내 식재할 수 있다.
10. 수목은 아래에 주어진 수종 중에서 10가지를 반드시 선정하여 골고루 안정적인 배식이 될 수 있도록 계획하며, 인출선을 이용하여 수종명, 수량, 규격을 반드시 표기한다.

> 소나무(H4.0×W2.0), 소나무(H3.0×W1.5), 소나무(H2.5×W1.2), 스트로브잣나무(H2.5×W1.2), 스트로브잣나무(H2.0×W1.0), 왕벚나무(H4.5×B15), 버즘나무(H3.5×B8), 느티나무(H3.0×R6), 청단풍(H2.5×R8), 다정큼나무(H1.0×W0.6), 동백나무(H2.0×R8), 중국단풍(H2.5×R5), 굴거리나무(H2.5×W0.6), 자귀나무(H2.5×R6), 태산목(H1.5×W0.5), 먼나무(H2.0×R5), 산딸나무(H2.0×R5), 산수유(H2.5×R7), 꽃사과(H2.5×R5), 쥐똥나무(H1.0×W0.3), 수수꽃다리(H1.5×W0.6), 병꽃나무(H1.0×W0.4), 명자나무(H0.6×W0.4), 자산홍(H0.3×W0.3), 산철쭉(H0.3×W0.4), 조릿대(H0.6×7가지), 영산홍(H0.4×W0.3)

11. B-B' 단면도는 경사, 포장재료, 경계석, 기타 시설물기초, 주변의 수목, 중요시설물, 이용자 등을 단면도 상에 반드시 표기하고, 높이차를 한눈에 알아볼 수 있도록 설계한다.

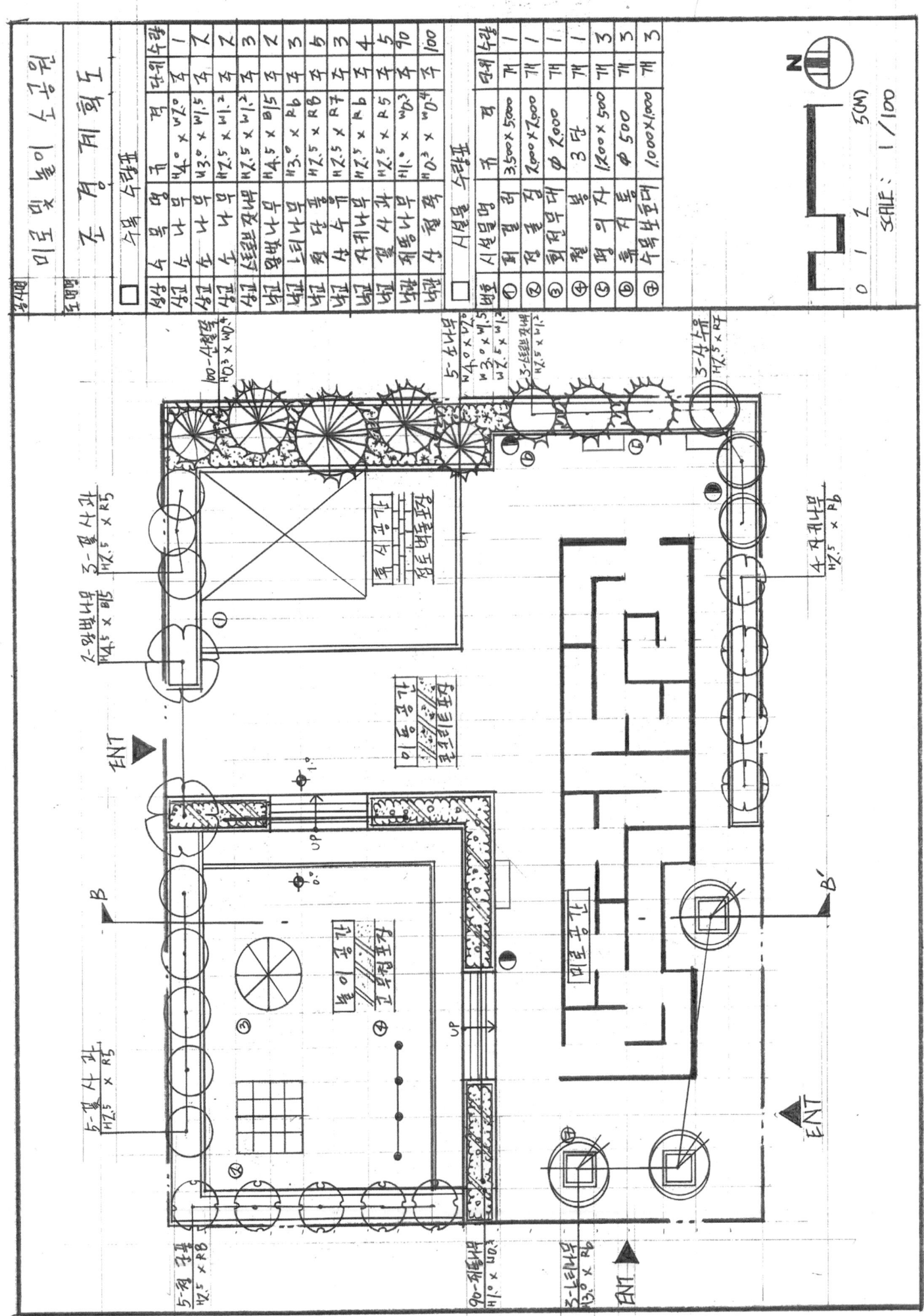

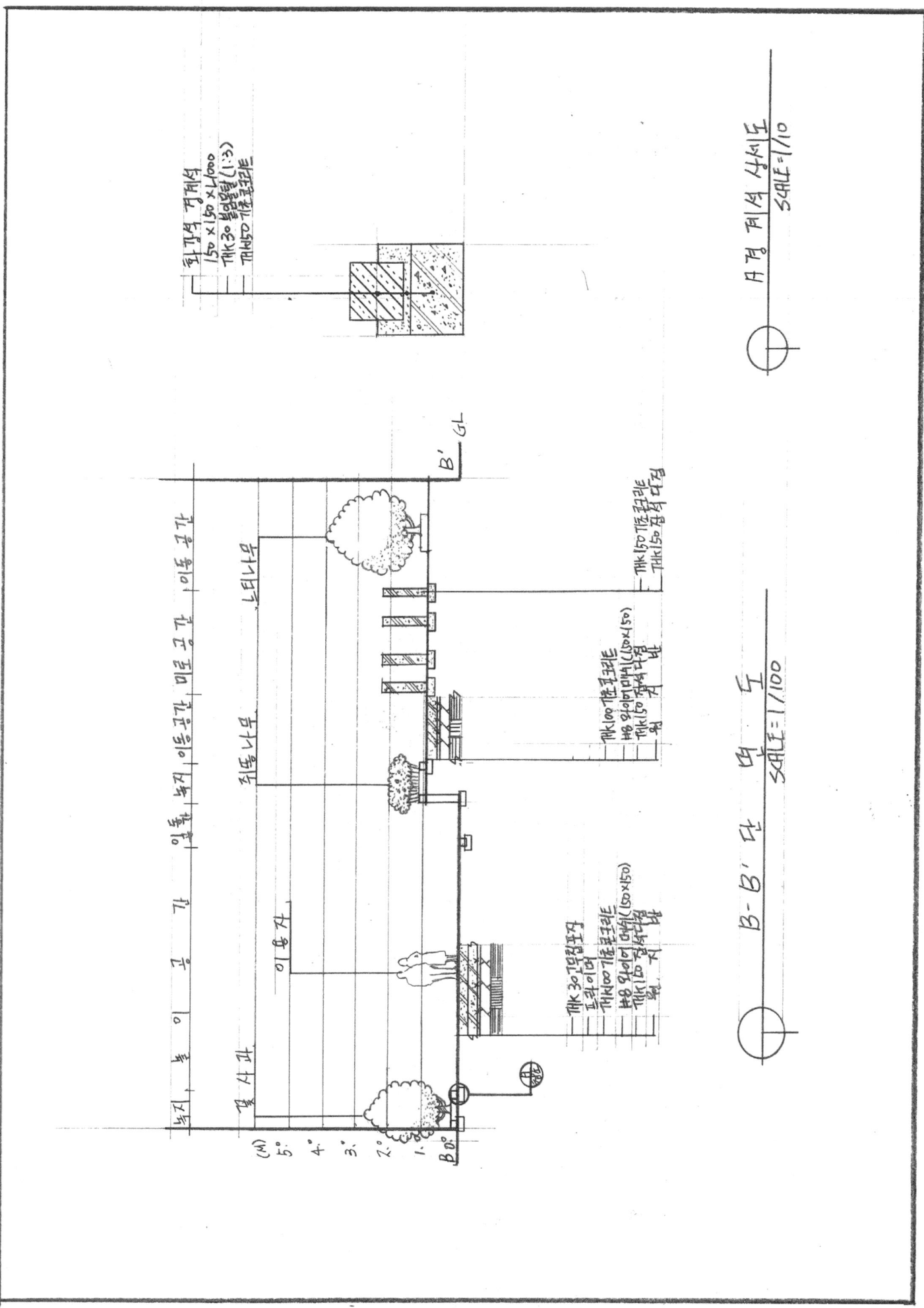

도로변 소공원 설계

우리나라 중부지역에 위치한 도로변의 빈 공간에 대한 조경설계를 하고자 한다. 주어진 현황도 및 아래 사항을 참조하여 설계조건에 따라 조경계획도를 작성한다. (단, 2점 쇄선 안 부분이 조경설계 대상지로 한다.)

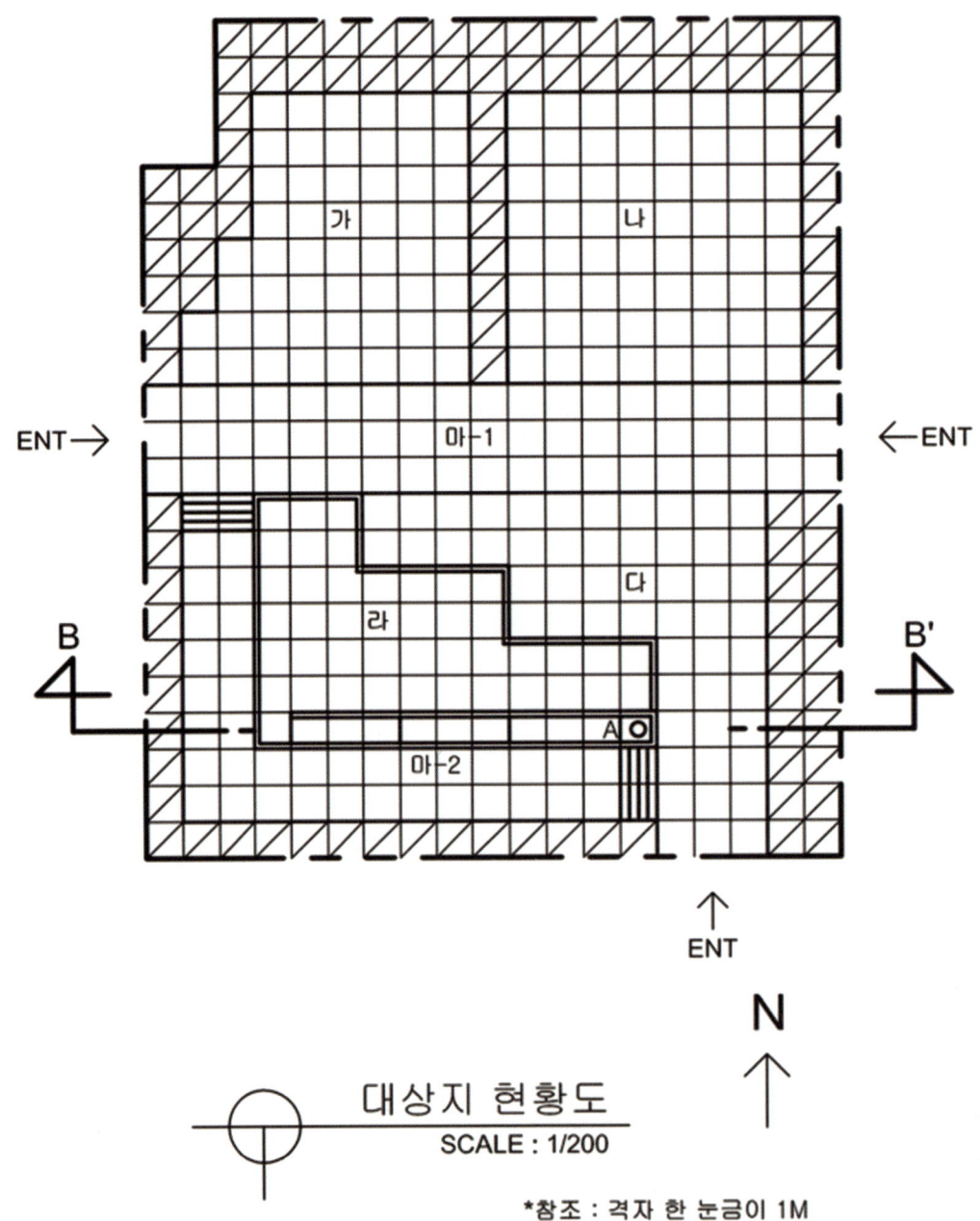

대상지 현황도
SCALE : 1/200

*참조 : 격자 한 눈금이 1M

✅ 요구사항

1. 식재평면도를 위주로 한 조경계획도를 축척 1/100로 작성하시오.(지급용지1)
2. 도면 오른쪽 위에 작업명칭을 작성하시오.
3. 도면 오른쪽에는 "중요시설물 수량표와 수목(식재)수량표"를 작성하고, 수량표 아래쪽에는 "방위표시와 막대축척"을 그려 넣는다.(단, 전체 대상지의 길이를 고려하여 범례표의 폭을 조정할 수 있다.)
4. 도면의 전체적인 안정감을 위하여 테두리선을 넣으시오.
5. B-B' 단면도를 축척 1/100로 작성하시오.(지급용지2.)

✅ 요구조건

1. 해당지역은 도로변의 자투리 공간을 이용하여 휴식 및 어린이들이 즐길 수 있는 소공원으로, 공원의 특징을 고려하여 조경계획도를 작성한다.
2. 포장지역을 제외한 곳에는 식재가 가능한 장소에는 식재를 하시오.(빗금친 부분이 녹지이며, 경사의 차이가 발생하는 곳은 식수대(Plant box)로 처리되어 있으며 분위기를 고려하여 식재를 실시하시오)
3. 포장지역은 "소형고압블럭, 투수콘크리트, 마사토, 고무칩, 콘크리트" 등 적당한 위치에 선택하여 표시하고, 포장명을 기입한다.
4. "가" 지역은 휴게공간으로 이용자들의 편안한 휴식을 위해 장퍼걸러(6,000 × 3,500) 1개, 등벤치 2개를 설치한다.
5. "나" 지역은 놀이공간으로 단주식 미끄럼대(H2,700×L4,200×W1,000), 4연식 철봉(H2,200×L4,000), 회전무대(D2,400) 3종을 배치한다.
6. "다" 지역은 중앙광장으로 등벤치 3개를 설치한다.
7. "라" 지역은 수경공간으로 물이 차 있으며 깊이는 60cm로 계획한다.
8. "마-1" 지역은 이동공간으로 적당한 곳에 수목보호대를 설치해 녹음수를 식재한다.
9. "마-2" 지역은 "마-1" 지역과 "다" 지역보다 1m 높은 지역으로 수경을 즐기고 휴식을 취하도록 등벤치 3개를 설치한다.
10. "A" 시설은 캐스캐이드로 전체높이 1m, 1단(0.9m), 2단(0.9m), 3단(0.9m)으로 자연스럽게 연못으로 흘러 들어가도록 설계한다.
11. 대상지 내에는 유도식재, 녹음식재, 경관식재, 소나무 군식 등의 식재 패턴을 필요한 곳에 적당히 배식하고, 필요에 따라 수목보호대를 추가로 설치하여 포장 내 식재할 수 있다.
12. 수목은 아래에 주어진 수종 중에서 10가지를 반드시 선정하여 골고루 안정적인 배식이 될 수 있도록 계획하며, 인출선을 이용하여 수종명, 수량, 규격을 반드시 표기한다.

> 소나무(H4.0×W2.0), 소나무(H3.0×W1.5), 소나무(H2.5×W1.2), 스트로브잣나무(H2.5×W1.2), 스트로브잣나무(H2.0×W1.0), 왕벚나무(H4.5×B15), 버즘나무(H3.5×B8), 느티나무(H3.0×R6), 청단풍(H2.5×R8), 다정큼나무(H1.0×W0.6), 동백나무(H2.0×R8), 중국단풍(H2.5×R5), 굴거리나무(H2.5×W0.6), 자귀나무(H2.5×R6), 태산목(H1.5×W0.5), 먼나무(H2.0×R5), 산딸나무(H2.0×R5), 산수유(H2.5×R7), 꽃사과(H2.5×R5), 쥐똥나무(H1.0×W0.3), 수수꽃다리(H1.5×W0.6), 병꽃나무(H1.0×W0.4), 명자나무(H0.6×W0.4), 자산홍(H0.3×W0.3), 산철쭉(H0.3×W0.4), 조릿대(H0.6×7가지), 영산홍(H0.4×W0.3)

13. B-B' 단면도는 경사, 포장재료, 경계석, 기타 시설물기초, 주변의 수목, 중요시설물, 이용자 등을 단면도 상에 반드시 표기하고, 높이차를 한눈에 알아볼 수 있도록 설계한다.

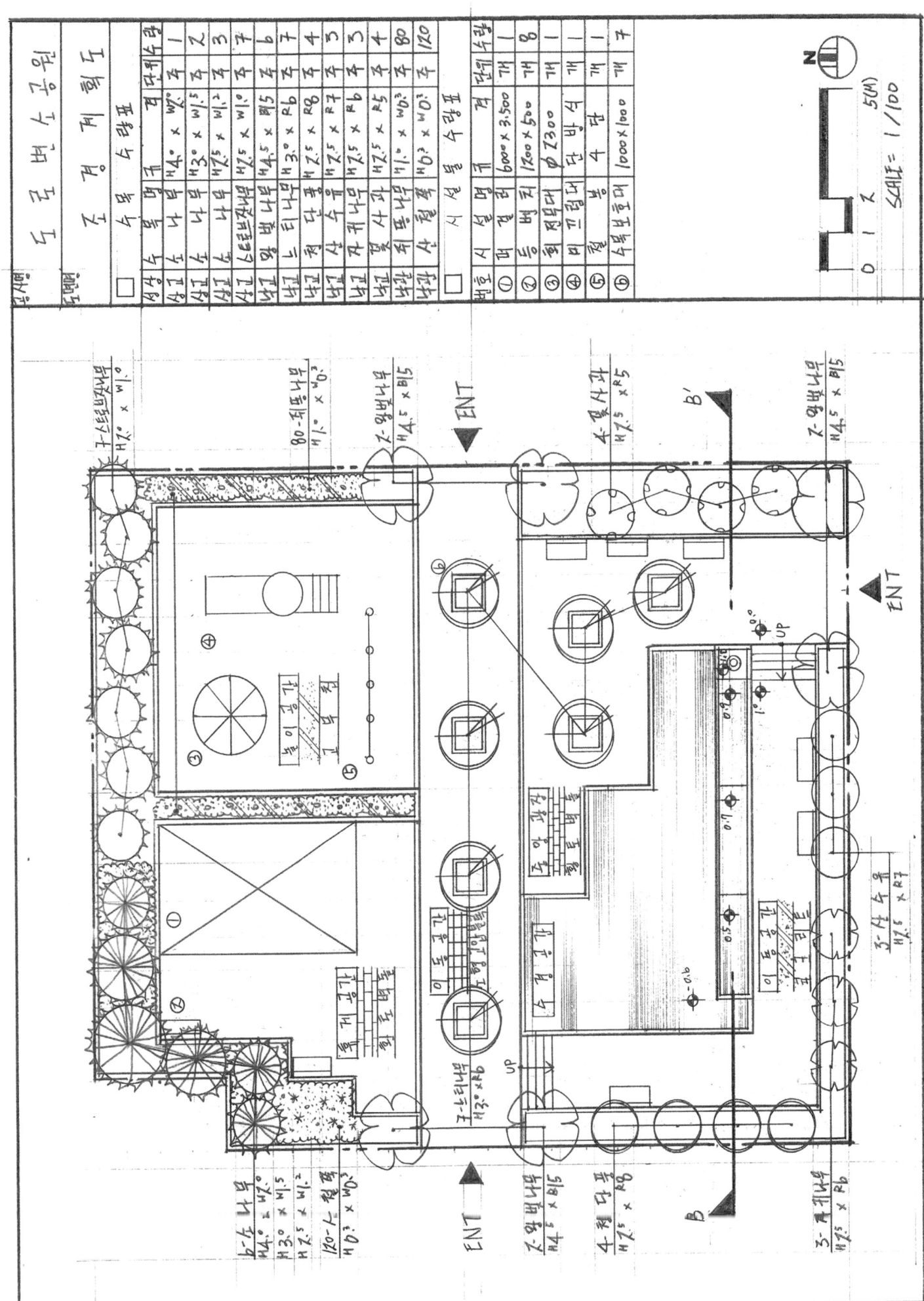

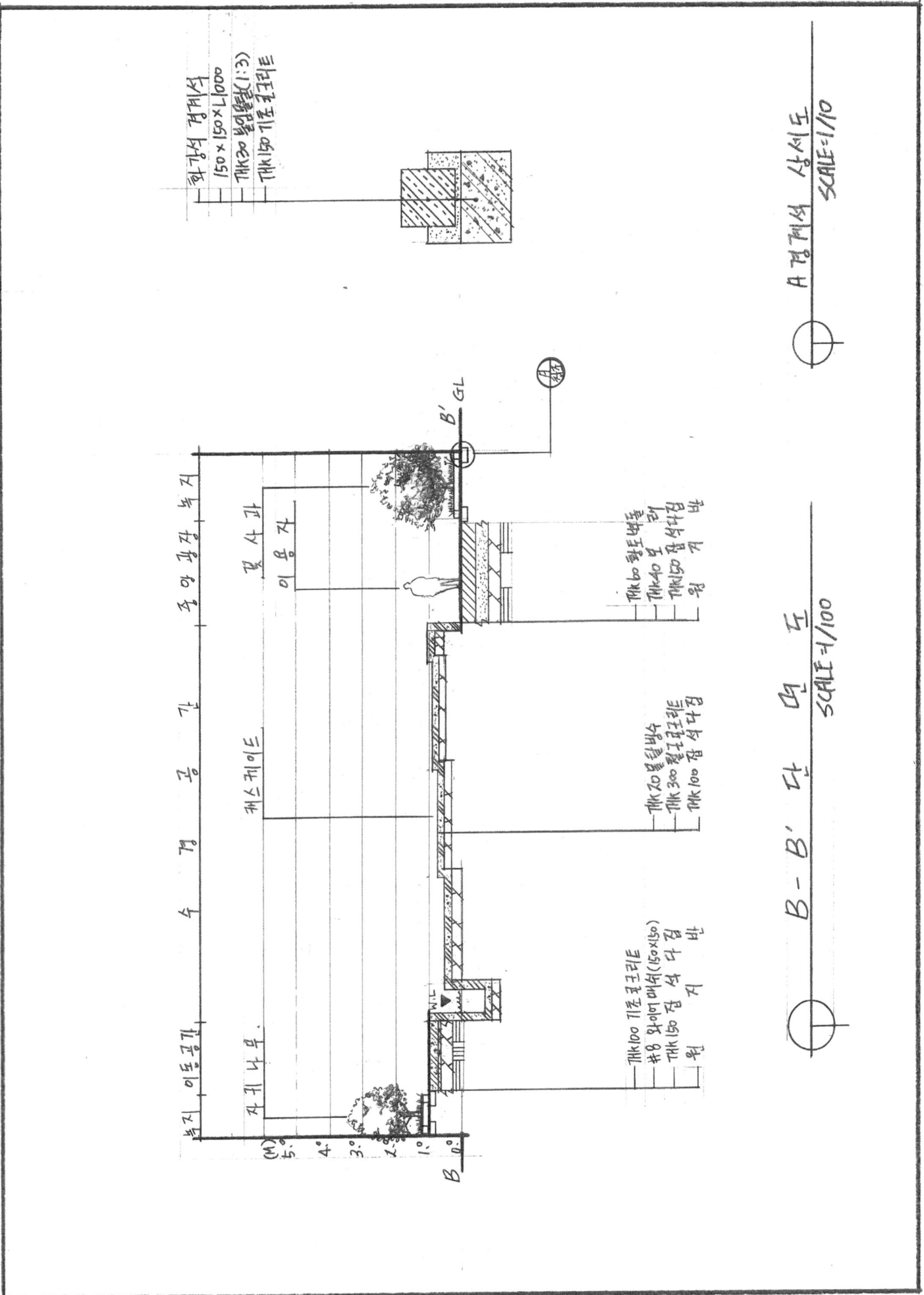

도로변 소공원 설계

우리나라 중부지역에 위치한 도로변의 빈 공간에 대한 조경설계를 하고자 한다. 주어진 현황도 및 아래 사항을 참조하여 설계조건에 따라 조경계획도를 작성한다. (단, 2점 쇄선 안 부분이 조경설계 대상지로 한다.)

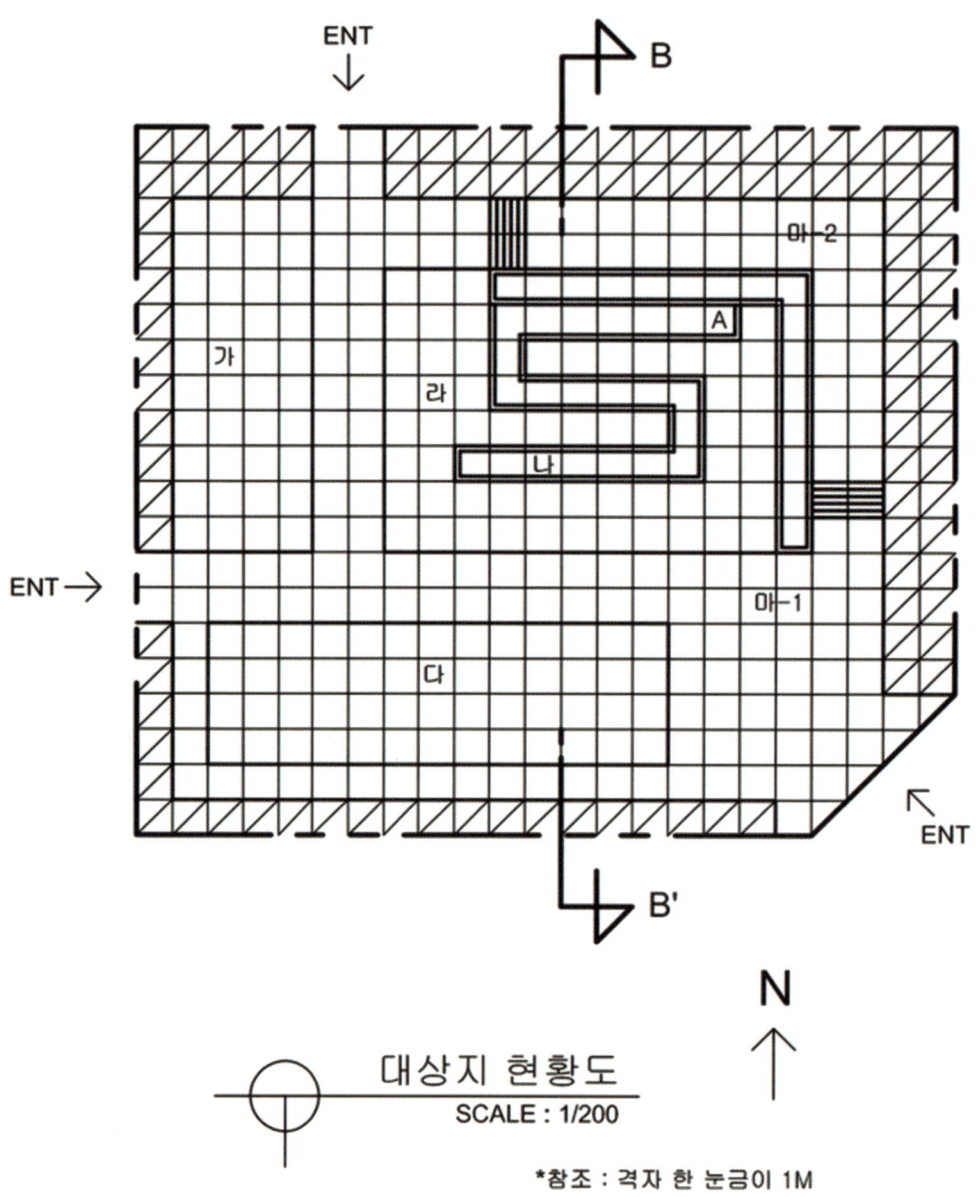

대상지 현황도
SCALE : 1/200

*참조 : 격자 한 눈금이 1M

☑ 요구사항

1. 식재평면도를 위주로 한 조경계획도를 축척 1/100로 작성하시오.(지급용지1)
2. 도면 오른쪽 위에 작업명칭을 작성하시오.
3. 도면 오른쪽에는 "중요시설물 수량표와 수목(식재)수량표"를 작성하고, 수량표 아래쪽에는 "방위표시와 막대축척"을 그려 넣는다.(단, 전체 대상지의 길이를 고려하여 범례표의 폭을 조정할 수 있다.)
4. 도면의 전체적인 안정감을 위하여 테두리선을 넣으시오.
5. B-B' 단면도를 축척 1/100로 작성하시오.(지급용지2.)

☑ 요구조건

1. 해당지역은 도로변의 자투리 공간을 이용하여 휴식 및 어린이들이 즐길 수 있는 소공원으로, 공원의 특징을 고려하여 조경계획도를 작성한다.
2. 포장지역을 제외한 곳에는 식재가 가능한 장소에는 식재를 하시오.(빗금친 부분이 녹지이며, 경사의 차이가 발생하는 곳은 식수대(Plant box)로 처리되어 있으며 분위기를 고려하여 식재를 실시하시오)
3. 포장지역은 "소형고압블럭, 투수콘크리트, 마사토, 고무칩, 콘크리트" 등 적당한 위치에 선택하여 표시하고, 포장명을 기입한다.
4. "가" 지역은 정적인 휴게공간으로 이용자들의 편안한 휴식을 위해 장퍼걸러(6,000 × 3,500) 1개, 등벤치 1개를 설치한다.
5. "나" 지역은 수경공간으로 물이 차 있으며 깊이는 60cm로 계획한다.
6. "다" 지역은 놀이공간으로 단주식 미끄럼대(H2,700×L4,200×W1,000), 4연식 철봉(H2,200×L4,000), 회전무대(D2,400) 3종을 배치한다.
7. "라" 지역은 "나" 연못의 인접지역으로 수목보호대 3개에 동일한 낙엽교목을 식재하고, 평벤치 2개를 설치한다.
8. "마-1" 지역은 공간과 공간을 연결하는 연계동선으로 대상지의 성격에 맞는 포장을 선택한다.
9. "마-2" 지역은 "마-1" 지역과 "라" 지역보다 1m 높은 지역으로 산책로 주변에 등벤치 3개를 설치하고, 벤치 주변에 휴지통 1개소를 설치한다.
10. "A" 시설은 폭 1m의 정형식 캐스케이드로 약 9m 정도 흘러가 연못과 합류된다. 3번의 단차로 자연스럽게 연못으로 흘러들어가며, 가장 높은 곳은 "마-2" 지역과 거의 동일한 높이를 유지하므로 "라" 지역과는 옹벽을 설치하여 단 차이를 자연스럽게 해소한다.
11. 대상지 내에는 유도식재, 녹음식재, 경관식재, 소나무 군식 등의 식재 패턴을 필요한 곳에 적당히 배식하고, 필요에 따라 수목보호대를 추가로 설치하여 포장 내 식재할 수 있다.
12. 수목은 아래에 주어진 수종 중에서 10가지를 반드시 선정하여 골고루 안정적인 배식이 될 수 있도록 계획하며, 인출선을 이용하여 수종명, 수량, 규격을 반드시 표기한다.

> 소나무(H4.0×W2.0), 소나무(H3.0×W1.5), 소나무(H2.5×W1.2), 스트로브잣나무(H2.5×W1.2), 스트로브잣나무(H2.0×W1.0), 왕벚나무(H4.5×B15), 버즘나무(H3.5×B8), 느티나무(H3.0×R6), 청단풍(H2.5×R8), 다정큼나무(H1.0×W0.6), 동백나무(H2.0×R8), 중국단풍(H2.5×R5), 굴거리나무(H2.5×W0.6), 자귀나무(H2.5×R6), 태산목(H1.5×W0.5), 먼나무(H2.0×R5), 산딸나무(H2.0×R5), 산수유(H2.5×R7), 꽃사과(H2.5×R5), 쥐똥나무(H1.0×W0.3), 수수꽃다리(H1.5×W0.6), 병꽃나무(H1.0×W0.4), 명자나무(H0.6×W0.4), 자산홍(H0.3×W0.3), 산철쭉(H0.3×W0.4), 조릿대(H0.6×7가지), 영산홍(H0.4×W0.3)

13. B-B' 단면도는 경사, 포장재료, 경계석, 기타 시설물기초, 주변의 수목, 중요시설물, 이용자 등을 단면도 상에 반드시 표기하고, 높이차를 한눈에 알아볼 수 있도록 설계한다.

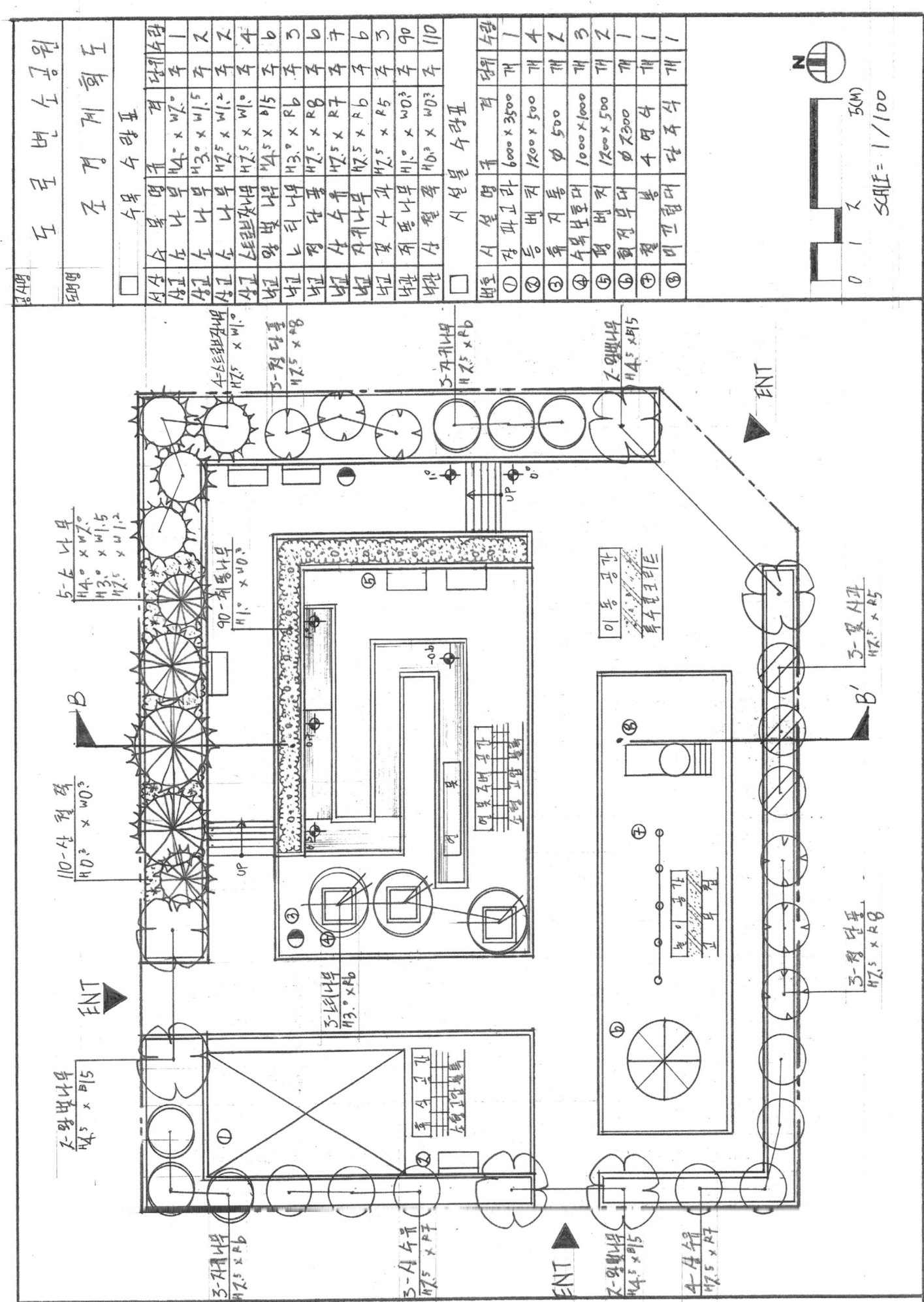

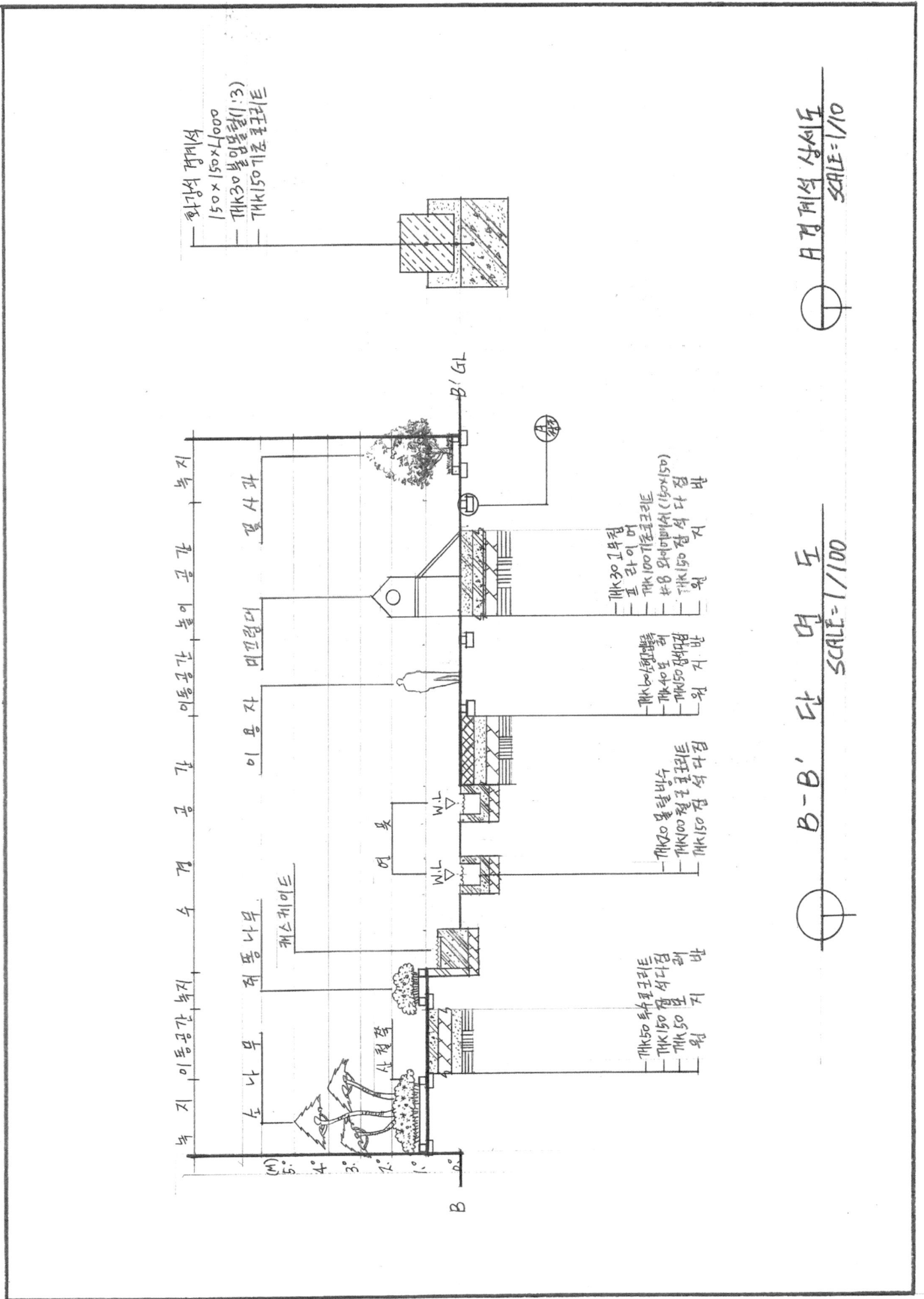

도로변 소공원 설계

우리나라 중부지역에 위치한 도로변의 빈 공간에 대한 조경설계를 하고자 한다. 주어진 현황도 및 아래 사항을 참조하여 설계조건에 따라 조경계획도를 작성한다. (단, 2점 쇄선 안 부분이 조경설계 대상지로 한다.)

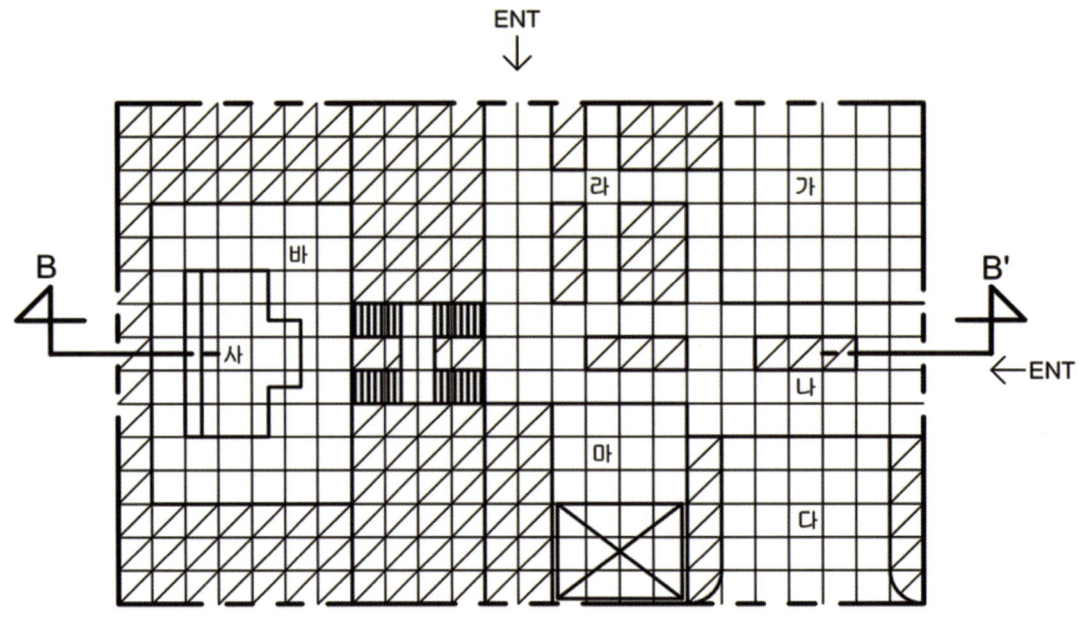

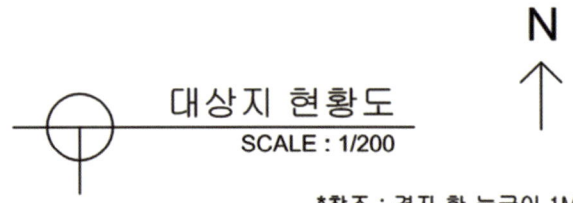

대상지 현황도
SCALE : 1/200

*참조 : 격자 한 눈금이 1M

☑ 요구사항

1. 식재평면도를 위주로 한 조경계획도를 축척 1/100로 작성하시오.(지급용지1)
2. 도면 오른쪽 위에 작업명칭을 작성하시오.
3. 도면 오른쪽에는 "중요시설물 수량표와 수목(식재)수량표"를 작성하고, 수량표 아래쪽에는 "방위표시와 막대축척"을 그려 넣는다.(단, 전체 대상지의 길이를 고려하여 범례표의 폭을 조정할 수 있다.)
4. 도면의 전체적인 안정감을 위하여 테두리선을 넣으시오.
5. B-B' 단면도를 축척 1/100로 작성하시오.(지급용지2.)

☑ 요구조건

1. 해당지역은 도심 내 빈 공간을 이용하여 휴식 및 놀이를 위한 소공원으로, 공원의 특징을 고려하여 조경계획도를 작성한다.
2. 포장지역을 제외한 곳에는 식재가 가능한 장소에는 식재를 하시오.(빗금친 부분이 녹지이며, 분위기를 고려하여 식재를 실시하시오)
3. 포장지역은 "소형고압블럭, 점토벽돌, 화강석판석, 투수콘크리트, 황토, 고무칩, 콘크리트" 등 적당한 위치에 선택하여 표시하고, 포장명을 반드시 기입한다.
4. "가" 지역은 놀이공간으로 계획하고, 그 안에 어린이 놀이시설(정글짐, 회전무대, 3단 철봉, 2연식 시소)을 3종 배치한다.
5. "나" 지역은 보행을 겸한 광장으로 공간의 성격에 맞게 포장재료를 선택한다.
6. "다" 지역은 주차공간으로 소형자동차(2,500×5,000) 2대가 주차할 수 있도록 계획하고, 카스토퍼 4개를 적당한 위치에 설치한다.
7. "라" 지역은 초화원으로 식수지역에 임의의 초화류를 식재한다.
8. "마" 지역은 휴식공간으로 이용자들의 편안한 휴식을 위해 퍼걸러(4,000×3,000) 1개, 평상형 벤치 (1,200×500) 2개를 설치한다.
9. "바" 지역은 "나" 지역보다 3m 높은 지역으로 화강석판석으로 포장한다.
10. "사" 지역은 기념공간으로 "바" 지역보다 0.3m 높으며, 조형물(1,000×1,000×800) 1개를 설계하고, 너비 0.5m, 높이 1m의 조경 부조물을 설치한다.
11. 계단 옆 경사면에는 적당한 수종을 식재한다.
12. 수목은 아래에 주어진 수종 중에서 10가지 이상을 반드시 선정하여 골고루 안정적인 배식이 될 수 있도록 계획하며, 인출선을 이용하여 수종명, 수량, 규격을 반드시 표기한다.

> 소나무(H3.0×W1.5), 전나무(H2.5×W1.2), 독일가문비(H2.0×W1.2), 서양측백(H2.0×W1.0), 느티나무(H3.5×R8), 가중나무(H3.0×B8), 매화나무(H2.5×R8), 네군도단풍(H2.5×R8), 복자기(H2.0×R5), 다정큼나무(H1.0×W0.6), 모과나무(H2.5×R6), 산딸나무(H2.0×R5), 동백나무(H2.5×R8), 꽃사과(H2.5×R5), 아왜나무(H3.0×R7), 굴거리나무(H2.5×W0.6), 자귀나무(H2.5×R6), 산수유(H2.5×R7), 후박나무(H2.5×R6), 식나무(H2.5×R6), 병꽃나무(H1.0×W0.4), 쥐똥나무(H1.0×W0.3), 명자나무(H0.6×W0.4), 자산홍(H0.3×W0.3), 사철나무(H0.8×W0.3), 잔디(0.3×0.3×0.0.03)

13. B-B' 단면도는 경사, 포장재료, 경계석, 기타 시설물기초, 주변의 수목, 중요시설물, 이용자 등을 단면도 상에 반드시 표기하고, 높이차를 한눈에 알아볼 수 있도록 설계한다.

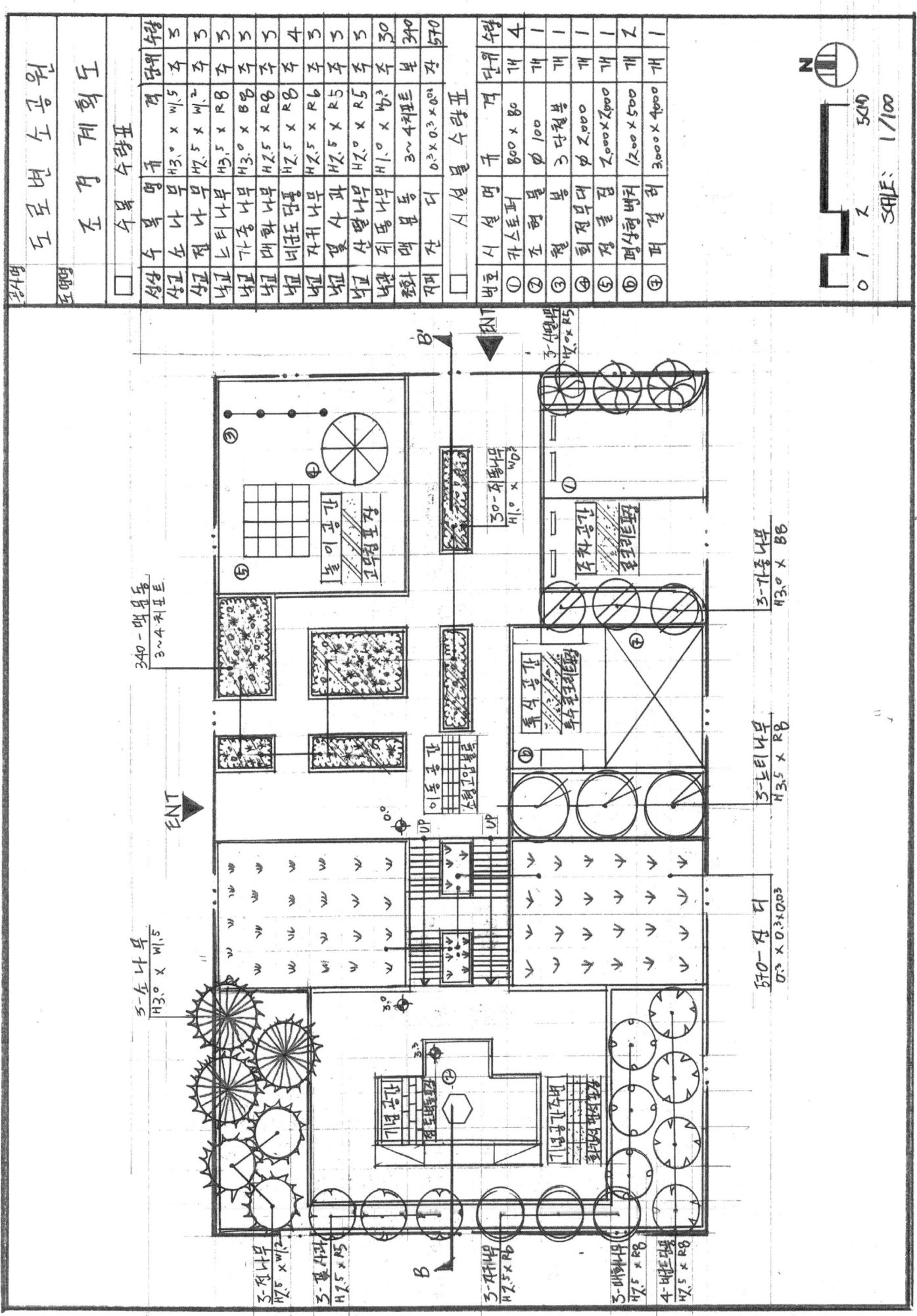

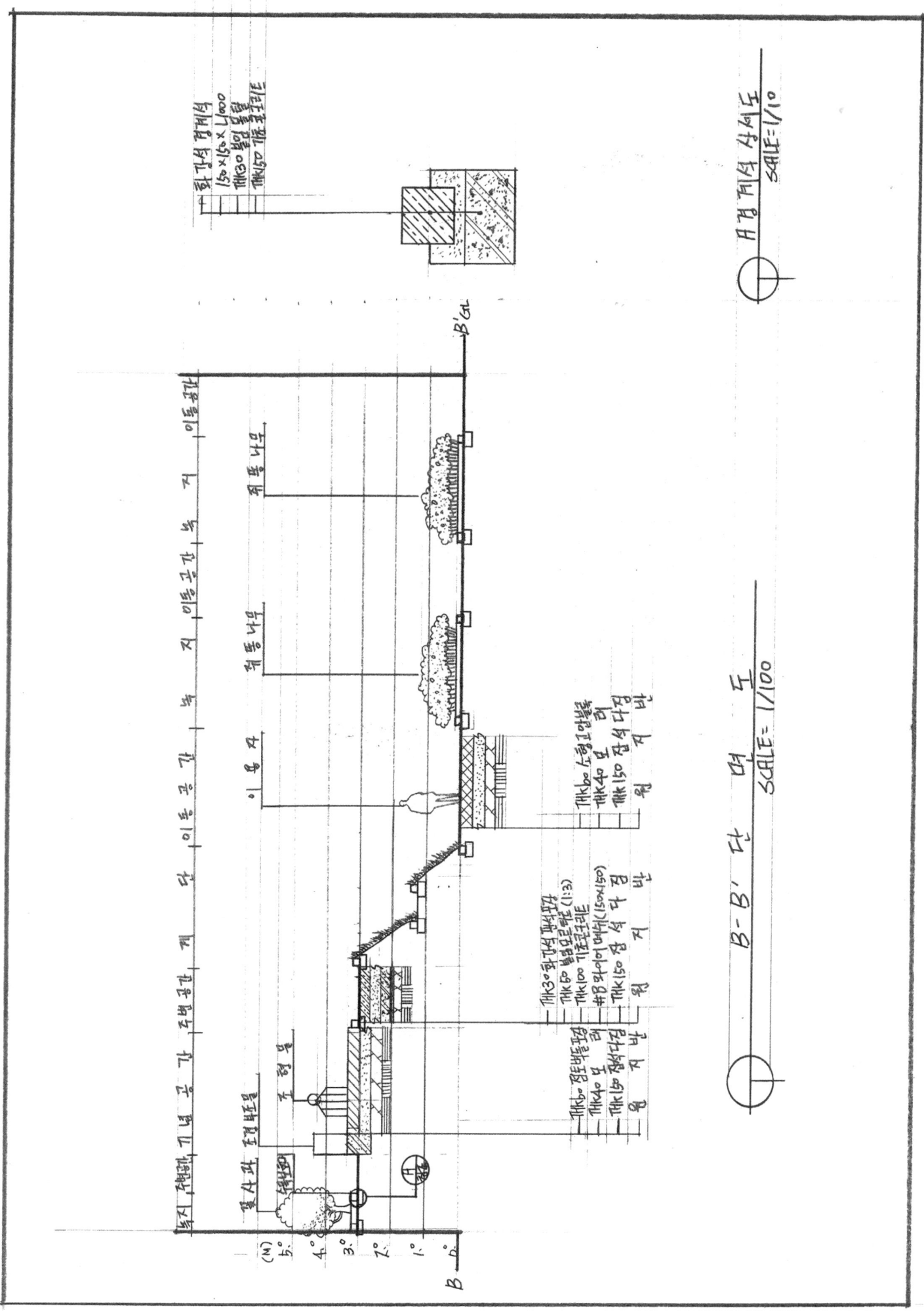

도로변 소공원 설계

우리나라 중부지역에 위치한 도로변의 빈 공간에 대한 조경설계를 하고자 한다. 주어진 현황도 및 아래 사항을 참조하여 설계조건에 따라 조경계획도를 작성한다. (단, 2점 쇄선 안 부분이 조경설계 대상지로 한다.)

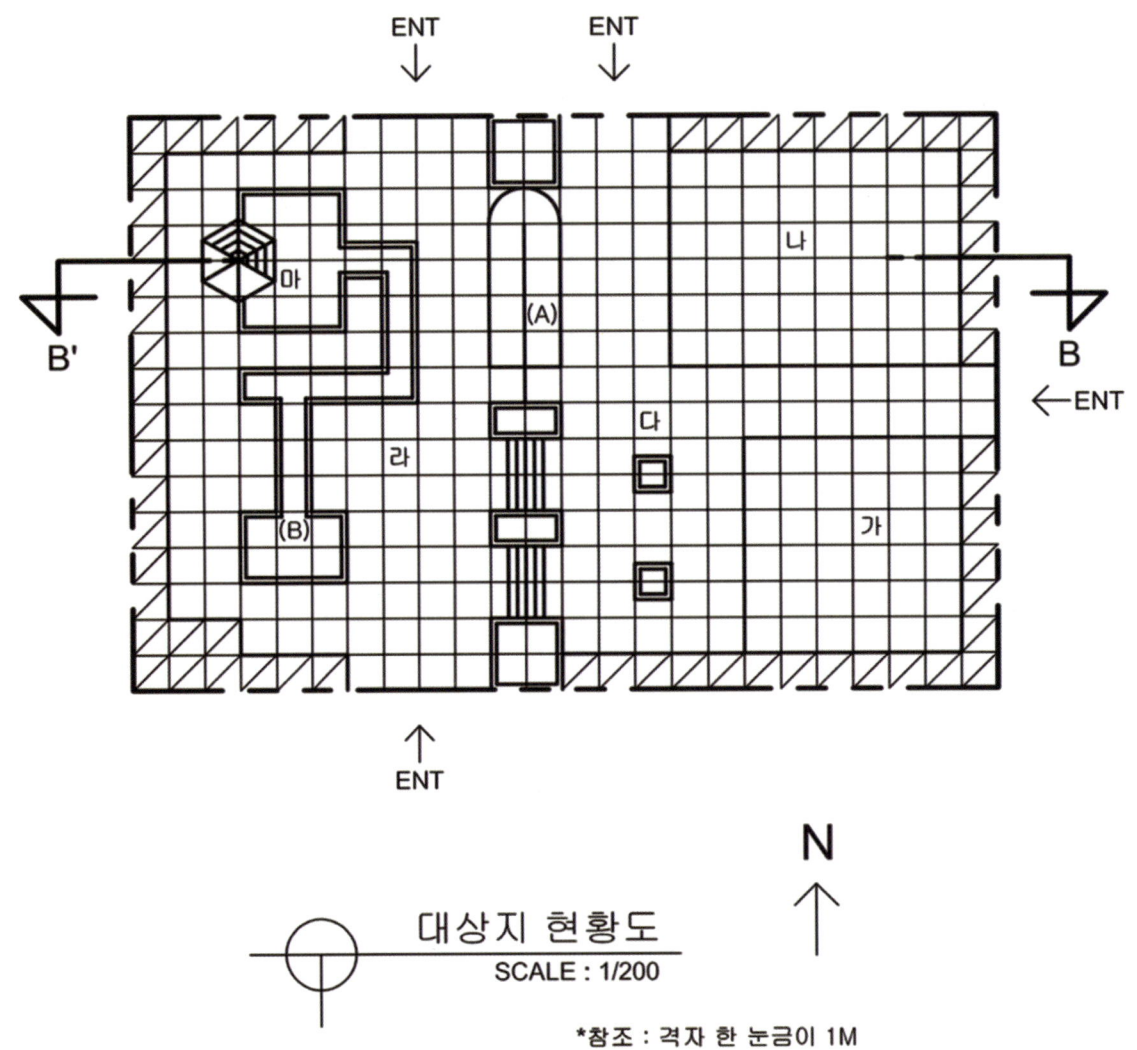

대상지 현황도
SCALE : 1/200

*참조 : 격자 한 눈금이 1M

☑ 요구사항

1. 식재평면도를 위주로 한 조경계획도를 축척 1/100로 작성하시오.(지급용지1)
2. 도면 오른쪽 위에 작업명칭을 작성하시오.
3. 도면 오른쪽에는 "중요시설물 수량표와 수목(식재)수량표"를 작성하고, 수량표 아래쪽에는 "방위표시와 막대축척"을 그려 넣는다.(단, 전체 대상지의 길이를 고려하여 범례표의 폭을 조정할 수 있다.)
4. 도면의 전체적인 안정감을 위하여 테두리선을 넣으시오.
5. B-B' 단면도를 축척 1/100로 작성하시오.(지급용지2.)

☑ 요구조건

1. 해당지역은 도로변의 자투리 공간을 이용하여 휴식 및 어린이들이 즐길 수 있는 소공원으로, 공원의 특징을 고려하여 조경계획도를 작성한다.
2. 포장지역을 제외한 곳에는 식재가 가능한 장소에는 식재를 하시오.(빗금친 부분이 녹지이며, 경사의 차이가 발생하는 곳은 식수대(Plant box)로 처리되어 있으며 분위기를 고려하여 식재를 실시하시오)
3. 포장지역은 "소형고압블럭, 투수콘크리트, 마사토, 고무칩, 콘크리트" 등 적당한 위치에 선택하여 표시하고, 포장명을 기입한다.
4. "가" 지역은 휴식공간으로 이용자들의 편안한 휴식을 위해 퍼걸러(3,500 × 3,500) 1개, 등벤치 2개, 휴지통 1개를 설치한다.
5. "나" 지역은 놀이공간으로 계획하고, 그 안에 어린이 놀이시설(회전무대, 3단 철봉, 2연식 시소, 정글짐 등)을 3종 배치한다.
6. "다" 지역은 광장으로 "라" 지역에 비해 1m 높게 설계한다.
7. "라" 지역은 도섭지(B) 주변 공간으로 수목보호대 3개를 설치한다.
8. "마" 지역은 정자 및 도섭지(B)와 연계된 연못으로 깊이 60cm로 계획한다.
9. (A)는 장애인 및 노약자의 보행을 위한 램프시설로 난간 등의 시설은 임의로 설계한다.
10. (B)는 도섭지로 친수기능이 가능하도록 깊이 30cm로 계획한다.
11. 대상지 내에는 유도식재, 녹음식재, 경관식재, 소나무 군식 등의 식재 패턴을 필요한 곳에 적당히 배식하고, 필요에 따라 수목보호대를 추가로 설치하여 포장 내 식재할 수 있다.
12. 수목은 아래에 주어진 수종 중에서 10가지를 반드시 선정하여 골고루 안정적인 배식이 될 수 있도록 계획하며, 인출선을 이용하여 수종명, 수량, 규격을 반드시 표기한다.

> 소나무(H4.0×W2.0), 소나무(H3.0×W1.5), 소나무(H2.5×W1.2), 스트로브잣나무(H2.5×W1.2), 스트로브잣나무(H2.0×W1.0), 왕벚나무(H4.5×B15), 버즘나무(H3.5×B8), 느티나무(H3.0×R6), 청단풍(H2.5×R8), 다정큼나무(H1.0×W0.6), 동백나무(H2.0×R8), 중국단풍(H2.5×R5), 굴거리나무(H2.5×W0.6), 자귀나무(H2.5×R6), 태산목(H1.5×W0.5), 먼나무(H2.0×R5), 산딸나무(H2.0×R5), 산수유(H2.5×R7), 꽃사과(H2.5×R5), 쥐똥나무(H1.0×W0.3), 수수꽃다리(H1.5×W0.6), 병꽃나무(H1.0×W0.4), 명자나무(H0.6×W0.4), 자산홍(H0.3×W0.3), 산철쭉(H0.3×W0.4), 조릿대(H0.6×7가지), 영산홍(H0.4×W0.3)

13. B-B' 단면도는 경사, 포장재료, 경계석, 기타 시설물기초, 주변의 수목, 중요시설물, 이용자 등을 단면도 상에 반드시 표기하고, 높이차를 한눈에 알아볼 수 있도록 설계한다.

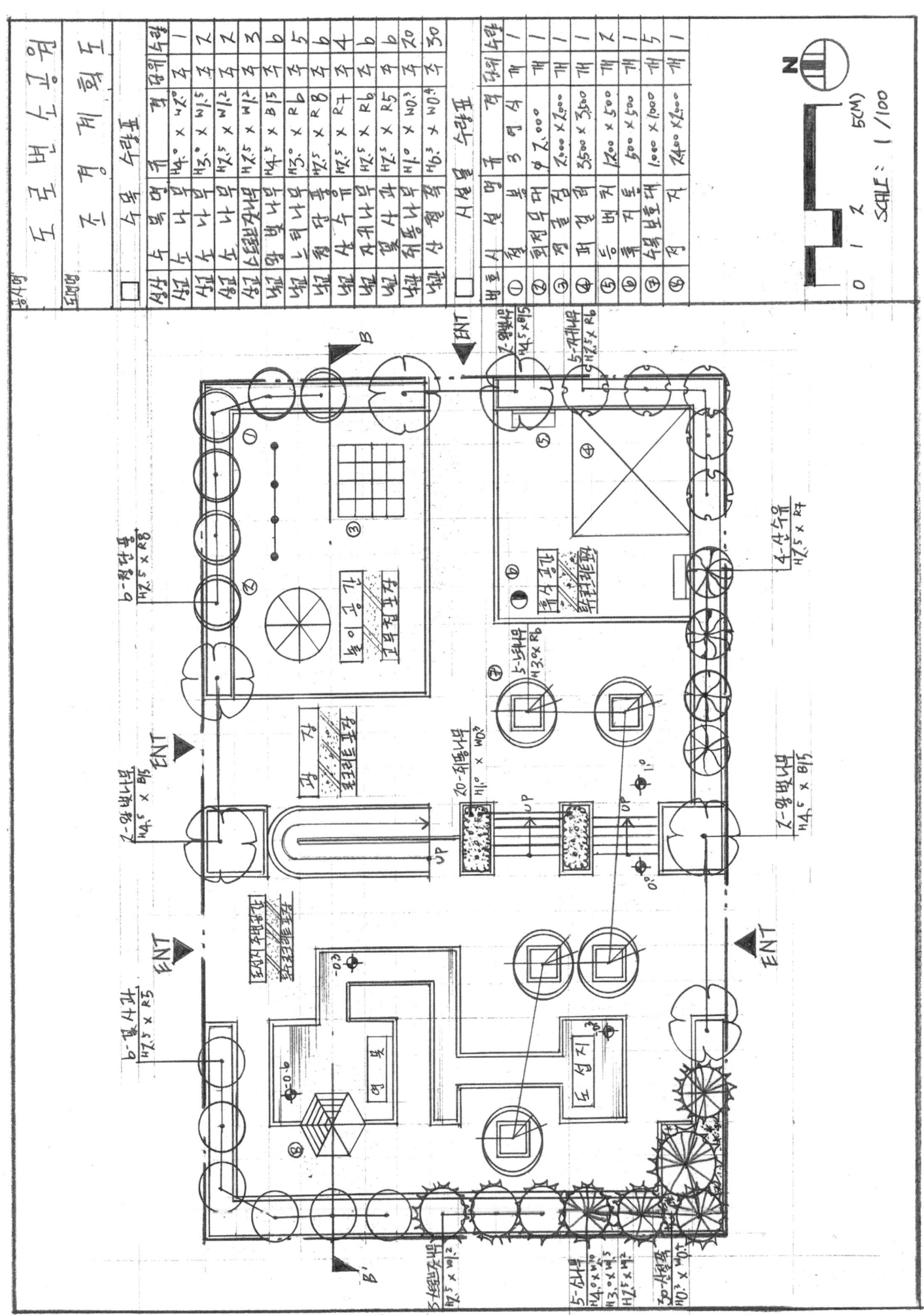

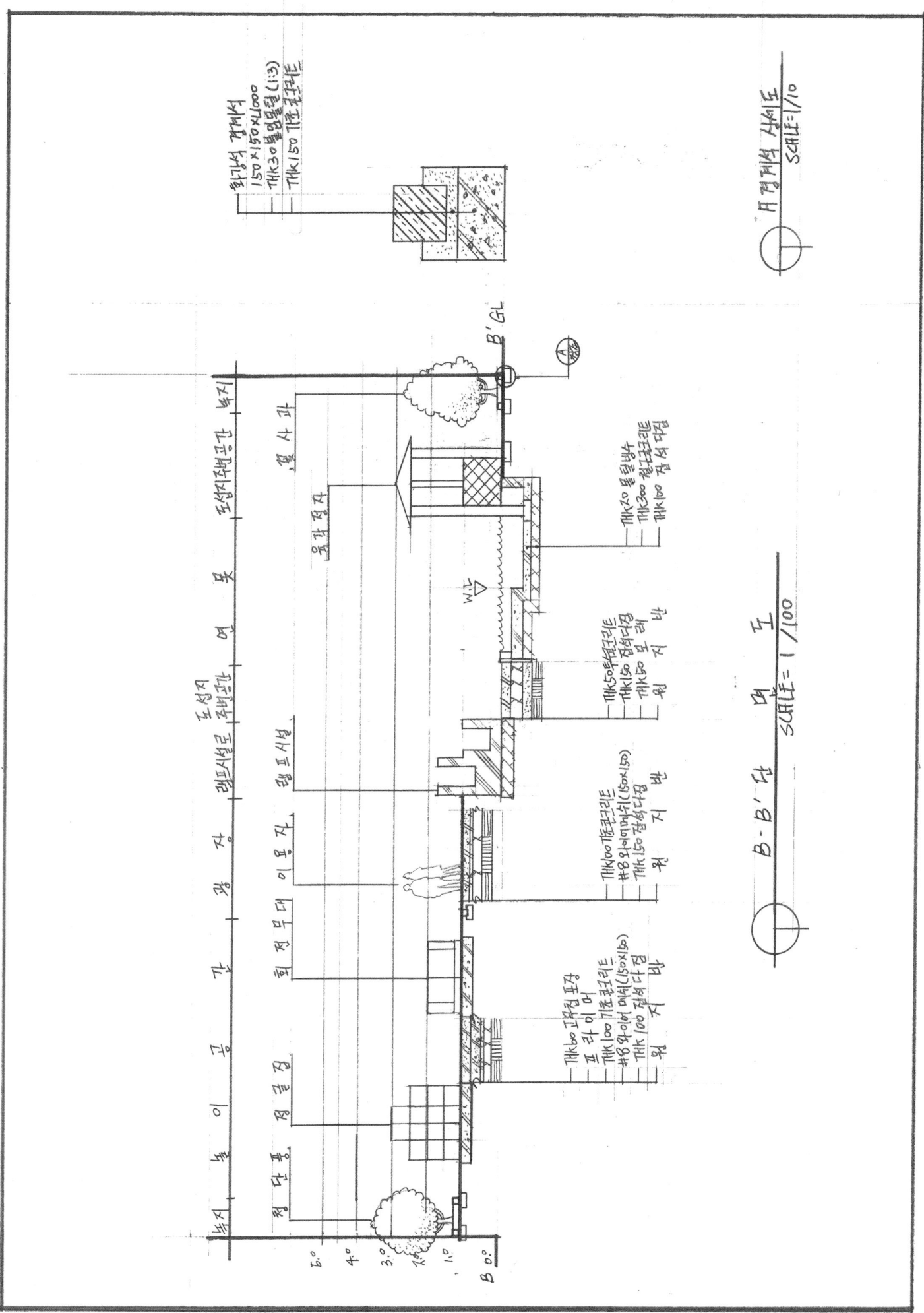

도로변 소공원 설계

우리나라 중부지역에 위치한 도로변의 빈 공간에 대한 조경설계를 하고자 한다. 주어진 현황도 및 아래 사항을 참조하여 설계조건에 따라 조경계획도를 작성한다. (단, 2점 쇄선 안 부분이 조경설계 대상지로 한다.)

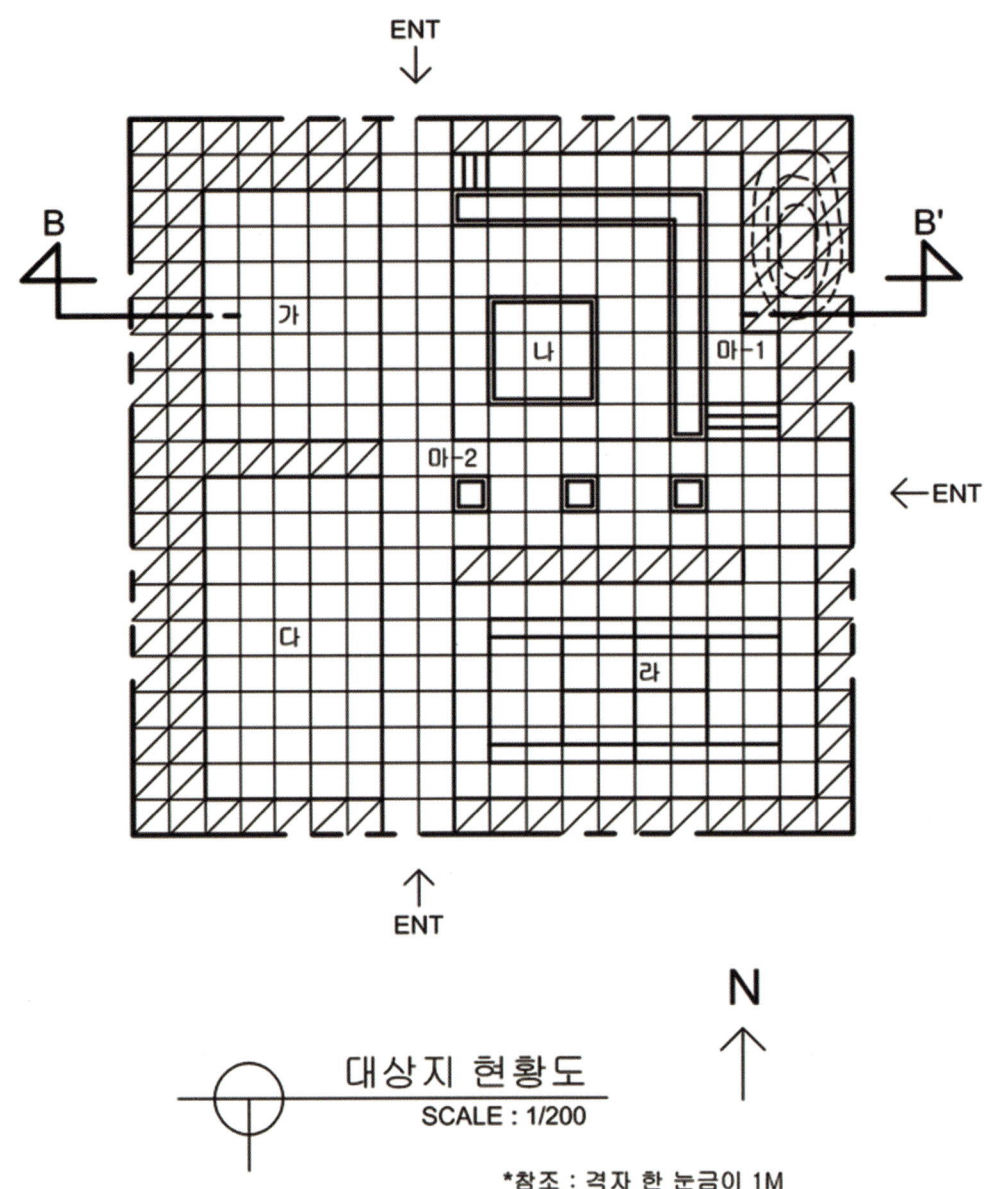

대상지 현황도
SCALE : 1/200

*참조 : 격자 한 눈금이 1M

✅ 요구사항

1. 식재평면도를 위주의 조경계획도를 축척 1/100로 작성하시오.(지급용지1)
2. 도면 오른쪽 위에 작업명칭을 작성하시오.
3. 도면 오른쪽에는 "중요시설물 수량표와 수목(식재)수량표"를 작성하고, 수량표 아래쪽에는 "방위표시와 막대축척"을 그려 넣는다.(단, 전체 대상지의 길이를 고려하여 범례표의 폭을 조정할 수 있다.)
4. 도면의 전체적인 안정감을 위하여 테두리선을 넣으시오.
5. 도로변 소공원 부지 내 제시된 단면 위치를 축척 1/100로 작성하시오.(지급용지2.)
6. 반드시 식재 수량표는 성상, 수목명, 규격, 단위 수량을 명기하여 작성하시오.

✅ 요구조건

1. 해당지역은 도로변의 자투리 공간을 이용하여 휴게 및 어린이 놀이를 주목적으로 하는 소공원으로 주어진 설계조건을 고려하여 조경계획도를 작성하시오
2. 포장지역을 제외한 곳은 모두 식재를 하시오.(빗금친 부분이 녹지이며, 경사의 차이가 발생하는 곳은 식수대〈Plant box〉로 처리되어 있으며 공간 특성을 고려하여 식재를 실시하시오.)
3. 포장 지역은 "소형고압블럭, 점토벽돌, 투수콘크리트, 콘크리트, 마사토, 고무칩 등" 각 공간의 특성에 적합한 포장재료를 구분하여 설치하고 도면에 포장기호와 포장명칭을 반드시 표기하시오.
4. '가' 지역은 휴식공간으로 이용자들의 편안한 휴식을 위해 퍼걸러(3,500 × 3,500) 1개소와 등벤치(3,500 × 3,500) 2개소, 휴지통 1개소를 설치하시오.
5. '나' 지역은 수공간으로 계획하시오.

   - 수공간의 깊이는 설계자 임의로 설정하시오.
   - 주변공간에는 평벤치 2개소, 휴지통 1개소를 설치하시오.

6. '다' 지역은 어린이 놀이공간으로 놀이시설 3종(회전무대, 그네 2연식, 시소 2연식)을 설치하시오.
7. '라' 지역은 운동공간으로 테니스장을 설치하고, 반드시 적합한 포장을 실시하시오.
8. '마-1' 지역은 이동공간으로 계획하시오.

   - 주변에 비해 1m 높은 공간으로 계획하시오.
   - 이용자들이 휴식을 취할 수 있게 등벤치 1개소를 계획하시오.
   - 주변 녹지의 등고선 1개의 높이는 20cm로 계획에 반영하시오.

9. '마-2' 지역의 수목보호대 3개에는 동일한 낙엽교목을 식재한다.
10. 적당한 위치에 차폐식재, 유도식재, 소나무 군식 등을 실시하고 주변 공간은 계절감 있는 식재 등 대상지 내 공간 성격에 부합되도록 배식하시오.
11. 수목은 아래 주어진 수종 중에서 종류가 다른 12가지를 선정하여 공간에 부합되는 식재를 계획하며, 인출선을 이용하여 수량, 수종명칭, 규격을 반드시 표기하시오.

개나리(H1.2 × 5가지)	계수나무(H2.5 × R6)	구상나무(H1.5 × W0.6)
굴거리나무(H2.5 × W1.0)	금목서(H2.0 × R6)	꽃사과(H2.5 × R5)
꽝꽝나무(H0.3 × W0.4)	낙상홍(H1.0 × W0.4)	낙우송(H4.0 × B12)
느티나무(H3.0 × R6)	느티나무(H4.5 × R20)	다정큼나무(H1.0 × W0.6)
대왕참나무(H4.5 × R20)	덜꿩나무(H1.0 × W0.4)	돈나무(H1.5 × W1.0)
동백나무(H2.5 × R8)	마가목(H3.0 × R12)	매화나무(H2.0 × R4)
먼나무(H2.0 × R5)	메타세쿼이아(H4.0 × B8)	명자나무(H0.6 × W0.4)
모과나무(H3.0 × R8)	목련(H2.5 × R6)	무궁화(H1.0 × W0.2)
박태기나무(H1.0 × W0.4)	배롱나무(H2.5 × R6)	백철쭉(H0.3 × W0.3)
백합나무(H4.0 × R10)	버즘나무(H3.5 × B8)	병꽃나무(H1.0 × W0.6)
사철나무(H1.0 × W0.3)	산딸나무(H2.5 × R6)	산수국(H0.3 × W0.4)
산수유(H2.5 × R8)	산철쭉(H0.3 × W0.3)	서양측백(H1.2 × W0.4)
소나무(H3.0 × W1.5 × R10)	소나무(H4.0 × W2.0 × R15)	소나무(H5.0 × W2.5 × R20)
소나무(둥근형)(H1.2 × W1.5)	수수꽃다리(H2.0 × W0.8)	스트로브잣나무(H2.0 × W1.0)
아왜나무(H1.5 × W0.8)	영산홍(H0.3 × W0.3)	왕벚나무(H4.5 × B10)
은행나무(H4.0 × B10)	이팝나무(H3.5 × R12)	자귀나무(H3.5 × R12)
자산홍(H0.3 × W0.3)	자작나무(H2.5 × B5)	조릿대(H0.6 × W0.3)
좀작살나무(H1.2 × W0.4)	주목(둥근형)(H0.3 × W0.3)	주목(선형)(H2.0 × W1.0)
중국단풍(H2.5 × R6)	쥐똥나무(H1.0 × W0.3)	청단풍(H2.5 × R8)
층층나무(H3.5 × R8)	칠엽수(H3.5 × R12)	태산목(H1.5 × W0.5)
홍단풍(H3.0 × R10)	화살나무(H0.6 × W0.3)	회양목(H0.3 × W0.3)
갈대(8cm)	감국(8cm)	구절초(8cm)
금계국(10cm)	노랑꽃창포(8cm)	둥굴레(10cm)
맥문동(8cm)	벌개미취(8cm)	부들(8cm)
부처꽃(8cm)	붓꽃(10cm)	비비추(2~3분얼)
수호초(10cm)	애기나리(10cm)	옥잠화(2~3분얼)
원추리(2~3분얼)	잔디(0.3 × 0.3 × 0.03)	제비꽃(8cm)
털부처꽃(8cm)	패랭이꽃(8cm)	해국(8cm)

12. 단면도는 경사, 포장재료, 경계선, 주변의 수목, 주요시설물, 이용자 등을 단면도상에 반드시 표기하고 높이 차를 한눈에 볼 수 있도록 설계하시오.

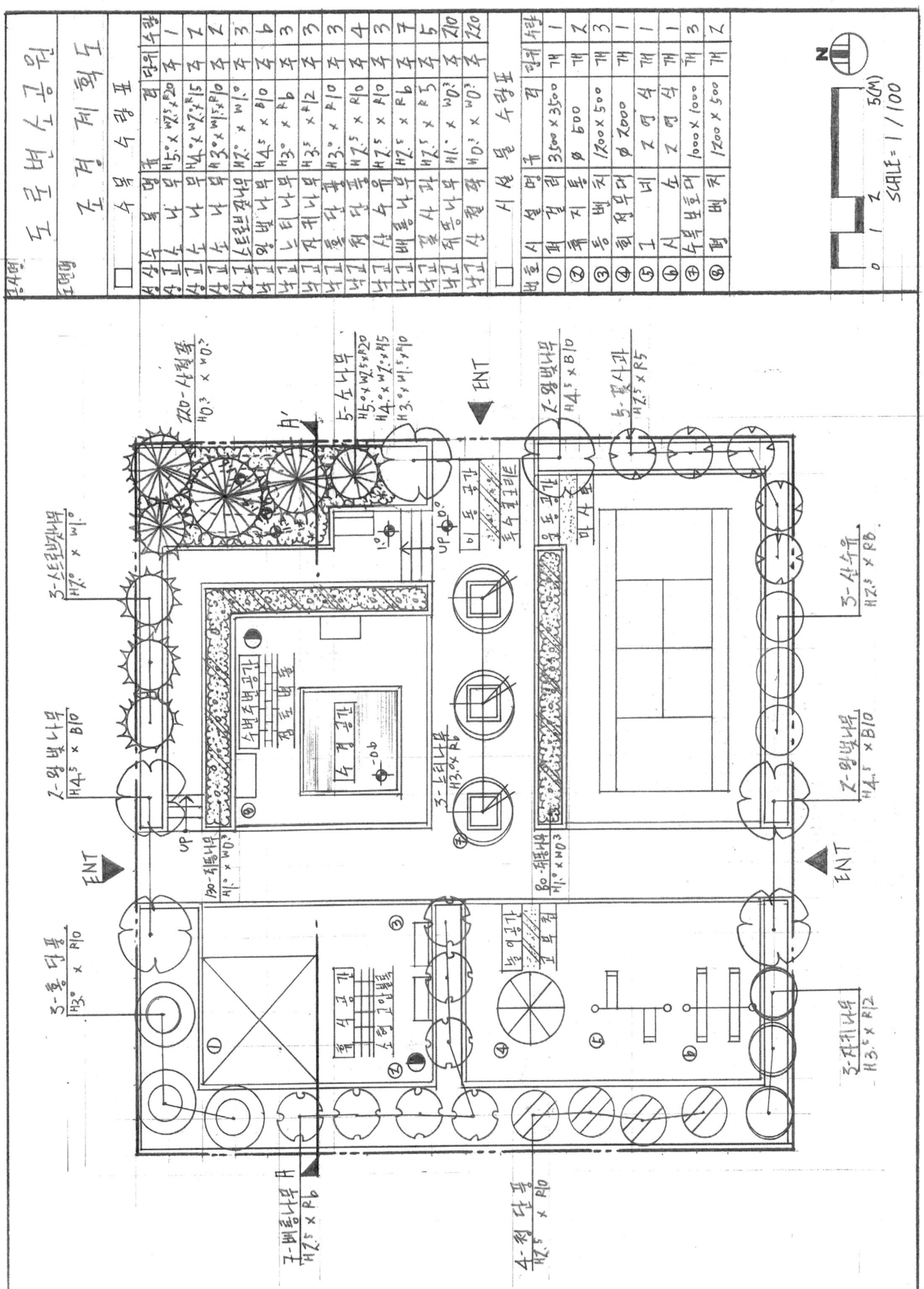

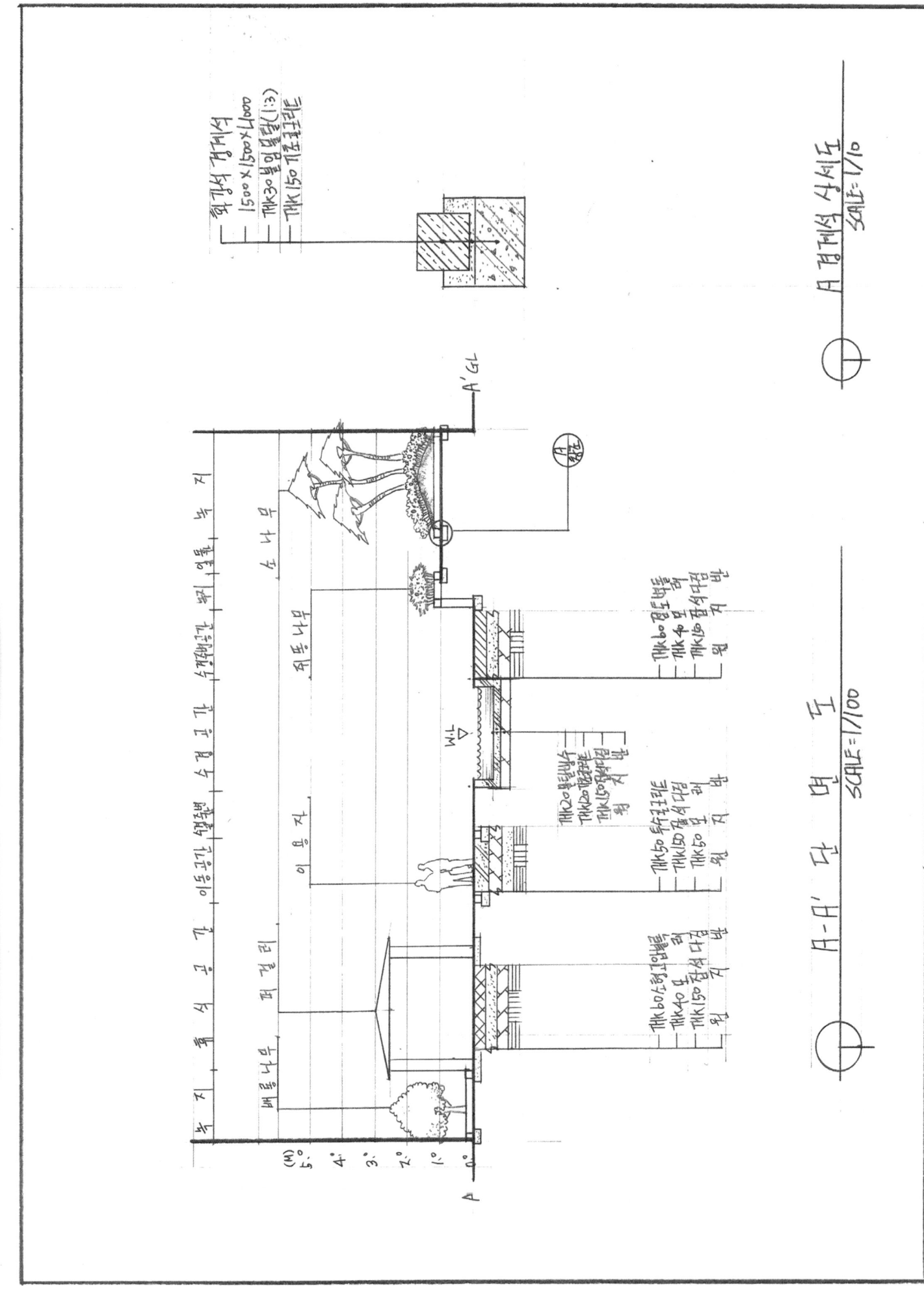

옥상정원 조경설계

우리나라 중부지역에 위치한 옥상 공간에 대한 조경설계를 하고자 한다. 주어진 현황도 및 아래 사항을 참조하여 설계조건에 따라 조경계획도를 작성한다. (단, 2점 쇄선 안 부분이 조경설계 대상지로 한다.)

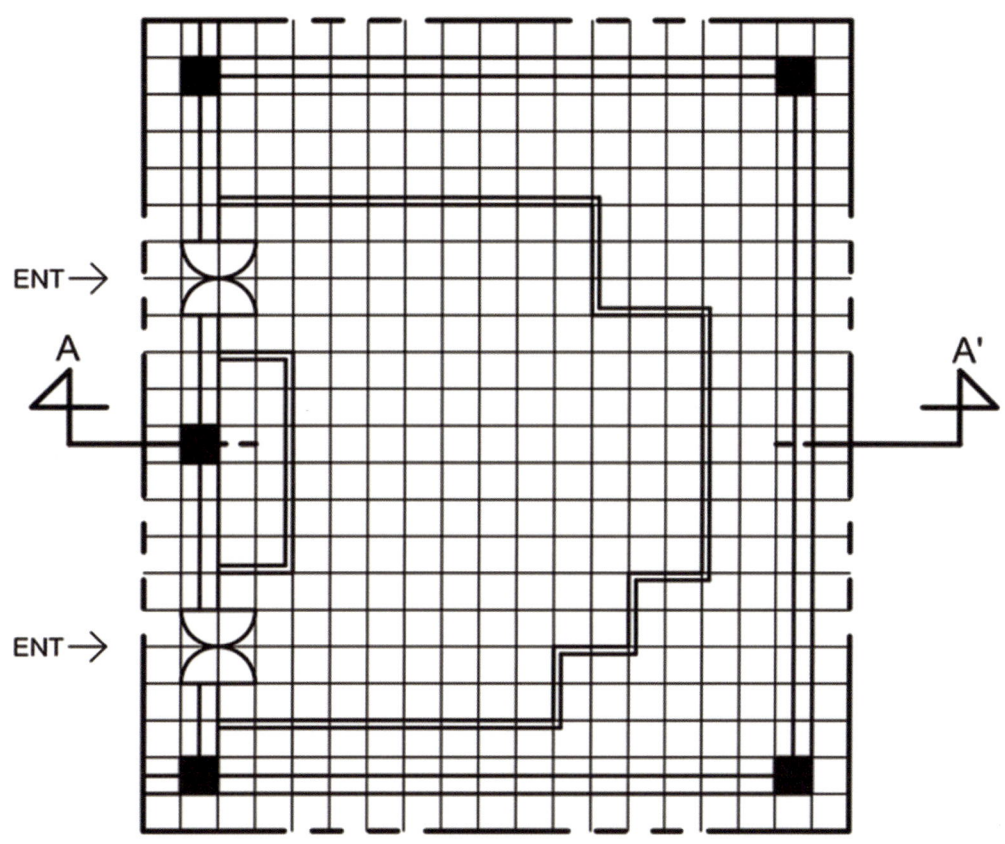

대상지 현황도
SCALE : 1/200

*참조 : 격자 한 눈금이 1M

✅ 요구사항

1. 식재평면도를 위주의 조경계획도를 축척 1/100로 작성하시오.(지급용지1)
2. 도면 오른쪽 위에 작업명칭을 "옥상정원 조경설계"로 작성하시오.
3. 도면 오른쪽에는 "중요시설물 수량표와 수목(식재)수량표"를 작성하고, 수량표 아래쪽에는 "방위표시와 막대축척"을 그려 넣는다.(단, 전체 대상지의 길이를 고려하여 범례표의 폭을 조정할 수 있다.)
4. 도면의 전체적인 안정감을 위하여 테두리선을 넣으시오.
5. 옥상정원 부지 내 제시된 단면 위치를 축척 1/100로 작성하시오.(지급용지2.)
6. 반드시 식재평면도는 성상, 수목명, 규격, 단위, 수량을 명기하여 작성하시오.

✅ 요구조건

1. 건축물 옥상에 휴식 및 경관을 향상시킬 수 있는 옥상정원으로 옥상정원의 특성을 고려하여 조경계획도를 작성하시오
2. 옥상정원의 포장공간에는 휴식을 위한 등의자(1.6m × 0.6m) 4개, 쉘터(3m × 3m) 1개와 쉘터 하부에 평의자(1.6m × 0.4m) 3개를 설치한다.
3. 시설물은 동선의 흐름을 방해하지 않도록 설치한다.
4. 플랜터는 높이가 다른 2개의 단으로 구성하되, 서측플랜터는 관목만 식재한다. 각 플랜터의 높이를 조성계획 평면도에 표시하고 단면도 작성 시 인공식재 지반은 다음의 조건을 기준으로 한다.

   - 배수판 : THK30, - 인공토(배수용) : THK100, - 멀칭 : 적용하지 않음
   - 인공토(육성용) : 도입수목의 성상에 따른 생존최소토심을 적용하고, 플랜터보다 5cm 낮게 계획.

5. 도면 내에 특이 사항이나 특정한 표현이 필요시에는 인출선을 이용하여 나타낸다.
6. 바닥포장은 2종 이상으로 하고 "고무칩, 소형고압블럭, 콘크리트, 마사토 등" 적당한 재료를 선택하여 적합한 장소에 기호로 표현하고 포장명을 반드시 기입한다.
7. 북측 녹지대는 차폐식재하고, 전체적으로 볼거리가 있도록 화목류 위주로 식재한다.
8. 수목은 규격이 크지 않은 수목을 선정하고 낮은 플랜터에는 관목을 식재한다.
9. 요구조건에 제시되어 있는 수종 중 남부지방수종과 R15(B12) 규격의 수목은 식재하지 않고 제외한다.
10. 관목의 식재 기준은 ㎡당 9주 식재를 적용, 10주 단위로 군식하는 것을 원칙으로 한다.
11. 아래에 제시된 수목 중 10종을 선정하여 식재하고, 인출선을 사용하여 식물명, 수량, 수종명칭, 규격을 도면상에 표기한다.
12. 범례란에 수목수량표를 성상별로 상록교목, 낙엽교목, 관목으로 분류하여 작성하고, 시설물 수량표, 방위표, 바스케일을 작성한다.

스트로브잣나무(H2.0×W1.0), 주목(H1.0×W0.8), 왕벚나무(H4.0×B10), 청단풍(H3.0×R10),청단풍(H3.5×R15), 후박나무(H2.5×R6), 매화나무(H2.5×R6),매화나무(H4.0×R15), 태산목(H1.5×W0.5), 먼나무(H2.0×R6), 배롱나무(H2.5×R6), 배롱나무(H3.5×R15), 산수유(H2.5×R8), 산수유(H3.5×R15), 금목서(H2.0×W1.0), 수수꽃다리(H1.5×W0.6), 남천(H1.0×3가지), 백철쭉(H0.4×W0.4), 산철쭉(H0.4×W0.4), 회양목(H0.3×W0.3)

13. A-A' 단면도는 경사, 포장재료, 경계선, 주변의 수목, 주요시설물, 이용자 등을 단면도상에 반드시 표기하고 보조선을 그어 높이 차를 한눈에 볼 수 있도록 설계하시오.

14. 낮은 플랜터의 높이는 0.5m 이하로 하고 식재 토심은 0.43m 이상 확보, 높은 플랜터의 높이는 0.8 ~ 1.0m로 하고 식재토심은 0.73m 이상을 확보

- 낮은 플랜터 (배수판 : THK30, 인공토(배수용) : THK100, 인공토(육성용) : THK300 이상)
- 높은 플랜터 (배수판 : THK30, 인공토(배수용) : THK100, 인공토(육성용) : THK600 이상)

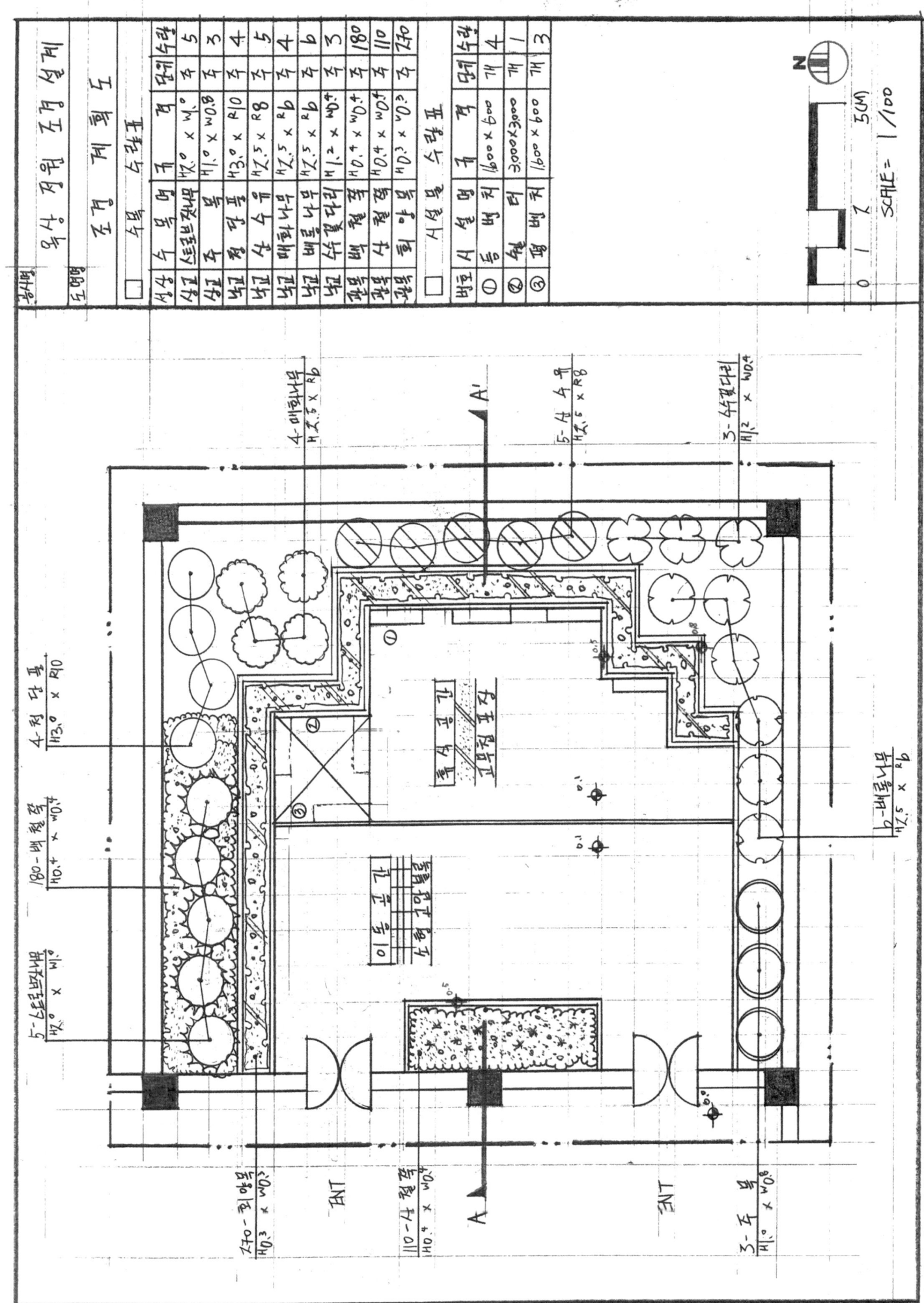

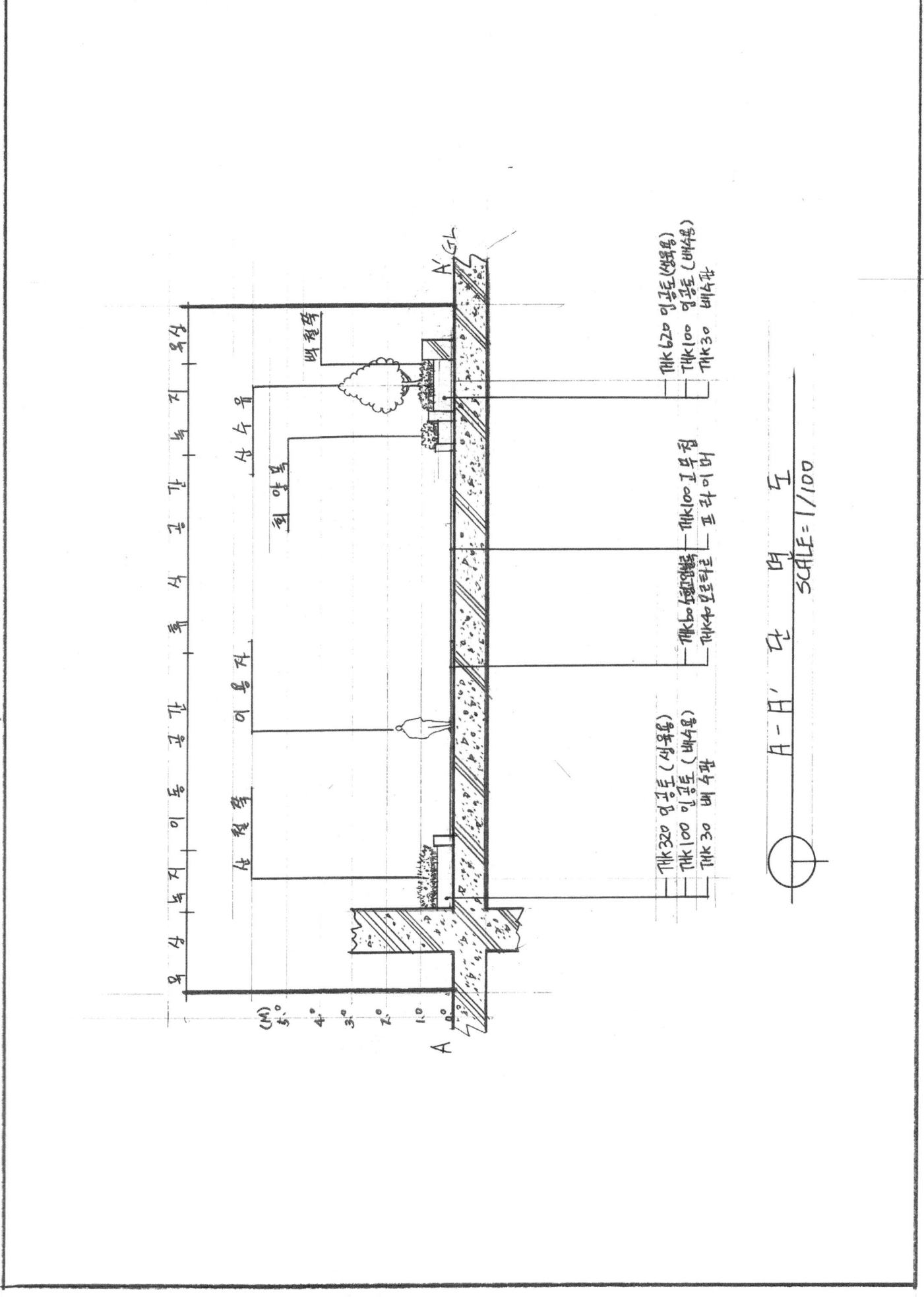

옥상 조경 설계

우리나라 중부지역에 위치한 옥상 공간에 대한 조경설계를 하고자 한다. 주어진 현황도 및 아래 사항을 참조하여 설계조건에 따라 조경계획도를 작성한다. (단, 2점 쇄선 안 부분이 조경설계 대상지로 한다.)

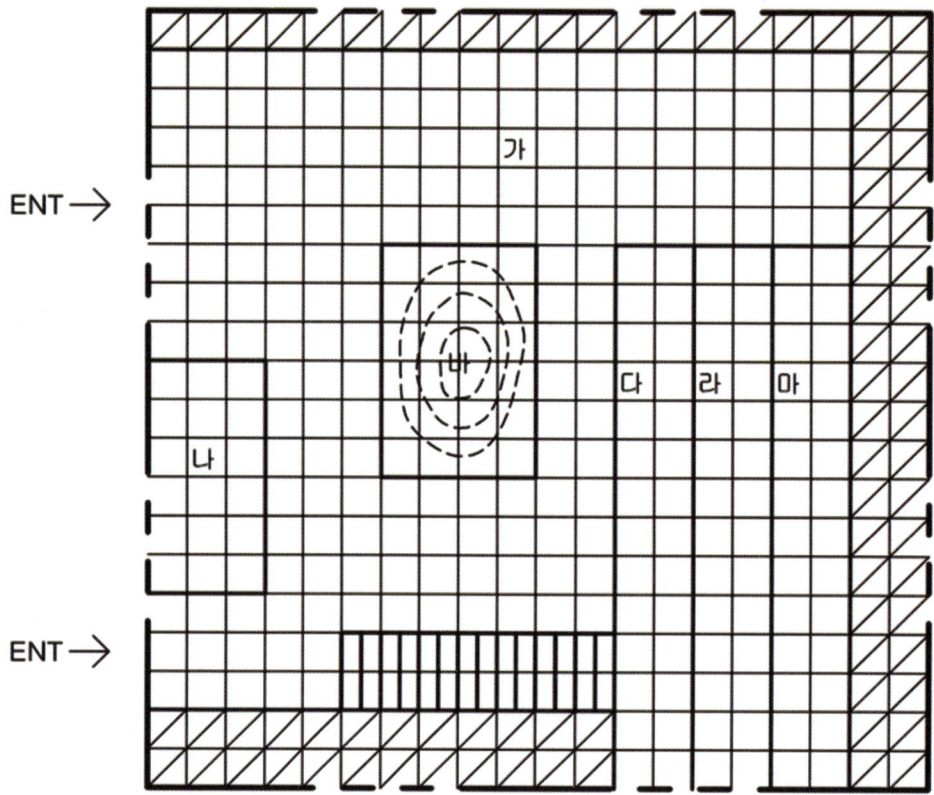

대상지 현황도
SCALE : 1/200

N↑

*참조 : 격자 한 눈금이 1M

☑ 요구사항

1. 식재평면도를 위주의 조경계획도를 축척 1/100로 작성하시오.(지급용지1)
2. 도면 오른쪽 위에 작업명칭을 "옥상정원 조경설계"로 작성하시오.
3. 도면 오른쪽에는 "중요시설물 수량표와 수목(식재)수량표"를 작성하고, 수량표 아래쪽에는 "방위표시와 막대축척"을 그려 넣는다.(단, 전체 대상지의 길이를 고려하여 범례표의 폭을 조정할 수 있다.)
4. 도면의 전체적인 안정감을 위하여 테두리선을 넣으시오.
5. 옥상정원 부지 내 제시된 단면 위치를 축척 1/100로 작성하시오.(지급용지2.)
6. 반드시 식재평면도는 성상, 수목명, 규격, 단위, 수량을 명기하여 작성하시오.

☑ 요구조건

1. 건축물 옥상에 휴식 및 경관을 향상시킬 수 있는 옥상정원으로 옥상정원의 특성을 고려하여 조경계획도를 작성하시오
2. 빗금 친 부분이 녹지로, 대상지의 북쪽은 주택과 접해 있고 남쪽에는 그늘 시렁이 위치해 있다.(그늘시렁 아래는 식재하지 않는다.)
3. 바닥포장은 "고무칩, 소형고압블럭, 콘크리트, 마사토 등" 적당한 재료를 선택하고 포장명을 반드시 기입하시오.
4. 플랜터의 높이를 조성계획 평면도에 표시하고 단면도 작성시 인공식재 지반은 다음의 조건을 기준으로 한다.

> - 배수판 : THK30, - 인공토(배수용) : THK100, - 멀칭 : 적용하지 않음
> - 인공토(육성용) : 도입수목의 성상에 따른 생존최소토심을 적용하고, 플랜터보다 5cm 낮게 계획.

5. '가' 지역은 퍼걸러(3,500 × 3,500) 1개소와 등벤치(1,200 × 400) 3개소를 설치하시오.
6. '나' 지역은 수공간으로 깊이는 60cm, 경계는 10cm 높게 설계하며, 바닥은 조약돌 포장으로 설계한다.
7. '다', '라', '마' 지역은 초화류 식재 지역으로 각 공간은 20cm의 단차가 발생하며, 초화류 3종을 심어 스카이라인에 지장이 없도록 계획하시오.
8. '바' 지역은 녹지공간으로 등고선 1개당 10cm의 높이차가 있으며, 주변 경관과 어울리도록 경관식재를 실시하시오.
9. 규격이 크지 않은 수목을 선정하고, 남부지방수종과 R15(B12) 규격의 수목은 식재하지 않고 제외한다.
10. 관목의 식재 기준은 ㎡당 9주 식재를 적용, 10주 단위로 군식하는 것을 원칙으로 한다.
11. 아래에 제시된 수종 중 10종을 선정하여 식재하고, 범례란에 수목수량표를 성상별로 분류한다.

> 소나무(H3.0×W1.5), 소나무(H2.5×W1.2), 스트로브잣나무(H2.0×W1.0), 왕벚나무(H4.5×B12), 느티나무(H3.5×R10), 청단풍(H2.5×R8), 다정큼나무(H1.0×W0.6), 중국단풍(H2.5×R5), 굴거리나무(H2.5×W0.6), 자귀나무(H2.0×R5), 태산목(H1.5×W0.5), 먼나무(H2.0×W5), 산딸나무(H2.0×R5), 산수유(H2.0×R5), 꽃사과(H2.0×R5), 수수꽃다리(H1.5×W0.6), 쥐똥나무(H1.0×W0.3), 명자나무(H0.6×W0.4), 산철쭉(H0.3×W0.4), 조릿대(H0.6×7가지), 옥잠화(2~3분얼), 비비추(2~3분얼), 원추리(2~3분얼), 맥문동(4치 포트), 털머위(4치 포트)

12. 단면도는 경사, 포장재료, 경계선, 주변의 수목, 주요시설물, 이용자 등을 단면도상에 반드시 표기하고 보조선을 그어 높이 차를 한눈에 볼 수 있도록 설계하시오.

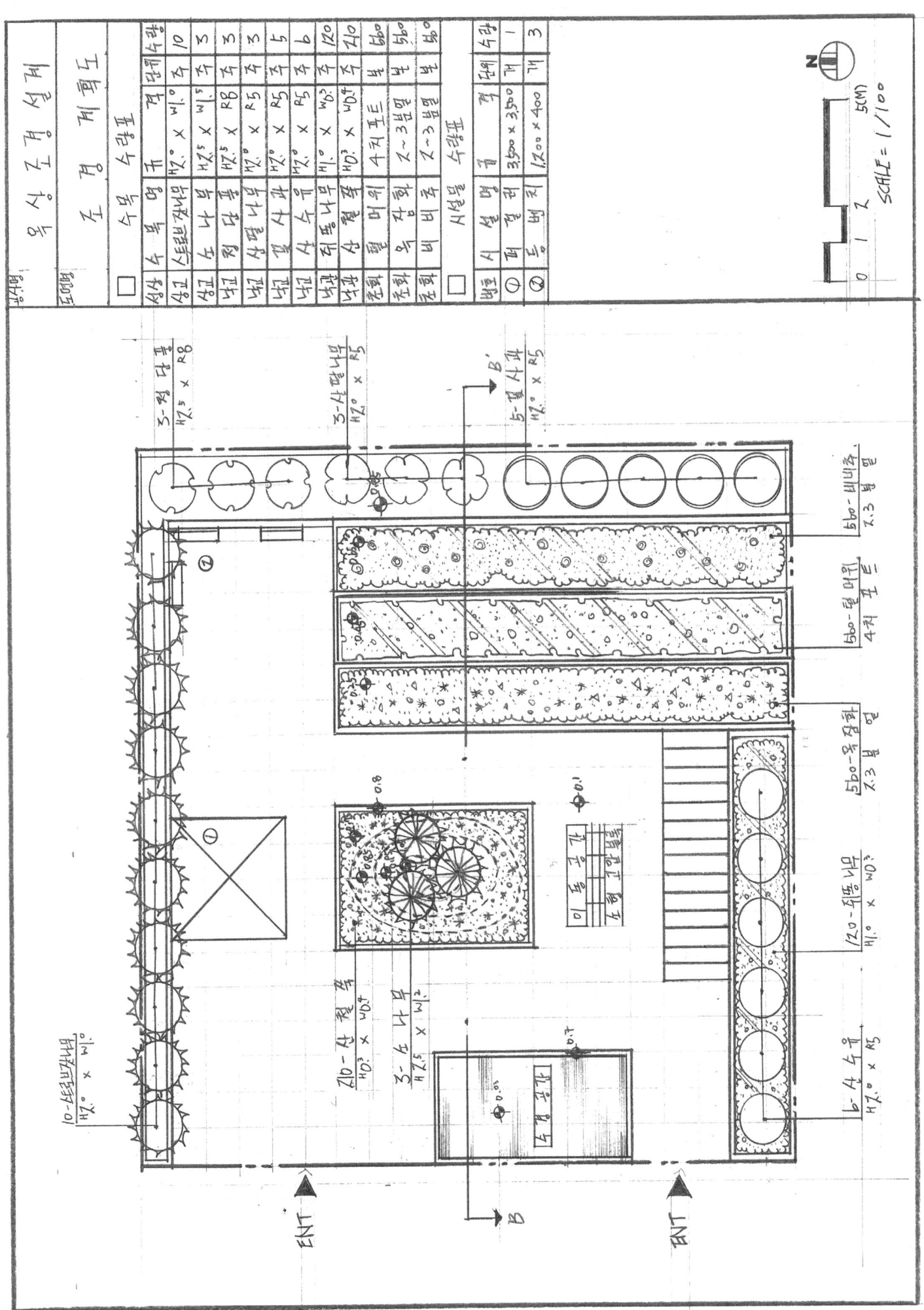

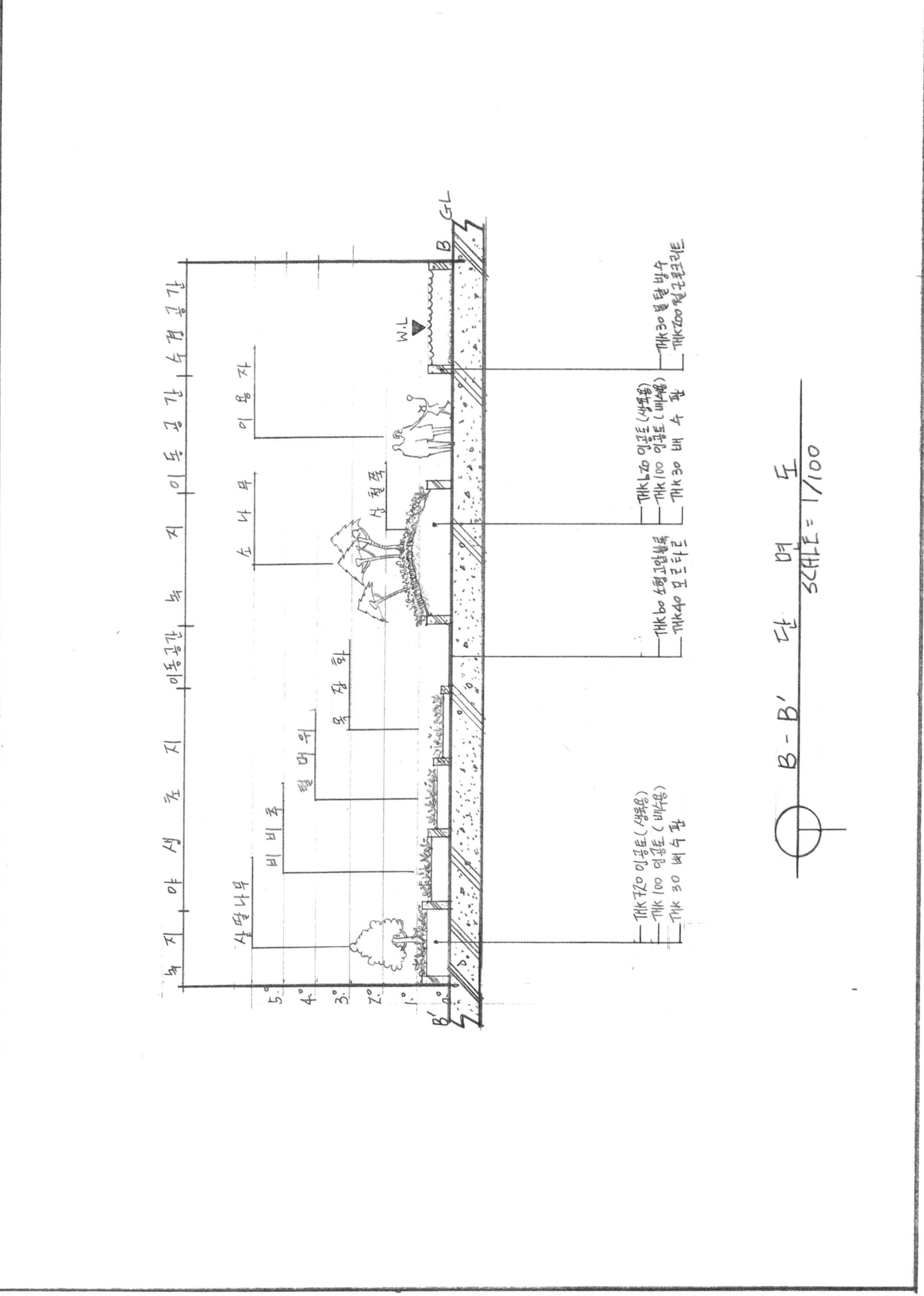

도로변 소공원 설계

우리나라 중부지역에 위치한 도로변의 빈 공간에 대한 조경설계를 하고자 한다. 주어진 현황도 및 아래 사항을 참조하여 설계조건에 따라 조경계획도를 작성한다. (단, 2점 쇄선 안 부분이 조경설계 대상지로 한다.)

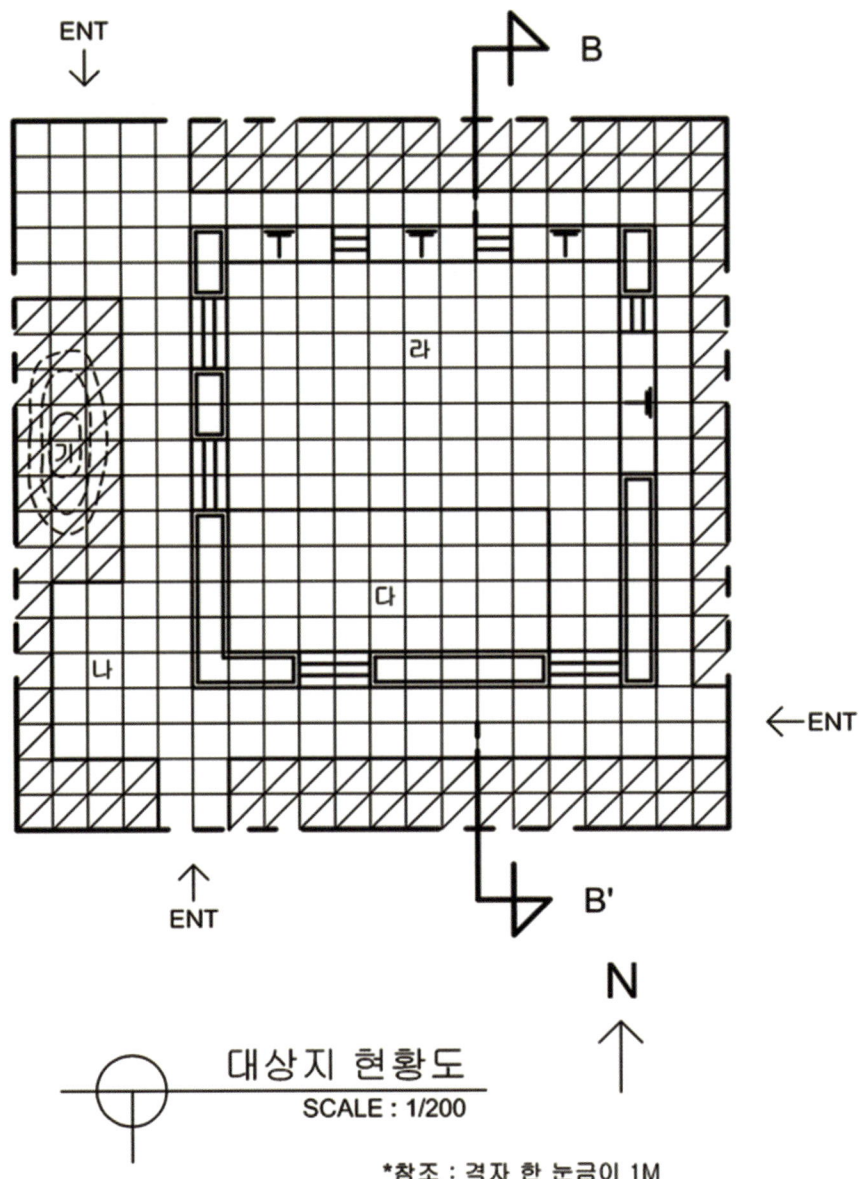

대상지 현황도
SCALE : 1/200

*참조 : 격자 한 눈금이 1M

요구사항

1. 식재평면도를 위주의 조경계획도를 축척 1/100로 작성하시오.(지급용지1)
2. 도면 오른쪽 위에 작업명칭을 작성하시오.
3. 도면 오른쪽에는 "중요시설물 수량표와 수목(식재)수량표"를 작성하고, 수량표 아래쪽에는 "방위표시와 막대축척"을 그려 넣는다.(단, 전체 대상지의 길이를 고려하여 범례표의 폭을 조정할 수 있다.)
4. 도면의 전체적인 안정감을 위하여 테두리선을 넣으시오.
5. 도로변 소공원 부지 내 제시된 단면 위치를 축척 1/100로 작성하시오.(지급용지2.)
6. 반드시 식재 수량표는 성상, 수목명, 규격, 단위 수량을 명기하여 작성하시오.

요구조건

1. 해당지역은 도로변의 자투리 공간을 이용하여 휴게 및 어린이 놀이를 주목적으로 하는 소공원으로 주어진 설계조건을 고려하여 조경계획도를 작성하시오
2. 포장지역을 제외한 곳은 모두 식재를 하시오.(빗금친 부분이 녹지이며, 공간 특성을 고려하여 식재를 실시하시오.)
3. 포장 지역은 "고무칩, 투수콘크리트, 소형고압블럭, 콘크리트, 점토벽돌, 모래 등" 각 공간의 특성에 적합한 포장재료를 구분하여 설치하고 도면에 포장기호와 포장명칭을 반드시 표기하시오.
4. '가' 지역은 경관식재 지역으로 마운딩 처리가 되어 있고 높이가 다른 소나무 3종을 식재하시오. 아울러 계절감을 느낄 수 있도록 다른 수목을 적절히 배식하시오.
5. '나' 지역은 이동공간으로 퍼걸러(3,000 × 1,500)를 설치하고 평벤치 2개를 배치하시오.
6. '다' 지역은 연못과 모래터를 설치하시오.

   - 대상지 내 어린이를 위한 모래터(2,000 × 2,000)를 설치하시오.
   - 원형의 연못을 설치하고, 연못의 깊이는 60cm가 되도록 조성하시오.
   - 이용하는 어린이들이 물을 마실 수 있는 음수대를 설치하시오.

7. '라' 지역은 대상지 내 어린이를 위한 놀이공간으로 계획하시오.

   - 중앙에 어린이가 놀 수 있도록 조합놀이시설을 설치하고 반드시 합당한 포장을 선택하시오.
   - 북쪽 경사면을 이용하여 각각 미끄럼대를 설계하시오.
   - 동쪽 경사면에는 그물망을 설치하시오.
   - 놀이 공간에 그늘을 제공하는 녹음수를 포장 내 식재하시오.

8. '나' 지역은 '다', 라' 지역과 1m의 높이 차를 가지며 필요에 따라 수목보호대를 설치해 포장 내 식재할 수 있다.
9. 적당한 위치에 차폐식재, 유도식재, 소나무 군식 등을 실시하고 주변 공간은 계절감 있는 식재 등 대상지 내 공간 성격에 부합되도록 배식하시오.(녹지의 등고선 1개의 높이는 30cm로 계획에 반영하시오.)
10. 수목은 아래 주어진 수종 중에서 종류가 다른 10가지를 선정하여 공간에 부합되는 식재를 계획하며, 인출선을 이용하여 수량, 수종명칭, 규격을 반드시 표기하시오.

개나리(H1.2 × 5가지)	계수나무(H2.5 × R6)	구상나무(H1.5 × W0.6)
굴거리나무(H2.5 × W1.0)	금목서(H2.0 × R6)	꽃사과(H2.5 × R5)
꽝꽝나무(H0.3 × W0.4)	낙상홍(H1.0 × W0.4)	낙우송(H4.0 × B12)
느티나무(H3.0 × R6)	느티나무(H4.5 × R20)	다정큼나무(H1.0 × W0.6)
대왕참나무(H4.5 × R20)	덜꿩나무(H1.0 × W0.4)	돈나무(H1.5 × W1.0)
동백나무(H2.5 × R8)	마가목(H3.0 × R12)	매화나무(H2.0 × R4)
먼나무(H2.0 × R5)	메타세쿼이아(H4.0 × B8)	명자나무(H0.6 × W0.4)
모과나무(H3.0 × R8)	목련(H2.5 × R6)	무궁화(H1.0 × W0.2)
박태기나무(H1.0 × W0.4)	배롱나무(H2.5 × R6)	백철쭉(H0.3 × W0.3)
백합나무(H4.0 × R10)	버즘나무(H3.5 × B8)	병꽃나무(H1.0 × W0.6)
사철나무(H1.0 × W0.3)	산딸나무(H2.5 × R6)	산수국(H0.3 × W0.4)
산수유(H2.5 × R8)	산철쭉(H0.3 × W0.3)	서양측백(H1.2 × W0.4)
소나무(H3.0 × W1.5 × R10)	소나무(H4.0 × W2.0 × R15)	소나무(H5.0 × W2.5 × R20)
소나무(둥근형)(H1.2 × W1.5)	수수꽃다리(H2.0 × W0.8)	스트로브잣나무(H2.0 × W1.0)
아왜나무(H1.5 × W0.8)	영산홍(H0.3 × W0.3)	왕벚나무(H4.5 × B10)
은행나무(H4.0 × B10)	이팝나무(H3.5 × R12)	자귀나무(H3.5 × R12)
자산홍(H0.3 × W0.3)	자작나무(H2.5 × B5)	조릿대(H0.6 × W0.3)
좀작살나무(H1.2 × W0.4)	주목(둥근형)(H0.3 × W0.3)	주목(선형)(H2.0 × W1.0)
중국단풍(H2.5 × R6)	쥐똥나무(H1.0 × W0.3)	청단풍(H2.5 × R8)
층층나무(H3.5 × R8)	칠엽수(H3.5 × R12)	태산목(H1.5 × W0.5)
홍단풍(H3.0 × R10)	화살나무(H0.6 × W0.3)	회양목(H0.3 × W0.3)
갈대(8cm)	감국(8cm)	구절초(8cm)
금계국(10cm)	노랑꽃창포(8cm)	둥굴레(10cm)
맥문동(8cm)	벌개미취(8cm)	부들(8cm)
부처꽃(8cm)	붓꽃(10cm)	비비추(2~3분얼)
수호초(10cm)	애기나리(10cm)	옥잠화(2~3분얼)
원추리(2~3분얼)	잔디(0.3 × 0.3 × 0.03)	제비꽃(8cm)
털부처꽃(8cm)	패랭이꽃(8cm)	해국(8cm)

11. 단면도는 경사, 포장재료, 경계선, 주변의 수목, 주요시설물, 이용자 등을 단면도상에 반드시 표기하고 높이 차를 한눈에 볼 수 있도록 설계하시오.

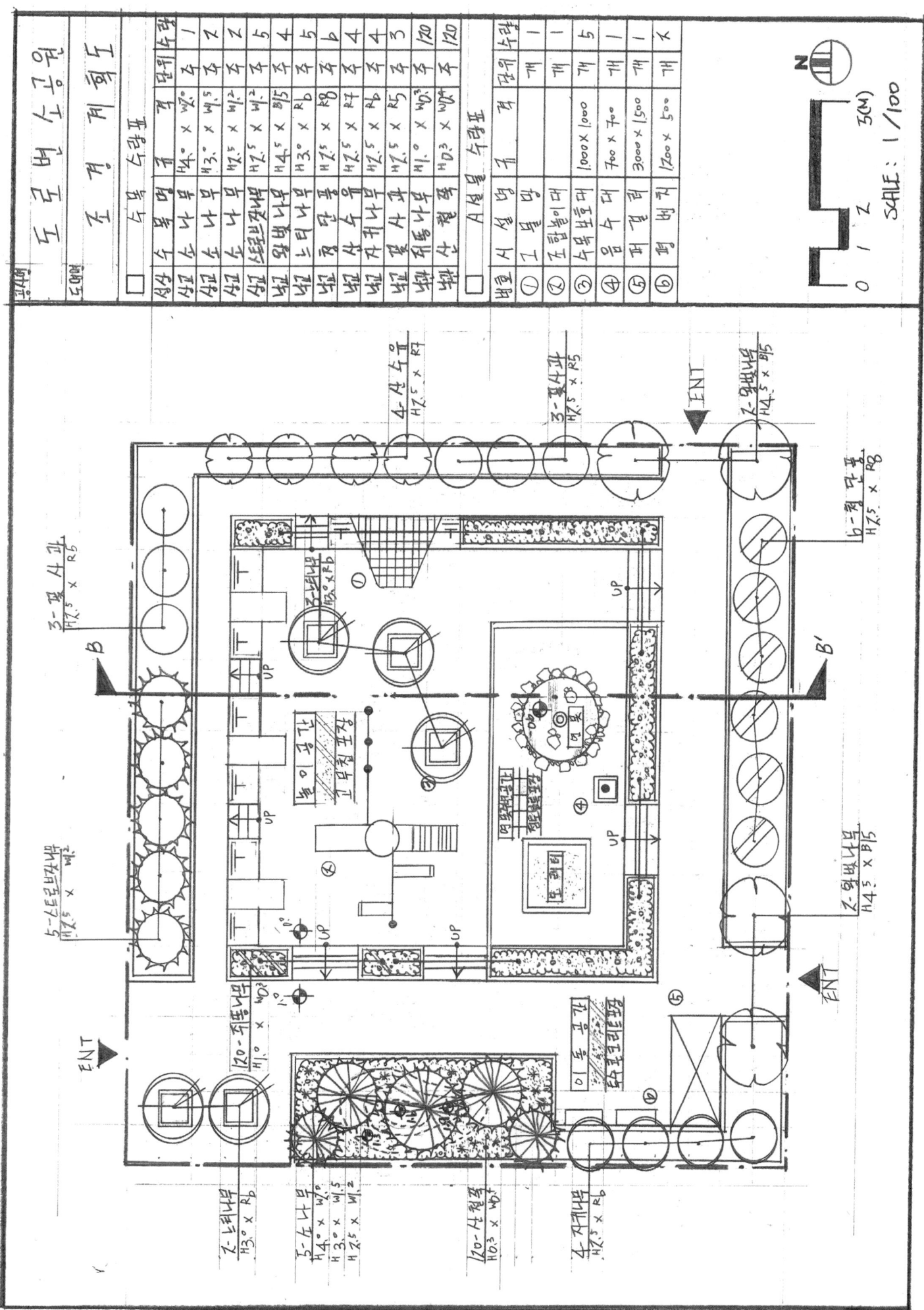

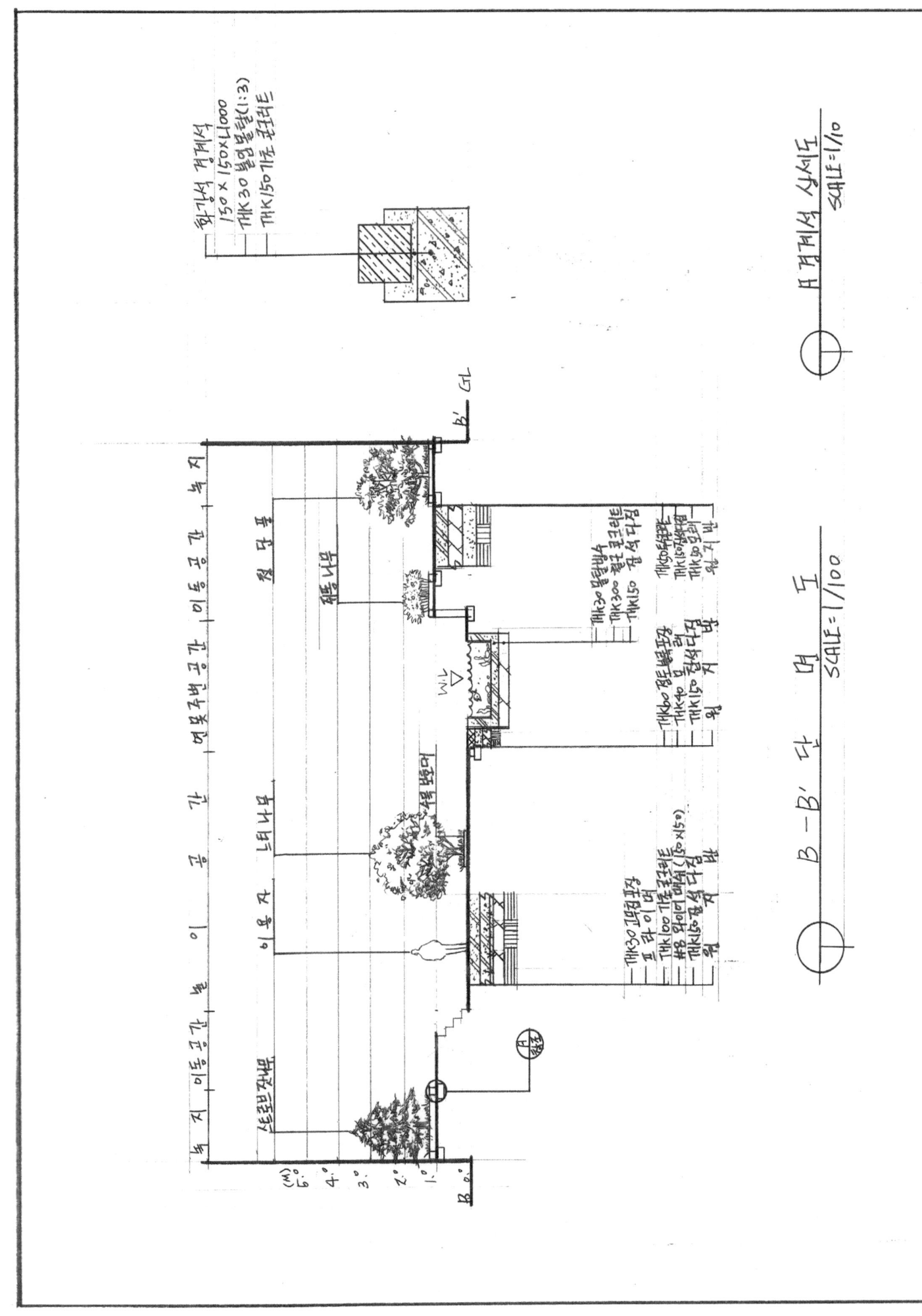

도로변 소공원 설계

우리나라 중부지역에 위치한 도로변의 빈 공간에 대한 조경설계를 하고자 한다. 주어진 현황도 및 아래 사항을 참조하여 설계조건에 따라 조경계획도를 작성한다. (단, 2점 쇄선 안 부분이 조경설계 대상지로 한다.)

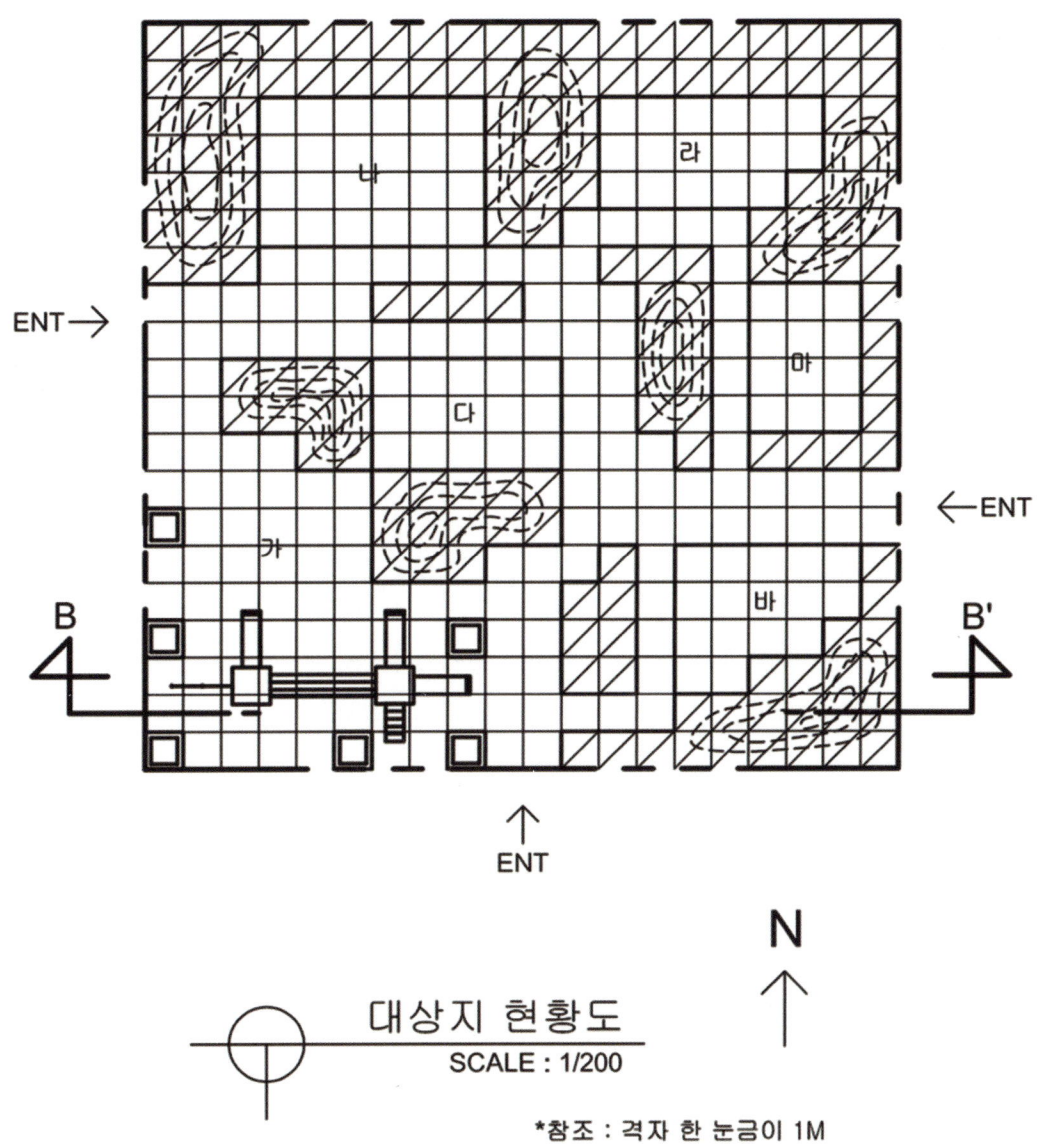

대상지 현황도
SCALE : 1/200

N

*참조 : 격자 한 눈금이 1M

✅ 요구사항

1. 식재평면도를 위주의 조경계획도를 축척 1/100로 작성하시오.(지급용지1)
2. 도면 오른쪽 위에 작업명칭을 작성하시오.
3. 도면 오른쪽에는 "중요시설물 수량표와 수목(식재)수량표"를 작성하고, 수량표 아래쪽에는 "방위표시와 막대축척"을 그려 넣는다.(단, 전체 대상지의 길이를 고려하여 범례표의 폭을 조정할 수 있다.)
4. 도면의 전체적인 안정감을 위하여 테두리선을 넣으시오.
5. 도로변 소공원 부지 내 제시된 단면 위치를 축척 1/100로 작성하시오.(지급용지2.)
6. 반드시 식재 수량표는 성상, 수목명, 규격, 단위 수량을 명기하여 작성하시오.

✅ 요구조건

1. 해당지역은 도로변의 자투리 공간을 이용하여 휴게 및 어린이 놀이를 주목적으로 하는 소공원으로 주어진 설계조건을 고려하여 조경계획도를 작성하시오
2. 포장지역을 제외한 곳은 모두 식재를 하시오.(빗금친 부분이 녹지이며, 수목보호대(1m×1m) 지점에도 공간 특성을 고려하여 식재를 실시하시오.)
3. 포장 지역은 "점토벽돌, 데크, 화강석블럭, 고무블럭, 고무칩 등" 각 공간의 특성에 적합한 포장재료를 구분하여 설치하고 도면에 포장기호와 포장명칭을 반드시 표기하시오.
4. '가' 지역은 대상지 내 어린이를 위한 종합놀이공간으로 계획하시오.

   - 대상지는 어린이가 놀수 있도록 조합놀이시설을 설치하고 반드시 합당한 포장을 선택하시오.
   - 조합놀이시설(H=2,500)로 미끄럼대 3면과 철봉 3연식을 설계하시오.
   - 대상지 주변에 수목보호대 6개에는 적합한 수목을 선정하여 설치하시오.

5. 조합놀이대('가' 지역) 주변에 녹지는 잔디를 활용한 마운딩 처리로 계획하시오
6. '나' 지역은 휴게공간으로 계획하고 그 안에 파고라(3,500mm × 3,500mm) 1개소와 평의자, 등의자, 앉음벽 등 휴게시설 1종을 배치하시오.
7. '다, 라, 마, 바' 지역은 대상지 내 어린이를 위한 숨은 놀이공간으로 계획하시오.

   - 대상지는 어린이 놀이 시설물을 임의로 선택할 수 있으며 반드시 합당한 포장을 선택하시오.
   - 정글짐, 그네, 동물형 흔들의자, 짐검놀이시설, 시이소, 회전무대 등(기타 수험자 임의설치 가능)
   - 공간과 공간 사이의 녹지는 신비로움을 느낄 수 있도록 식재하고 동선으로 순환할 수 있게 설계

8. 적당한 위치에 차폐식재, 진입구 주변 녹지대에는 소나무 군식, 휴식공간 주변은 녹음수 식재, 놀이 공간 주변에는 계절감 있는 식재 등 대상지 내 공간 성격에 부합되도록 배식하시오.(녹지의 등고선 1개의 높이는 25cm 정도로 계획에 반영하시오)
9. 수목은 아래 주어진 수종 중에서 종류가 다른 12가지를 선정하여 공간에 부합되는 식재를 계획하며, 인출선을 이용하여 수량, 수종명칭, 규격을 반드시 표기하시오.

개나리(H1.2 × 5가지)	계수나무(H2.5 × R6)	구상나무(H1.5 × W0.6)
굴거리나무(H2.5 × W1.0)	금목서(H2.0 × R6)	꽃사과(H2.5 × R5)
꽝꽝나무(H0.3 × W0.4)	낙상홍(H1.0 × W0.4)	낙우송(H4.0 × B12)
느티나무(H3.0 × R6)	느티나무(H4.5 × R20)	다정큼나무(H1.0 × W0.6)
대왕참나무(H4.5 × R20)	덜꿩나무(H1.0 × W0.4)	돈나무(H1.5 × W1.0)
동백나무(H2.5 × R8)	마가목(H3.0 × R12)	매화나무(H2.0 × R4)
먼나무(H2.0 × R5)	메타세쿼이아(H4.0 × B8)	명자나무(H0.6 × W0.4)
모과나무(H3.0 × R8)	목련(H2.5 × R6)	무궁화(H1.0 × W0.2)
박태기나무(H1.0 × W0.4)	배롱나무(H2.5 × R6)	백철쭉(H0.3 × W0.3)
백합나무(H4.0 × R10)	버즘나무(H3.5 × B8)	병꽃나무(H1.0 × W0.6)
사철나무(H1.0 × W0.3)	산딸나무(H2.5 × R6)	산수국(H0.3 × W0.4)
산수유(H2.5 × R8)	산철쭉(H0.3 × W0.3)	서양측백(H1.2 × W0.4)
소나무(H3.0 × W1.5 × R10)	소나무(H4.0 × W2.0 × R15)	소나무(H5.0 × W2.5 × R20)
소나무(둥근형)(H1.2 × W1.5)	수수꽃다리(H2.0 × W0.8)	스트로브잣나무(H2.0 × W1.0)
아왜나무(H1.5 × W0.8)	영산홍(H0.3 × W0.3)	왕벚나무(H4.5 × B10)
은행나무(H4.0 × B10)	이팝나무(H3.5 × R12)	자귀나무(H3.5 × R12)
자산홍(H0.3 × W0.3)	자작나무(H2.5 × B5)	조릿대(H0.6 × W0.3)
좀작살나무(H1.2 × W0.4)	주목(둥근형)(H0.3 × W0.3)	주목(선형)(H2.0 × W1.0)
중국단풍(H2.5 × R6)	쥐똥나무(H1.0 × W0.3)	청단풍(H2.5 × R8)
층층나무(H3.5 × R8)	칠엽수(H3.5 × R12)	태산목(H1.5 × W0.5)
홍단풍(H3.0 × R10)	화살나무(H0.6 × W0.3)	회양목(H0.3 × W0.3)
갈대(8cm)	감국(8cm)	구절초(8cm)
금계국(10cm)	노랑꽃창포(8cm)	둥굴레(10cm)
맥문동(8cm)	벌개미취(8cm)	부들(8cm)
부처꽃(8cm)	붓꽃(10cm)	비비추(2~3분얼)
수호초(10cm)	애기나리(10cm)	옥잠화(2~3분얼)
원추리(2~3분얼)	잔디(0.3 × 0.3 × 0.03)	제비꽃(8cm)
털부처꽃(8cm)	패랭이꽃(8cm)	해국(8cm)

10. 단면도는 경사, 포장재료, 경계선, 주변의 수목, 주요시설물, 이용자 등을 단면도상에 반드시 표기하고 높이 차를 한눈에 볼 수 있도록 설계하시오.

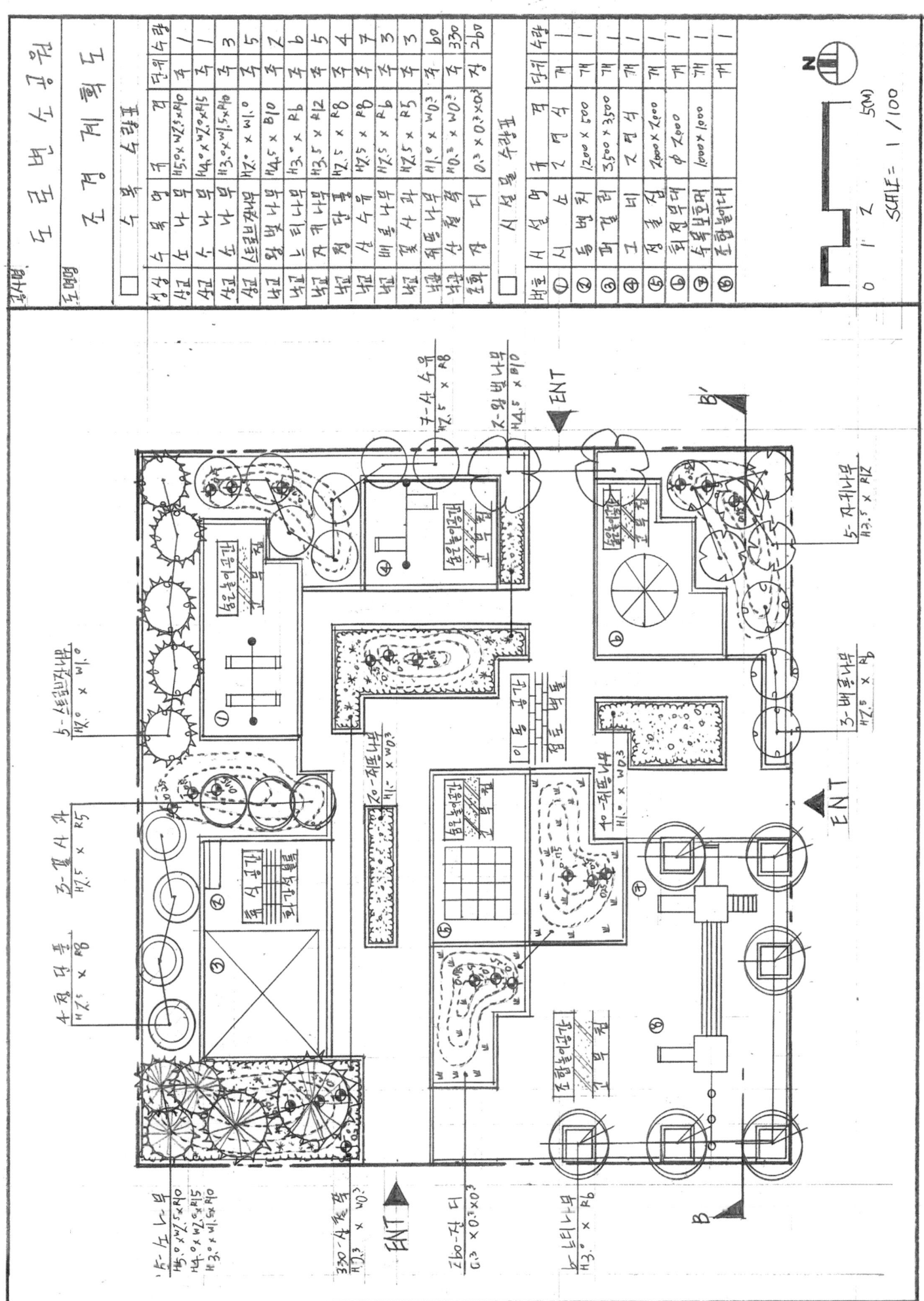

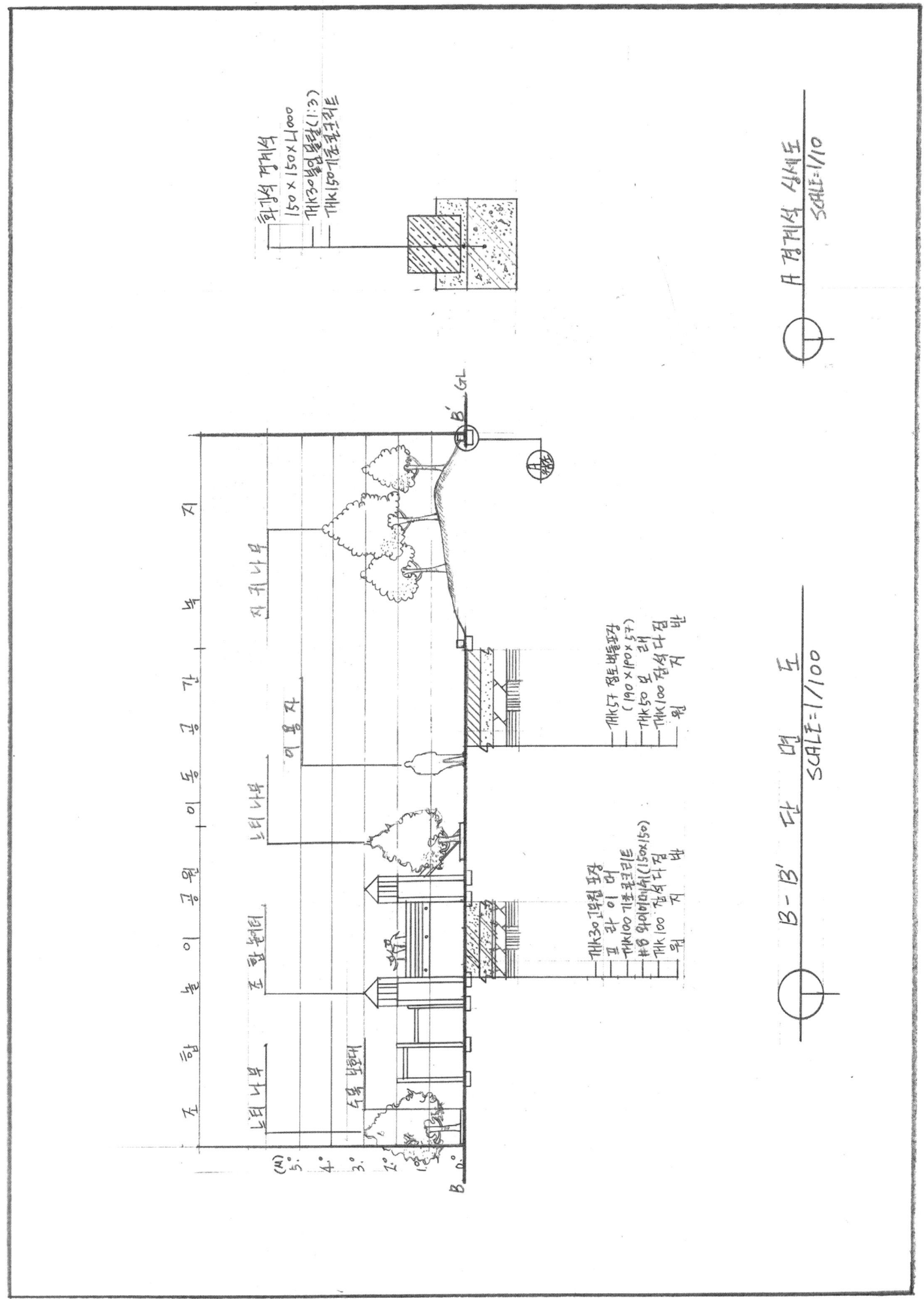

도로변 소공원 설계

우리나라 중부지역에 위치한 도로변의 빈 공간에 대한 조경설계를 하고자 한다. 주어진 현황도 및 아래 사항을 참조하여 설계조건에 따라 조경계획도를 작성한다. (단, 2점 쇄선 안 부분이 조경설계 대상지로 한다.)

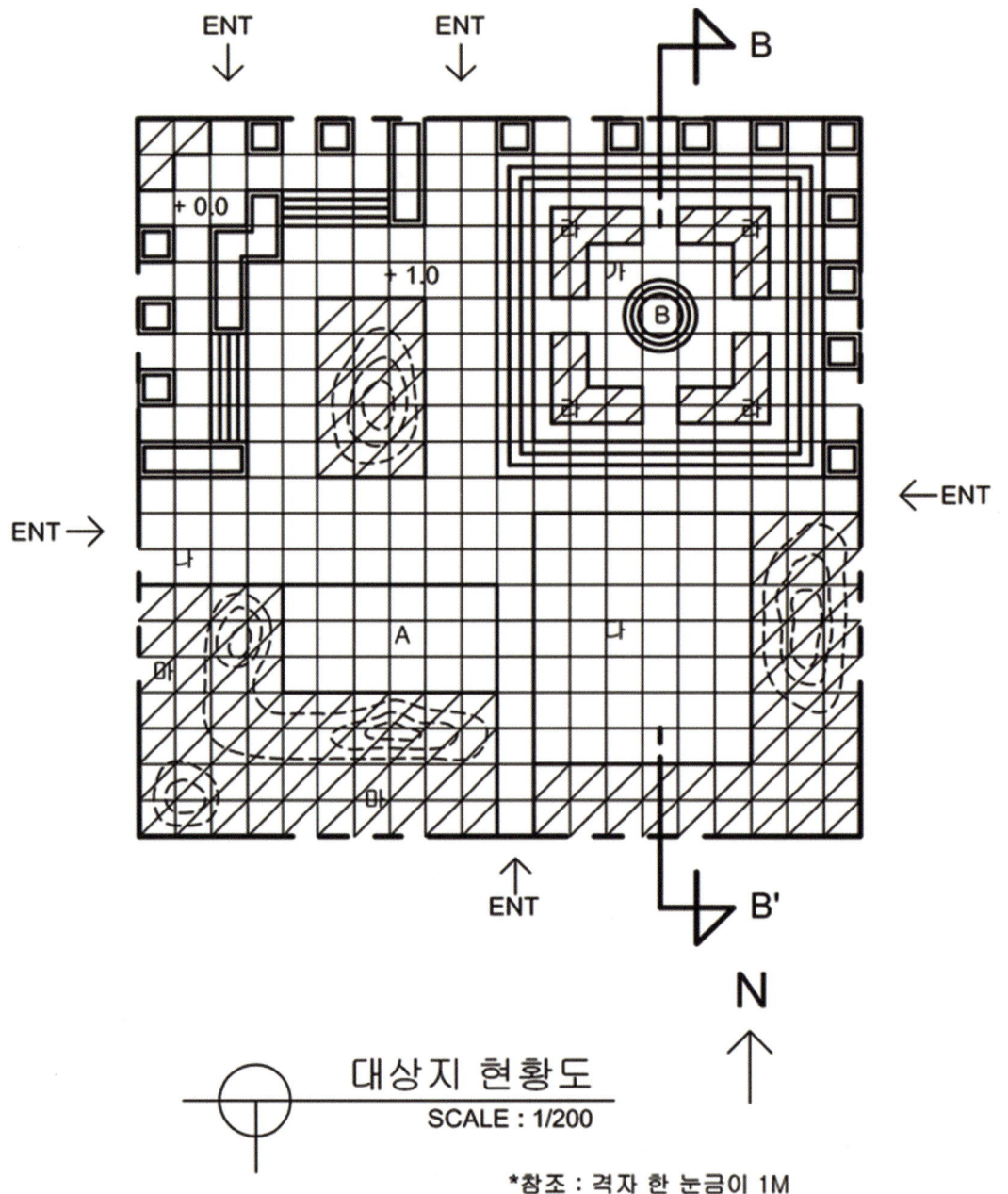

대상지 현황도
SCALE : 1/200

*참조 : 격자 한 눈금이 1M

☑ 요구사항

1. 식재평면도를 위주의 조경계획도를 축척 1/100로 작성하시오.(지급용지1)
2. 도면 오른쪽 위에 작업명칭을 작성하시오.
3. 도면 오른쪽에는 "중요시설물 수량표와 수목(식재)수량표"를 작성하고, 수량표 아래쪽에는 "방위표시와 막대축척"을 그려 넣는다.(단, 전체 대상지의 길이를 고려하여 범례표의 폭을 조정할 수 있다.)
4. 도면의 전체적인 안정감을 위하여 테두리선을 넣으시오.
5. 도로변 소공원 부지 내 제시된 단면 위치를 축척 1/100로 작성하시오.(지급용지2.)

☑ 요구조건

1. 포장지역과 데크공간을 제외한 곳은 모두 식재를 하시오.(단, 빗금친 부분이 녹지이며, 치유를 위한 공간 주변에는 꽃이 피는 수목과 허브류, 향기나는 식물을 식재하시오)
2. 포장 지역은 "점토벽돌, 데크, 화강석블럭, 마사토포장, 고무칩 등" 각 공간의 특성에 적합한 포장재료를 구분하여 설치하고 도면에 포장기호와 포장명칭을 반드시 표기하시오.
3. "가" 지역은 주 진입공간으로 중심에 분수(B)를 깊이 40cm가 되도록 설계하고 주변은 포장을 하여 진입마당이 되도록 하시오.
4. "다" 지역은 운동공간으로 체력단련시설 3개를 배치하고, 등의자 2개소를 설치하시오.
5. "A" 지역에는 파고라(3.0m×3.0m) 1개소와 그늘을 제공하는 녹음수를 식재하시오.
6. "마" 지역은 녹지공간으로 오솔길 형태의 산책로(W=1.0m 이내)를 "나" 지역에서 시작하여 동~서쪽에서 "A" 지역 우측까지 녹지에 연결하여 설계하고 주변에는 수목을 식재하시오.
7. "라" 지역은 주변 지역보다 1m 낮게 설치하고 치유정원 성격에 맞는 휴식과 담소를 나눌 정적인 공간으로 휴게시설(등의자, 앉음벽 등)을 배치하시오.
8. 공원 전체 지역의 야간이용을 고려하여 조명등(H=2.5m) 5개 이상을 설치하시오.
9. 소공원과 주변 주택가와의 관계를 고려하여 외곽 녹지대에는 상록수와 낙엽수를 혼식하여 완충식재를 계획하고 휴식공간 주변에는 녹음수를 식재하시오
10. 유도식재, 녹음식재, 경관식재, 소나무 군식 등 식재패턴을 적합한 곳에 배치하시오
11. 녹지공간의 ① 등고선 : 1개의 높이는 30cm로, 다층식재, ② 수목보호대 14곳에 적합한 수종을 선택, ③ 관목은 ㎡당 10주 식재를 적용, 10주 단위로 군식하는 것을 원칙으로 한다.
12. 식재 수량표는 성상, 수목명, 규격, 단위 수량을 명기하여 작성하시오.
13. 수목은 아래 주어진 수종 중에서 종류가 다른 12가지를 선택 식재하되 치유의 정원에는 공간 특성에 적합한 식물을 7종 이상 식재하시오.(교목 30주 이상, 관목 400주 이상) 인출선을 이용하여 수량, 수종명칭, 규격을 반드시 표기하시오.

개나리(H1.2 × 5가지)	계수나무(H2.5 × R6)	구상나무(H1.5 × W0.6)
굴거리나무(H2.5 × W1.0)	금목서(H2.0 × R6)	꽃사과(H2.5 × R5)
꽝꽝나무(H0.3 × W0.4)	낙상홍(H1.0 × W0.4)	낙우송(H4.0 × B12)
느티나무(H3.0 × R6)	느티나무(H4.5 × R20)	다정큼나무(H1.0 × W0.6)
대왕참나무(H4.5 × R20)	덜꿩나무(H1.0 × W0.4)	돈나무(H1.5 × W1.0)
동백나무(H2.5 × R8)	마가목(H3.0 × R12)	매화나무(H2.0 × R4)
먼나무(H2.0 × R5)	메타세쿼이아(H4.0 × B8)	명자나무(H0.6 × W0.4)
모과나무(H3.0 × R8)	목련(H2.5 × R6)	무궁화(H1.0 × W0.2)
박태기나무(H1.0 × W0.4)	배롱나무(H2.5 × R6)	백철쭉(H0.3 × W0.3)
백합나무(H4.0 × R10)	버즘나무(H3.5 × B8)	병꽃나무(H1.0 × W0.6)
사철나무(H1.0 × W0.3)	산딸나무(H2.5 × R6)	산수국(H0.3 × W0.4)
산수유(H2.5 × R8)	산철쭉(H0.3 × W0.3)	서양측백(H1.2 × W0.4)
소나무(H3.0 × W1.5 × R10)	소나무(H4.0 × W2.0 × R15)	소나무(H5.0 × W2.5 × R20)
소나무(둥근형)(H1.2 × W1.5)	수수꽃다리(H2.0 × W0.8)	스트로브잣나무(H2.0 × W1.0)
아왜나무(H1.5 × W0.8)	영산홍(H0.3 × W0.3)	왕벚나무(H4.5 × B10)
은행나무(H4.0 × B10)	이팝나무(H3.5 × R12)	자귀나무(H3.5 × R12)
자산홍(H0.3 × W0.3)	자작나무(H2.5 × B5)	조릿대(H0.6 × W0.3)
좀작살나무(H1.2 × W0.4)	주목(둥근형)(H0.3 × W0.3)	주목(선형)(H2.0 × W1.0)
중국단풍(H2.5 × R6)	쥐똥나무(H1.0 × W0.3)	청단풍(H2.5 × R8)
층층나무(H3.5 × R8)	칠엽수(H3.5 × R12)	태산목(H1.5 × W0.5)
홍단풍(H3.0 × R10)	화살나무(H0.6 × W0.3)	회양목(H0.3 × W0.3)
갈대(8cm)	감국(8cm)	구절초(8cm)
금계국(10cm)	노랑꽃창포(8cm)	둥굴레(10cm)
맥문동(8cm)	벌개미취(8cm)	부들(8cm)
부처꽃(8cm)	붓꽃(10cm)	비비추(2~3분얼)
수호초(10cm)	애기나리(10cm)	옥잠화(2~3분얼)
원추리(2~3분얼)	잔디(0.3 × 0.3 × 0.03)	제비꽃(8cm)
털부처꽃(8cm)	패랭이꽃(8cm)	해국(8cm)

14. 단면도는 경사, 포장재료, 경계선, 주변의 수목, 주요시설물, 이용자 등을 단면도상에 반드시 표기하고 보조선을 그어 높이 차를 한눈에 볼 수 있도록 설계하시오.

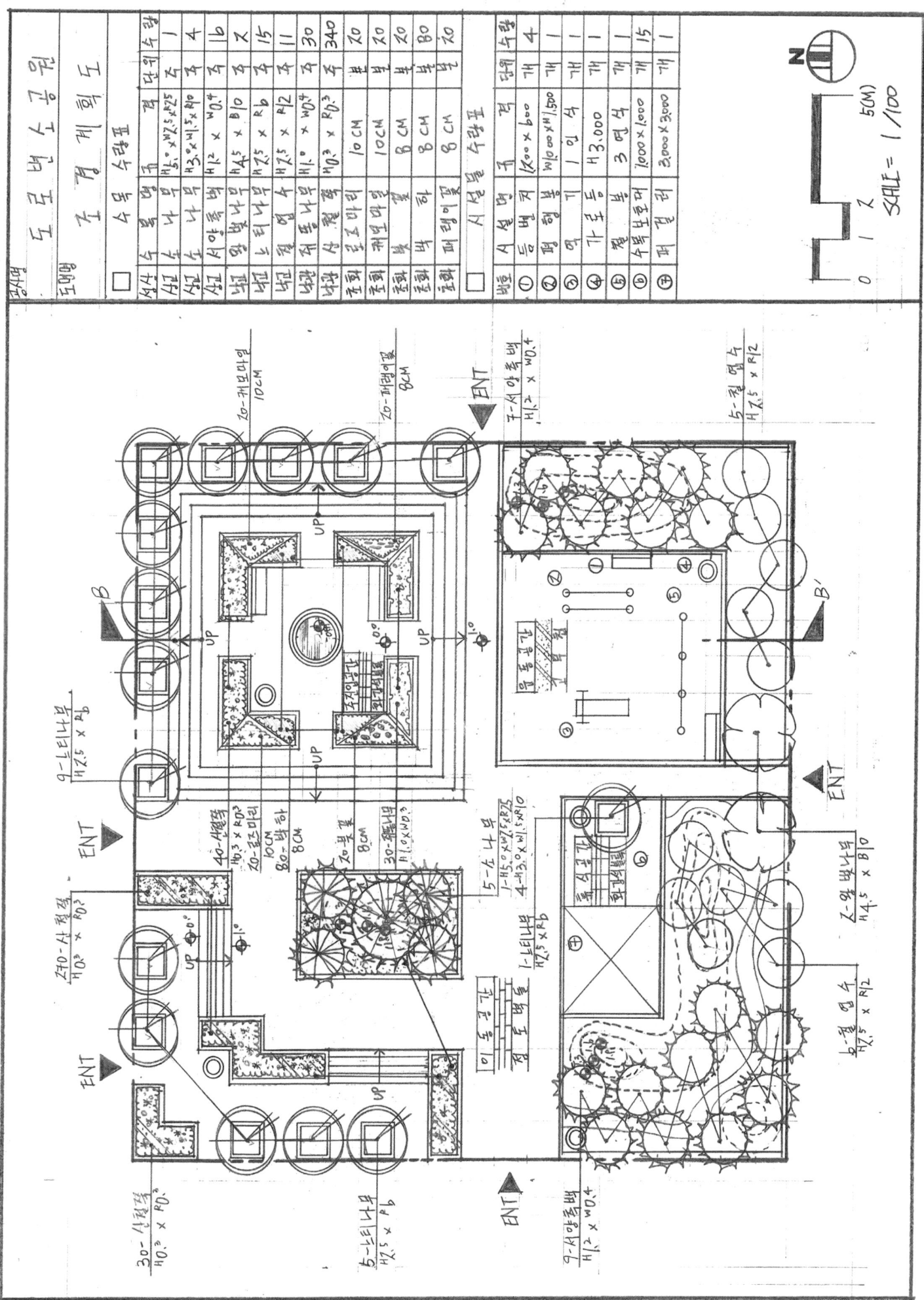

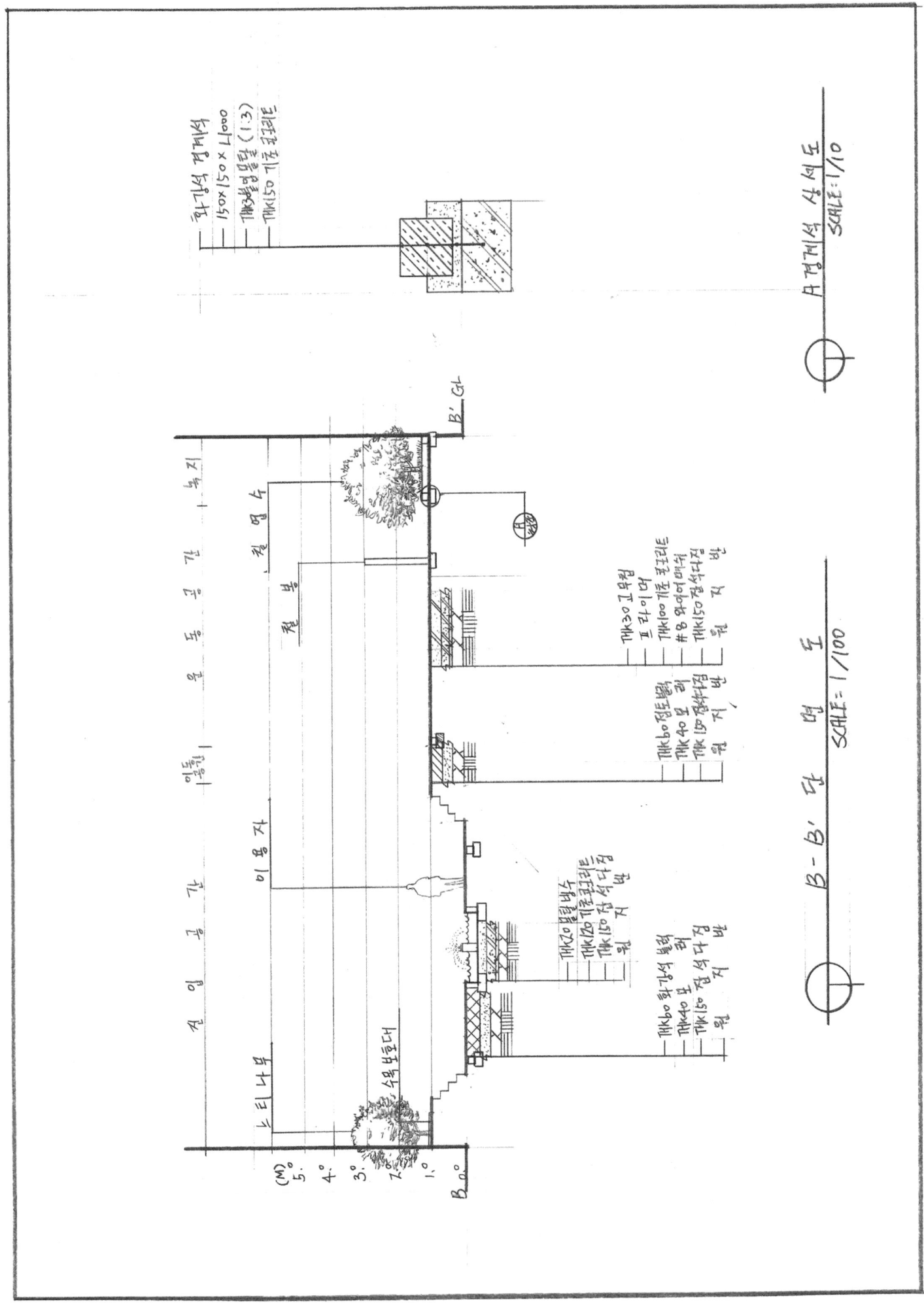

도로변 소공원 설계

우리나라 중부지역에 위치한 도로변의 빈 공간에 대한 조경설계를 하고자 한다. 주어진 현황도 및 아래 사항을 참조하여 설계조건에 따라 조경계획도를 작성한다. (단, 2점 쇄선 안 부분이 조경설계 대상지로 한다.)

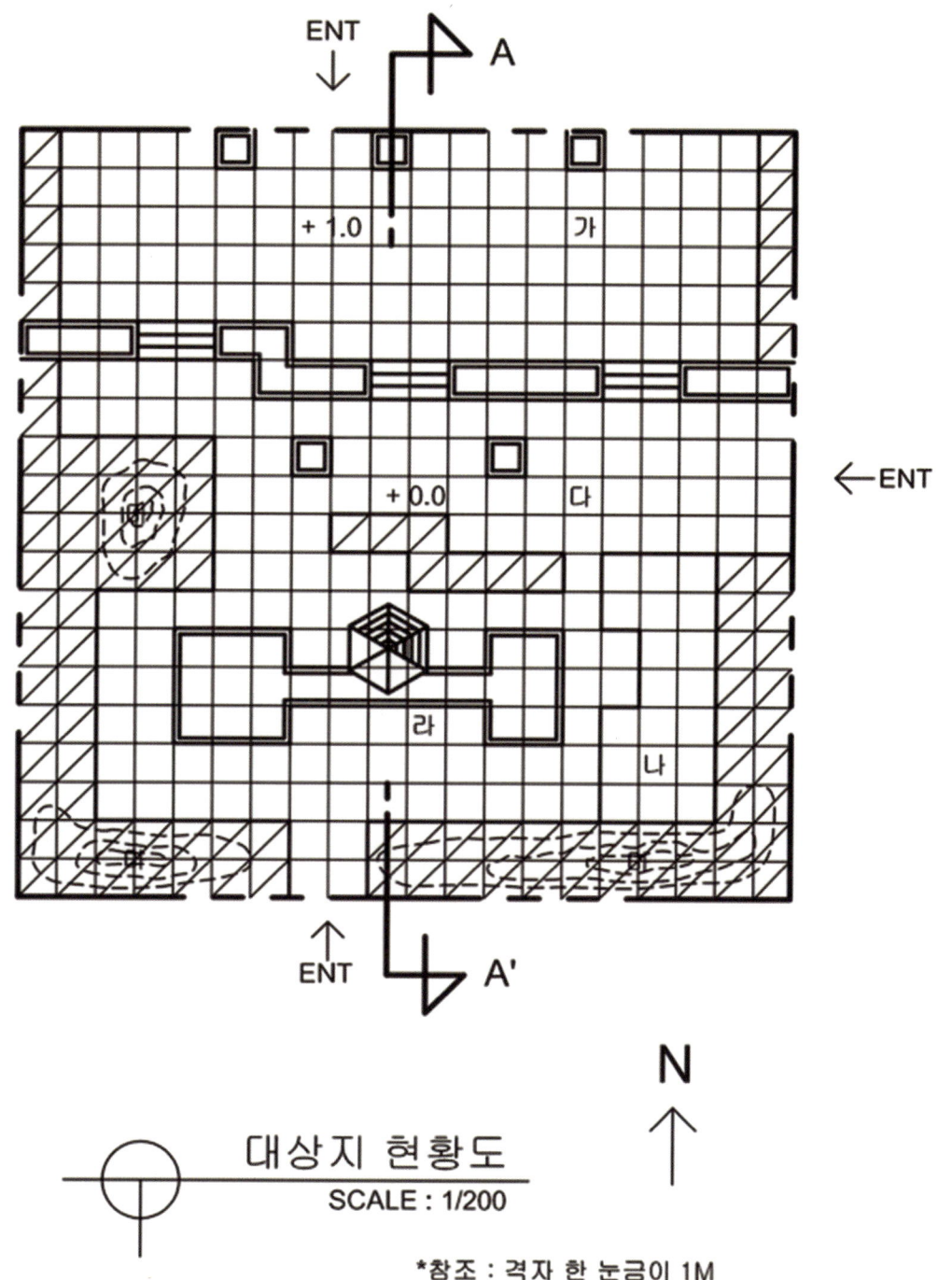

대상지 현황도
SCALE : 1/200

*참조 : 격자 한 눈금이 1M

✅ 요구사항

1. 식재평면도를 위주의 조경계획도를 축척 1/100로 작성하시오.(지급용지1)
2. 도면 오른쪽 위에 작업명칭을 작성하시오.
3. 도면 오른쪽에는 "중요시설물 수량표와 수목(식재)수량표"를 작성하고, 수량표 아래쪽에는 "방위표시와 막대축척"을 그려 넣는다.(단, 전체 대상지의 길이를 고려하여 범례표의 폭을 조정할 수 있다.)
4. 도면의 전체적인 안정감을 위하여 테두리선을 넣으시오.
5. 도로변 소공원 부지 내 제시된 단면 위치를 축척 1/100로 작성하시오.(지급용지2.)
6. 반드시 식재 수량표는 성상, 수목명, 규격, 단위 수량을 명기하여 작성하시오.

✅ 요구조건

1. 해당지역은 도로변의 자투리 공간을 이용하여 휴게 및 어린이 놀이를 주목적으로 하는 소공원으로 주어진 설계조건을 고려하여 조경계획도를 작성하시오
2. 포장지역을 제외한 곳은 모두 식재를 하시오.(빗금친 부분이 녹지이며, 수목보호대(1m×1m) 지점에도 공간 특성을 고려하여 식재를 실시하시오.)
3. 포장 지역은 "점토벽돌, 소형고압블럭, 화강석블럭, 고무블럭, 고무칩 등" 각 공간의 특성에 적합한 포장재료를 구분하여 설치하고 도면에 포장기호와 포장명칭을 반드시 표기하시오.
4. '가' 지역은 대상지 내 어린이를 위한 놀이공간으로 계획하시오.

   - 대상지는 어린이가 놀수 있도록 반드시 합당한 포장을 선택하시오.
   - 놀이시설은 단주식 미끄럼틀, 3단 철봉, 회전무대 등 3종을 배치하시오.
   - 대상지 주변에 수목보호대 3개에는 적합한 수목을 선정하여 식재하시오.

5. '나' 지역은 휴게공간으로 계획하고 그 안에 퍼걸러(3,000 × 3,000) 1개소와 등의자 2개, 휴지통 1개소를 배치하시오.
6. '다' 지역은 이동공간으로 계획하고, 수목보호대에는 적합한 수목을 선정하여 식재하시오.
7. '라' 지역은 수경공간으로 육각 정자와 2개의 연못이 계획되어 있으니 적합한 조치를 시행하시오.(연못의 수심은 설계자 임의로 설정)
8. 퍼걸러를 제외한 시설물의 규격은 설계자가 임의 선정하시오.
9. 녹지공간의 ① '마" 등고선 : 1개의 높이는 30cm로, 다층식재, ② 관목은 ㎡당 10주 식재를 적용, 10주 단위로 군식하는 것을 원칙으로 한다.
10. 적당한 위치에 차폐식재, 소나무 군식, 휴식공간 주변은 녹음수 식재, 놀이공간 주변에는 계절감 있는 식재 등 대상지 내 공간 성격에 부합되도록 배식하시오.
11. 수목은 아래 주어진 수종 중에서 종류가 다른 12가지를 선정하여 공간에 부합되는 식재를 계획하며(교목 30주 이상, 관목 300주 이상), 인출선을 이용하여 수량, 수종명칭, 규격을 반드시 표기하시오.

개나리(H1.2 × 5가지)	계수나무(H2.5 × R6)	구상나무(H1.5 × W0.6)
굴거리나무(H2.5 × W1.0)	금목서(H2.0 × R6)	꽃사과(H2.5 × R5)
꽝꽝나무(H0.3 × W0.4)	낙상홍(H1.0 × W0.4)	낙우송(H4.0 × B12)
느티나무(H3.0 × R6)	느티나무(H4.5 × R20)	다정큼나무(H1.0 × W0.6)
대왕참나무(H4.5 × R20)	덜꿩나무(H1.0 × W0.4)	돈나무(H1.5 × W1.0)
동백나무(H2.5 × R8)	마가목(H3.0 × R12)	매화나무(H2.0 × R4)
먼나무(H2.0 × R5)	메타세쿼이아(H4.0 × B8)	명자나무(H0.6 × W0.4)
모과나무(H3.0 × R8)	목련(H2.5 × R6)	무궁화(H1.0 × W0.2)
박태기나무(H1.0 × W0.4)	배롱나무(H2.5 × R6)	백철쭉(H0.3 × W0.3)
백합나무(H4.0 × R10)	버즘나무(H3.5 × B8)	병꽃나무(H1.0 × W0.6)
사철나무(H1.0 × W0.3)	산딸나무(H2.5 × R6)	산수국(H0.3 × W0.4)
산수유(H2.5 × R8)	산철쭉(H0.3 × W0.3)	서양측백(H1.2 × W0.4)
소나무(H3.0 × W1.5 × R10)	소나무(H4.0 × W2.0 × R15)	소나무(H5.0 × W2.5 × R20)
소나무(둥근형)(H1.2 × W1.5)	수수꽃다리(H2.0 × W0.8)	스트로브잣나무(H2.0 × W1.0)
아왜나무(H1.5 × W0.8)	영산홍(H0.3 × W0.3)	왕벚나무(H4.5 × B10)
은행나무(H4.0 × B10)	이팝나무(H3.5 × R12)	자귀나무(H3.5 × R12)
자산홍(H0.3 × W0.3)	자작나무(H2.5 × B5)	조릿대(H0.6 × W0.3)
좀작살나무(H1.2 × W0.4)	주목(둥근형)(H0.3 × W0.3)	주목(선형)(H2.0 × W1.0)
중국단풍(H2.5 × R6)	쥐똥나무(H1.0 × W0.3)	청단풍(H2.5 × R8)
층층나무(H3.5 × R8)	칠엽수(H3.5 × R12)	태산목(H1.5 × W0.5)
홍단풍(H3.0 × R10)	화살나무(H0.6 × W0.3)	회양목(H0.3 × W0.3)
갈대(8cm)	감국(8cm)	구절초(8cm)
금계국(10cm)	노랑꽃창포(8cm)	둥굴레(10cm)
맥문동(8cm)	벌개미취(8cm)	부들(8cm)
부처꽃(8cm)	붓꽃(10cm)	비비추(2~3분얼)
수호초(10cm)	애기나리(10cm)	옥잠화(2~3분얼)
원추리(2~3분얼)	잔디(0.3 × 0.3 × 0.03)	제비꽃(8cm)
털부처꽃(8cm)	패랭이꽃(8cm)	해국(8cm)

12. 단면도는 경사, 포장재료, 경계선, 주변의 수목, 주요시설물, 이용자 등을 단면도상에 반드시 표기하고 높이 차를 한눈에 볼 수 있도록 설계하시오.

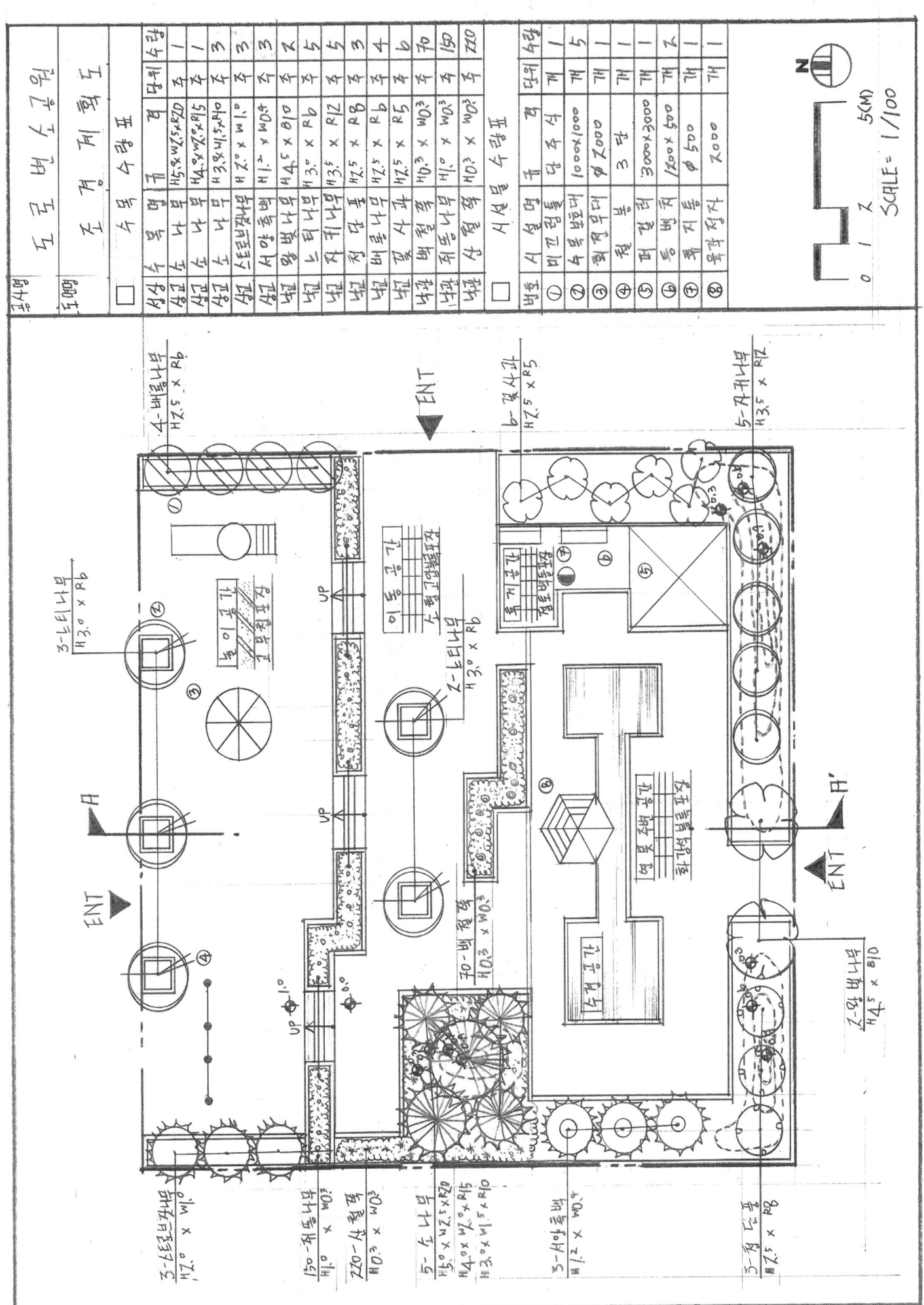

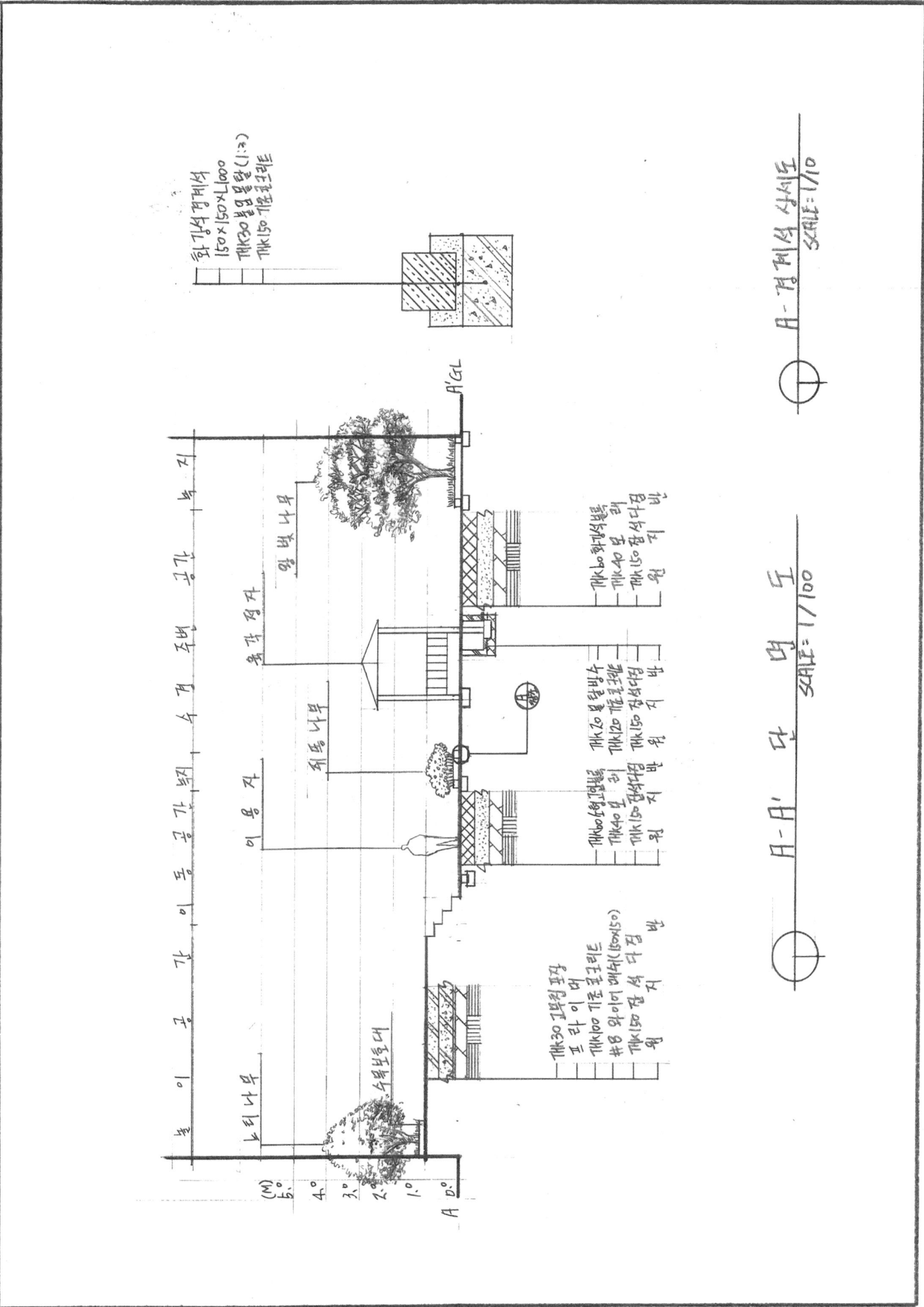

도로변 소공원 설계

우리나라 중부지역에 위치한 도로변의 빈 공간에 대한 조경설계를 하고자 한다. 주어진 현황도 및 아래 사항을 참조하여 설계조건에 따라 조경계획도를 작성한다. (단, 2점 쇄선 안 부분이 조경설계 대상지로 한다.)

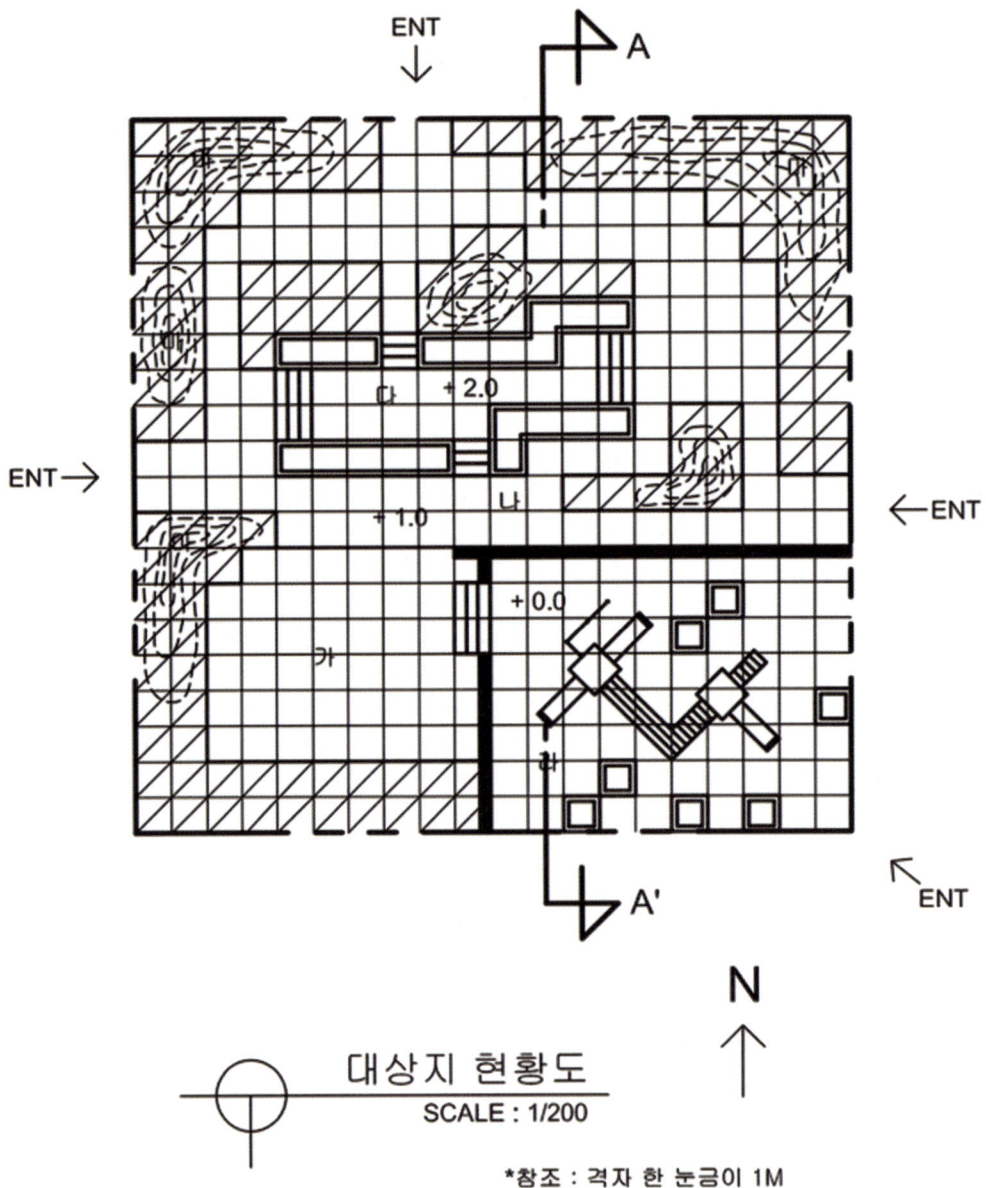

대상지 현황도
SCALE : 1/200

*참조 : 격자 한 눈금이 1M

✅ 요구사항

1. 식재평면도를 위주의 조경계획도를 축척 1/100로 작성하시오.(지급용지1)
2. 도면 오른쪽 위에 작업명칭을 작성하시오.
3. 도면 오른쪽에는 "중요시설물 수량표와 수목(식재)수량표"를 작성하고, 수량표 아래쪽에는 "방위표시와 막대축척"을 그려 넣는다.(단, 전체 대상지의 길이를 고려하여 범례표의 폭을 조정할 수 있다.)
4. 도면의 전체적인 안정감을 위하여 테두리선을 넣으시오.
5. 도로변 소공원 부지 내 제시된 단면 위치를 축척 1/100로 작성하시오.(지급용지2.)
6. 반드시 식재 수량표는 성상, 수목명, 규격, 단위 수량을 명기하여 작성하시오.

✅ 요구조건

1. 해당지역은 도로변의 자투리 공간을 이용하여 휴게 및 어린이 놀이를 주목적으로 하는 소공원으로 주어진 설계조건을 고려하여 조경계획도를 작성하시오
2. 포장지역을 제외한 곳은 모두 식재를 하시오.(빗금친 부분이 녹지이며, 수목보호대(1m×1m) 지점에도 공간 특성을 고려하여 식재를 실시하시오.)
3. 포장 지역은 "점토벽돌, 소형고압블럭, 화강석판석, 고무칩 등" 각 공간의 특성에 적합한 포장재료를 구분하여 설치하고 도면에 포장기호와 포장명칭을 반드시 표기하시오.
4. '가' 지역은 휴게공간으로 계획하고 그 안에 퍼걸러(5,000 × 3,000) 1개소와 등의자 2개, 휴지통 1개소를 배치하시오.
5. '나' 지역은 진입공간으로 수목보호대 2개소를 설치하여 적합한 수목을 선정하여 식재하시오.
6. '다' 지역은 정적휴식공간으로 평벤치 2개소를 설치하시오.
7. '라' 지역은 대상지 내 어린이를 위한 종합놀이공간으로 계획하시오.

   - 대상지는 어린이가 놀수 있도록 반드시 합당한 포장을 선택하시오.
   - 조합놀이시설(L7,000 × W3,000 × H2,500)을 배치하시오.
   - 대상지 주변에 수목보호대 7개에는 적합한 수목을 선정하여 식재하시오.
   - 종합놀이공간과 '가', '나' 지역 사이는 옹벽이 설치되어 있고, 상부에는 안전난간이 설치되어 있으므로 적합한 조치로 계획한다.

8. 퍼걸러와 조합놀이대를 제외한 시설물의 규격은 설계자가 임의 선정하시오.
9. 녹지공간의 ① '마" 등고선 : 1개의 높이는 30cm로, 다층식재, ② 관목은 ㎡당 10주 식재를 적용, 10주 단위로 군식하는 것을 원칙으로 한다.
10. 적당한 위치에 차폐식재, 소나무 군식, 휴식공간 주변은 녹음수 식재, 놀이 공간 주변에는 계절감 있는 식재 등 대상지 내 공간 성격에 부합되도록 배식하시오.
11. 수목은 아래 주어진 수종 중에서 종류가 다른 12가지를 선정하여 공간에 부합되는 식재를 계획하며(교목 60주 이상, 관목 400주 이상), 인출선을 이용하여 수량, 수종명칭, 규격을 반드시 표기하시오.

개나리(H1.2 × 5가지)	계수나무(H2.5 × R6)	구상나무(H1.5 × W0.6)
굴거리나무(H2.5 × W1.0)	금목서(H2.0 × R6)	꽃사과(H2.5 × R5)
꽝꽝나무(H0.3 × W0.4)	낙상홍(H1.0 × W0.4)	낙우송(H4.0 × B12)
느티나무(H3.0 × R6)	느티나무(H4.5 × R20)	다정큼나무(H1.0 × W0.6)
대왕참나무(H4.5 × R20)	덜꿩나무(H1.0 × W0.4)	돈나무(H1.5 × W1.0)
동백나무(H2.5 × R8)	마가목(H3.0 × R12)	매화나무(H2.0 × R4)
먼나무(H2.0 × R5)	메타세쿼이아(H4.0 × B8)	명자나무(H0.6 × W0.4)
모과나무(H3.0 × R8)	목련(H2.5 × R6)	무궁화(H1.0 × W0.2)
박태기나무(H1.0 × W0.4)	배롱나무(H2.5 × R6)	백철쭉(H0.3 × W0.3)
백합나무(H4.0 × R10)	버즘나무(H3.5 × B8)	병꽃나무(H1.0 × W0.6)
사철나무(H1.0 × W0.3)	산딸나무(H2.5 × R6)	산수국(H0.3 × W0.4)
산수유(H2.5 × R8)	산철쭉(H0.3 × W0.3)	서양측백(H1.2 × W0.4)
소나무(H3.0 × W1.5 × R10)	소나무(H4.0 × W2.0 × R15)	소나무(H5.0 × W2.5 × R20)
소나무(둥근형)(H1.2 × W1.5)	수수꽃다리(H2.0 × W0.8)	스트로브잣나무(H2.0 × W1.0)
아왜나무(H1.5 × W0.8)	영산홍(H0.3 × W0.3)	왕벚나무(H4.5 × B10)
은행나무(H4.0 × B10)	이팝나무(H3.5 × R12)	자귀나무(H3.5 × R12)
자산홍(H0.3 × W0.3)	자작나무(H2.5 × B5)	조릿대(H0.6 × W0.3)
좀작살나무(H1.2 × W0.4)	주목(둥근형)(H0.3 × W0.3)	주목(선형)(H2.0 × W1.0)
중국단풍(H2.5 × R6)	쥐똥나무(H1.0 × W0.3)	청단풍(H2.5 × R8)
층층나무(H3.5 × R8)	칠엽수(H3.5 × R12)	태산목(H1.5 × W0.5)
홍단풍(H3.0 × R10)	화살나무(H0.6 × W0.3)	회양목(H0.3 × W0.3)
갈대(8cm)	감국(8cm)	구절초(8cm)
금계국(10cm)	노랑꽃창포(8cm)	둥굴레(10cm)
맥문동(8cm)	벌개미취(8cm)	부들(8cm)
부처꽃(8cm)	붓꽃(10cm)	비비추(2~3분얼)
수호초(10cm)	애기나리(10cm)	옥잠화(2~3분얼)
원추리(2~3분얼)	잔디(0.3 × 0.3 × 0.03)	제비꽃(8cm)
털부처꽃(8cm)	패랭이꽃(8cm)	해국(8cm)

12. 단면도는 경사, 포장재료, 경계선, 주변의 수목, 주요시설물, 이용자 등을 단면도상에 반드시 표기하고 높이 차를 한눈에 볼 수 있도록 설계하시오.

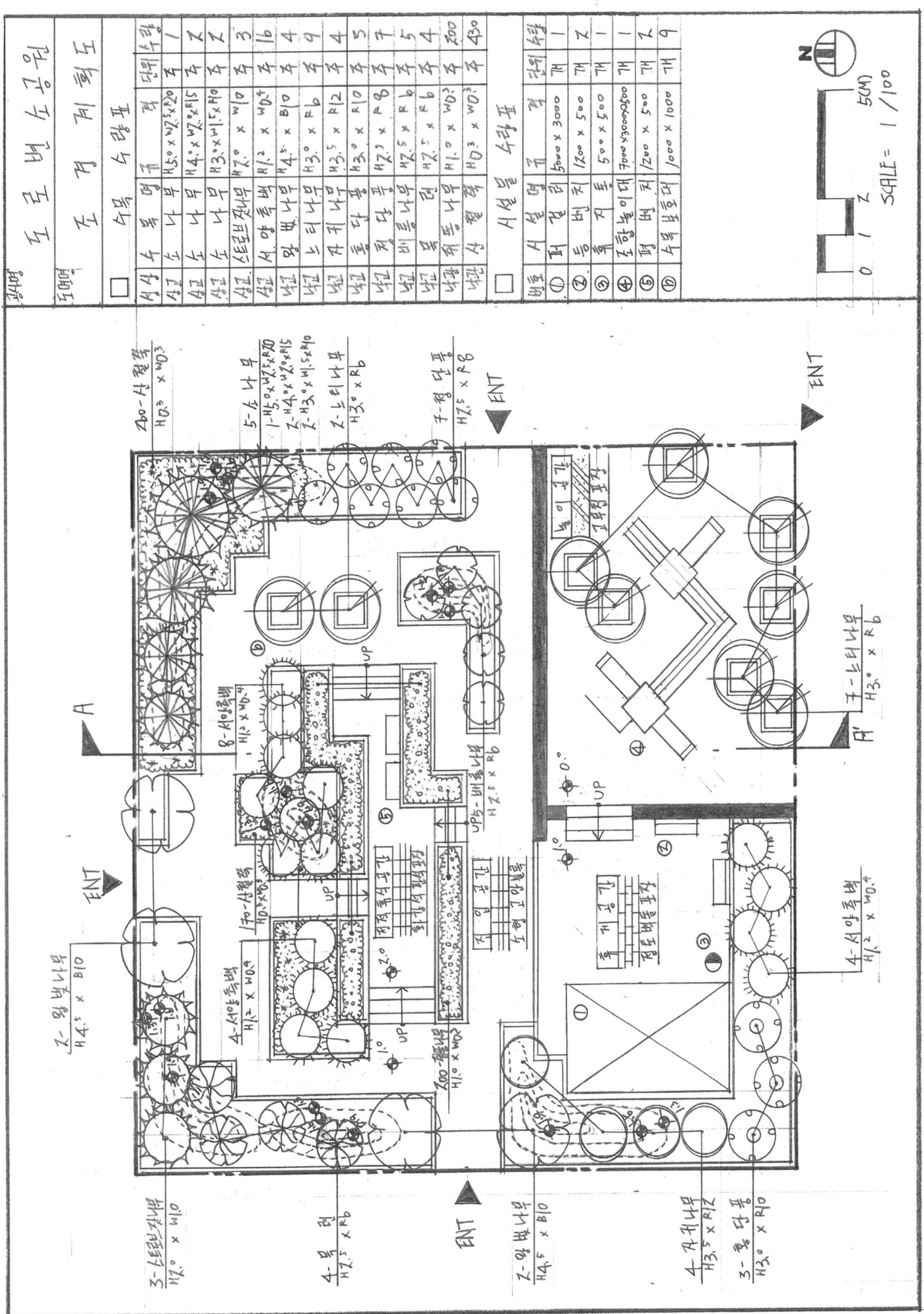

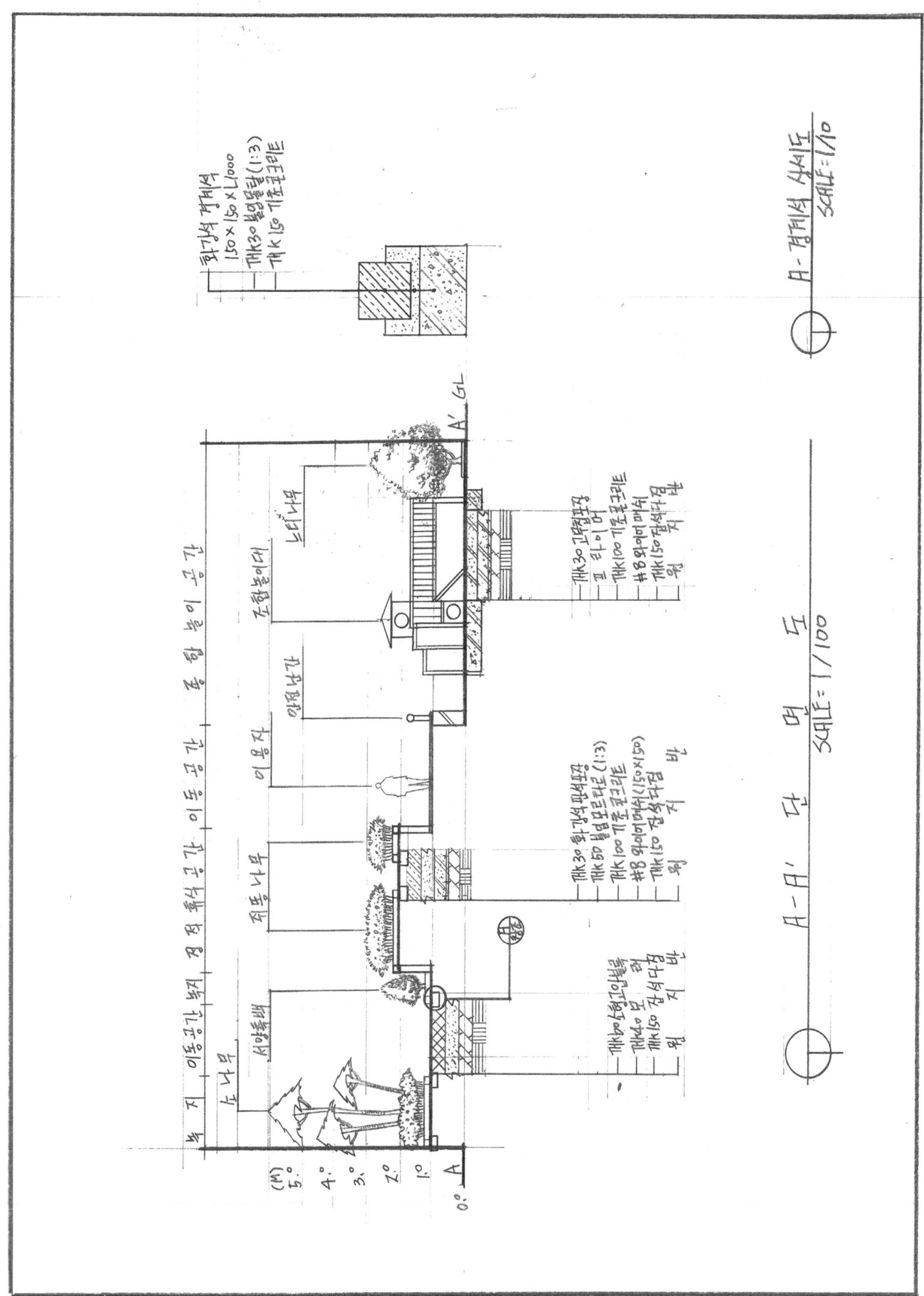

어린이 공원 설계

우리나라 중부지역에 위치한 도로변의 빈 공간에 대한 조경설계를 하고자 한다. 주어진 현황도 및 아래 사항을 참조하여 설계조건에 따라 조경계획도를 작성한다. (단, 2점 쇄선 안 부분이 조경설계 대상지로 한다.)

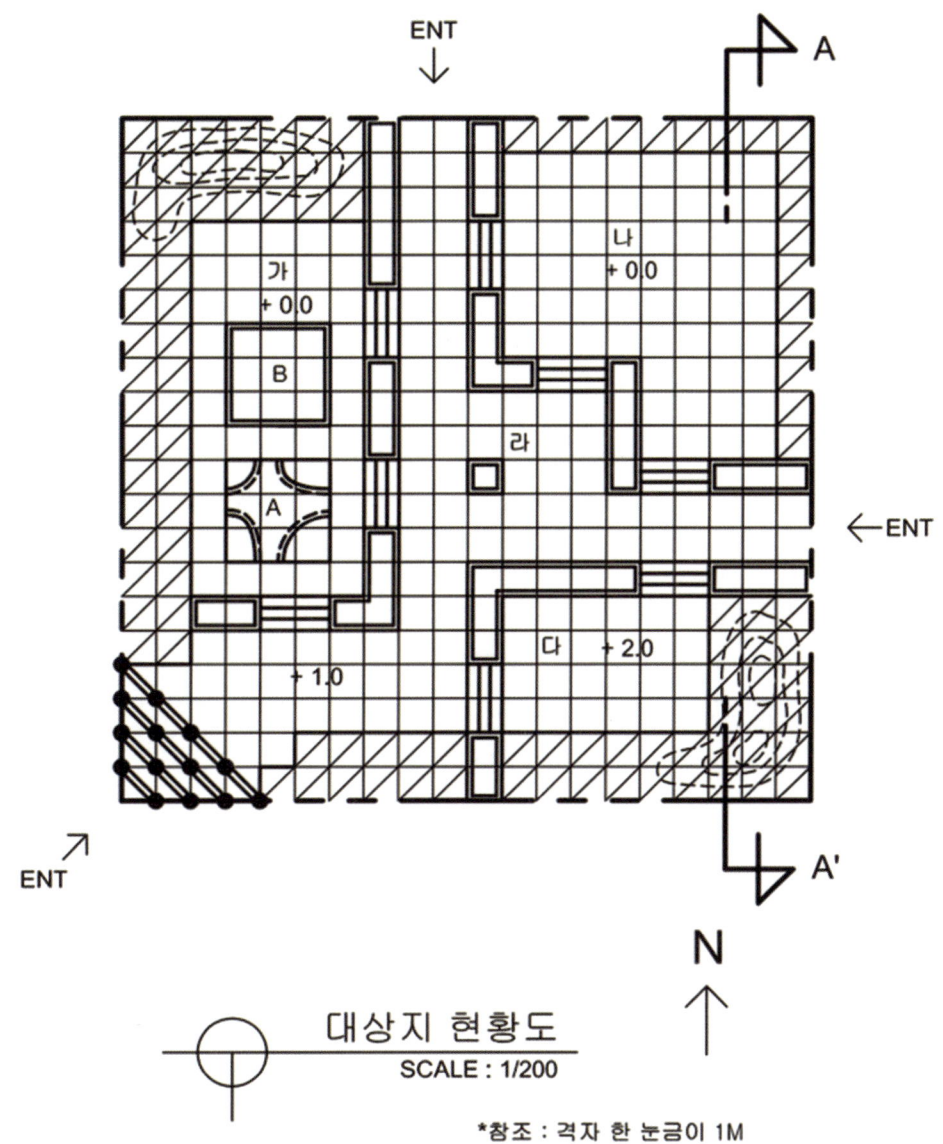

☑ 요구사항

1. 식재평면도를 위주의 조경계획도를 축척 1/100로 작성하시오.(지급용지1)
2. 도면 오른쪽 위에 작업명칭을 작성하시오.
3. 도면 오른쪽에는 "중요시설물 수량표와 수목(식재)수량표"를 작성하고, 수량표 아래쪽에는 "방위표시와 막대축척"을 그려 넣는다.(단, 전체 대상지의 길이를 고려하여 범례표의 폭을 조정할 수 있다.)
4. 도면의 전체적인 안정감을 위하여 테두리선을 넣으시오.
5. 도로변 소공원 부지 내 제시된 단면 위치를 축척 1/100로 작성하시오.(지급용지2.)
6. 반드시 식재 수량표는 성상, 수목명, 규격, 단위 수량을 명기하여 작성하시오.

☑ 요구조건

1. 해당지역은 도로변의 자투리 공간을 이용하여 어린이의 놀이를 주목적으로 하는 놀이공원으로 주어진 설계조건을 고려하여 조경계획도를 작성하시오.
2. 포장지역을 제외한 곳은 모두 식재를 하시오.(빗금친 부분이 녹지이며, 수목보호대(1m×1m) 지점에도 공간 특성을 고려하여 식재를 실시하시오.)
3. 포장 지역은 "점토벽돌, 소형고압블럭, 화강석판석, 고무칩 등" 각 공간의 특성에 적합한 포장재료를 구분하여 설치하고 도면에 포장기호와 포장명칭을 반드시 표기하시오.
4. 주출입구는 대상지의 남서쪽에 위치하고 있으며, 문주(ø200, H4,000)가 4열로 배열되어 있다.
5. '가' 지역은 동적놀이공간으로 설계하시오.

> - 대상지는 어린이가 놀 수 있도록 반드시 합당한 포장을 선택하시오.
> - 'A'는 어린이가 놀 수 있는 유아용동굴(H1,000)로 계획하시오.
> - 'B'는 모래놀이터로 계획하시오.
> - 북서쪽 녹지는 놀이공간보다 1m 높은 곳으로 보고 배식 설계한다.

6. '나' 지역은 놀이공간으로 놀이기구 3종(회전무대, 시소 2연식, 정글짐)을 설치하시오.
7. '다' 지역은 휴게공간으로 계획하고 그 안에 퍼걸러(3,000 × 3,000) 1개소와 등의자 2개를 배치하시오.
8. '라' 지역은 이동공간으로 통행에 지장을 주지 않는 곳에 평벤치 2개소를 설치하고, 수목보호대에는 낙엽교목을 식재하시오.
9. 대상지 내 적당한 곳에 조명등을 4개 설치하시오.
10. 녹지공간의 ① 등고선 : 1개의 높이는 30cm로, 다층식재, ② 관목은 ㎡당 10주 식재를 적용, 10주 단위로 군식하는 것을 원칙으로 한다.
11. 적당한 위치에 차폐식재, 소나무 군식, 휴식공간 주변은 녹음수 식재, 놀이공간 주변에는 계절감 있는 식재 등 대상지 내 공간 성격에 부합되도록 배식하시오.
12. 수목은 아래 주어진 수종 중에서 종류가 다른 12가지를 선정하여 공간에 부합되는 식재를 계획하며(교목 40주 이상, 관목 600주 이상), 인출선을 이용하여 수량, 수종명칭, 규격을 반드시 표기하시오.

개나리(H1.2 × 5가지)	계수나무(H2.5 × R6)	구상나무(H1.5 × W0.6)
굴거리나무(H2.5 × W1.0)	금목서(H2.0 × R6)	꽃사과(H2.5 × R5)
꽝꽝나무(H0.3 × W0.4)	낙상홍(H1.0 × W0.4)	낙우송(H4.0 × B12)
느티나무(H3.0 × R6)	느티나무(H4.5 × R20)	다정큼나무(H1.0 × W0.6)
대왕참나무(H4.5 × R20)	덜꿩나무(H1.0 × W0.4)	돈나무(H1.5 × W1.0)
동백나무(H2.5 × R8)	마가목(H3.0 × R12)	매화나무(H2.0 × R4)
먼나무(H2.0 × R5)	메타세쿼이아(H4.0 × B8)	명자나무(H0.6 × W0.4)
모과나무(H3.0 × R8)	목련(H2.5 × R6)	무궁화(H1.0 × W0.2)
박태기나무(H1.0 × W0.4)	배롱나무(H2.5 × R6)	백철쭉(H0.3 × W0.3)
백합나무(H4.0 × R10)	버즘나무(H3.5 × B8)	병꽃나무(H1.0 × W0.6)
사철나무(H1.0 × W0.3)	산딸나무(H2.5 × R6)	산수국(H0.3 × W0.4)
산수유(H2.5 × R8)	산철쭉(H0.3 × W0.3)	서양측백(H1.2 × W0.4)
소나무(H3.0 × W1.5 × R10)	소나무(H4.0 × W2.0 × R15)	소나무(H5.0 × W2.5 × R20)
소나무(둥근형)(H1.2 × W1.5)	수수꽃다리(H2.0 × W0.8)	스트로브잣나무(H2.0 × W1.0)
아왜나무(H1.5 × W0.8)	영산홍(H0.3 × W0.3)	왕벚나무(H4.5 × B10)
은행나무(H4.0 × B10)	이팝나무(H3.5 × R12)	자귀나무(H3.5 × R12)
자산홍(H0.3 × W0.3)	자작나무(H2.5 × B5)	조릿대(H0.6 × W0.3)
좀작살나무(H1.2 × W0.4)	주목(둥근형)(H0.3 × W0.3)	주목(선형)(H2.0 × W1.0)
중국단풍(H2.5 × R6)	쥐똥나무(H1.0 × W0.3)	청단풍(H2.5 × R8)
층층나무(H3.5 × R8)	칠엽수(H3.5 × R12)	태산목(H1.5 × W0.5)
홍단풍(H3.0 × R10)	화살나무(H0.6 × W0.3)	회양목(H0.3 × W0.3)
갈대(8cm)	감국(8cm)	구절초(8cm)
금계국(10cm)	노랑꽃창포(8cm)	둥굴레(10cm)
맥문동(8cm)	벌개미취(8cm)	부들(8cm)
부처꽃(8cm)	붓꽃(10cm)	비비추(2~3분얼)
수호초(10cm)	애기나리(10cm)	옥잠화(2~3분얼)
원추리(2~3분얼)	잔디(0.3 × 0.3 × 0.03)	제비꽃(8cm)
털부처꽃(8cm)	패랭이꽃(8cm)	해국(8cm)

13. 단면도는 경사, 포장재료, 경계선, 주변의 수목, 주요시설물, 이용자 등을 단면도상에 반드시 표기하고 높이 차를 한눈에 볼 수 있도록 설계하시오.

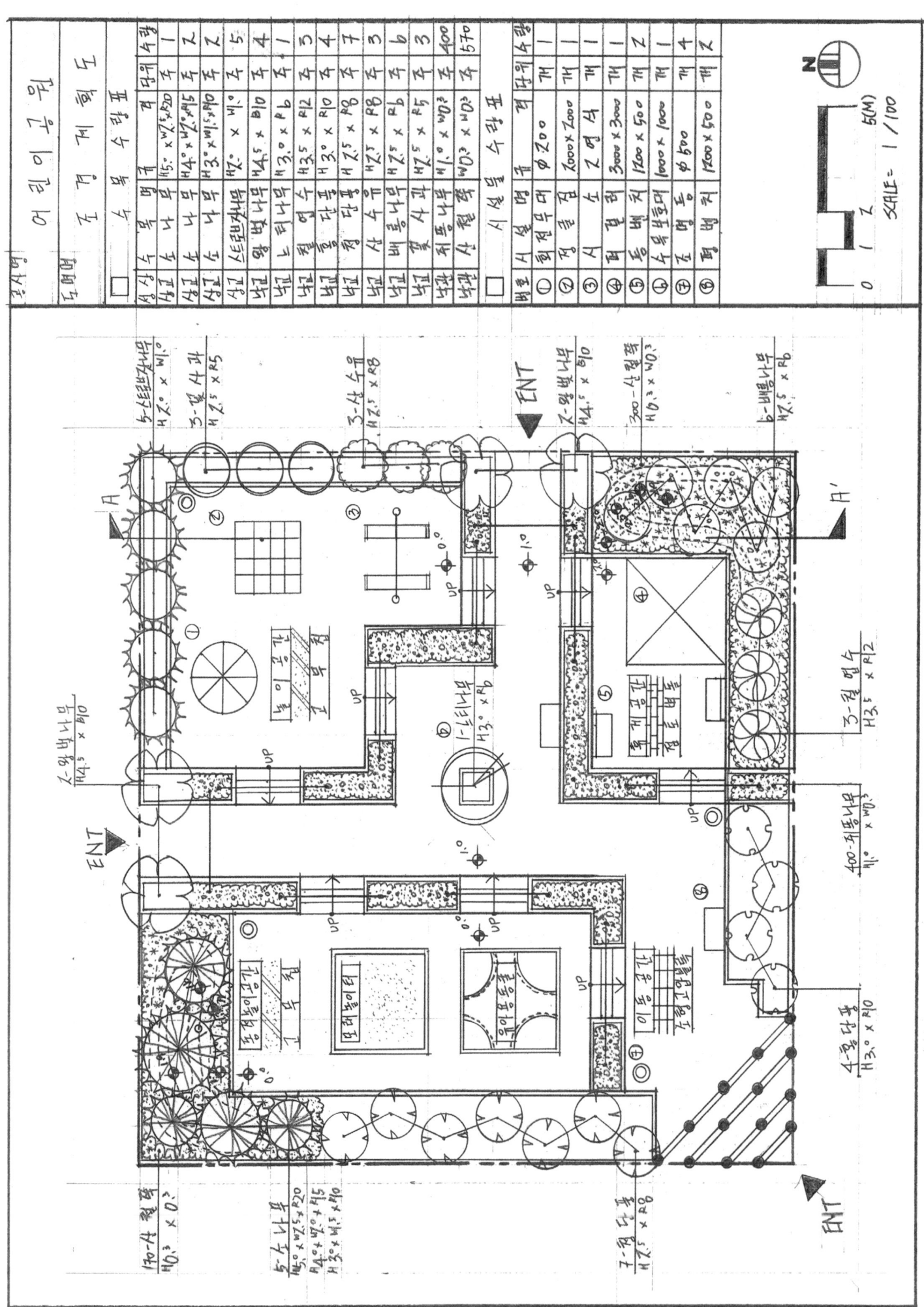

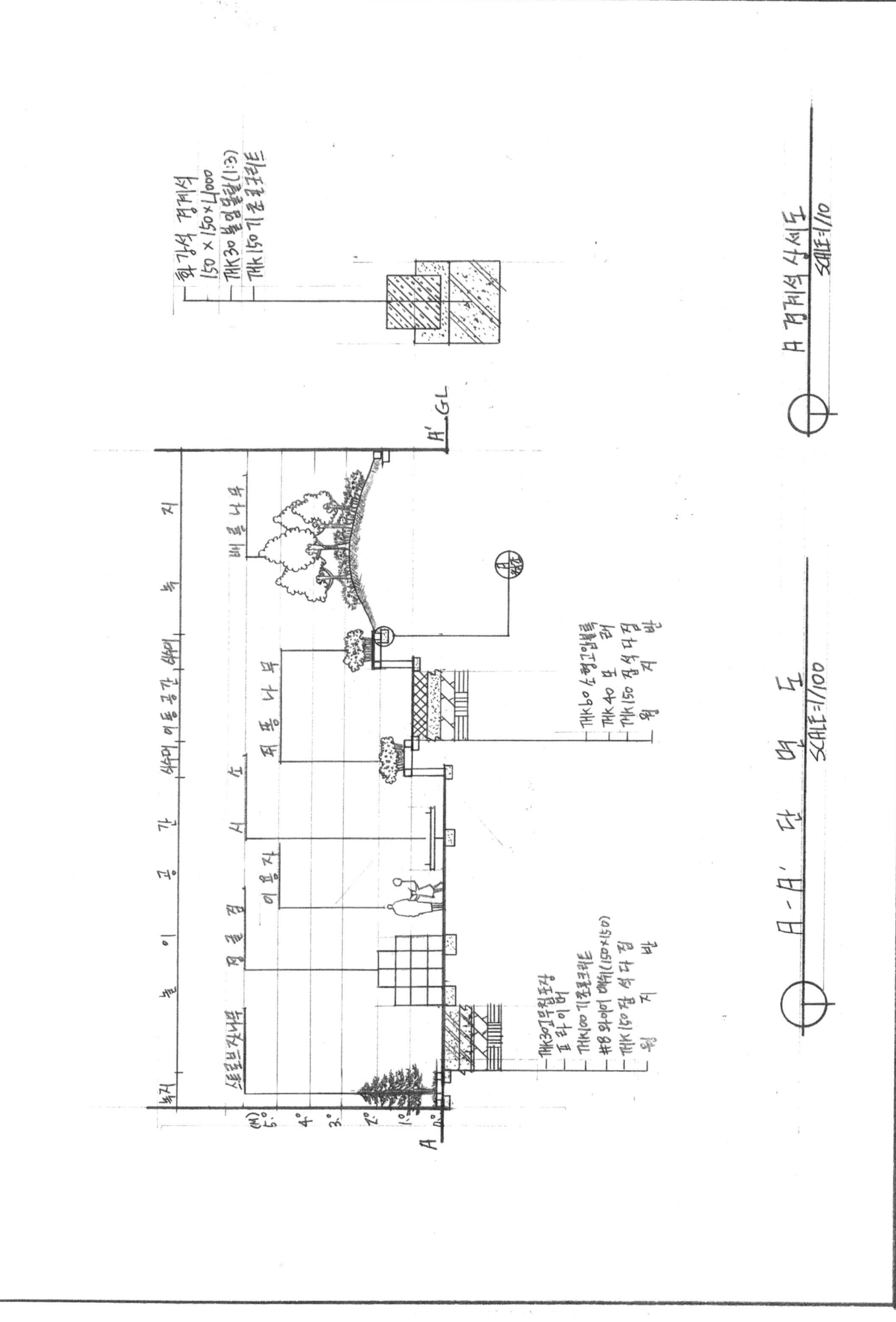

도로변 소공원 설계

우리나라 중부지역에 위치한 도로변의 빈 공간에 대한 조경설계를 하고자 한다. 주어진 현황도 및 아래 사항을 참조하여 설계조건에 따라 조경계획도를 작성한다. (단, 2점 쇄선 안 부분이 조경설계 대상지로 한다.)

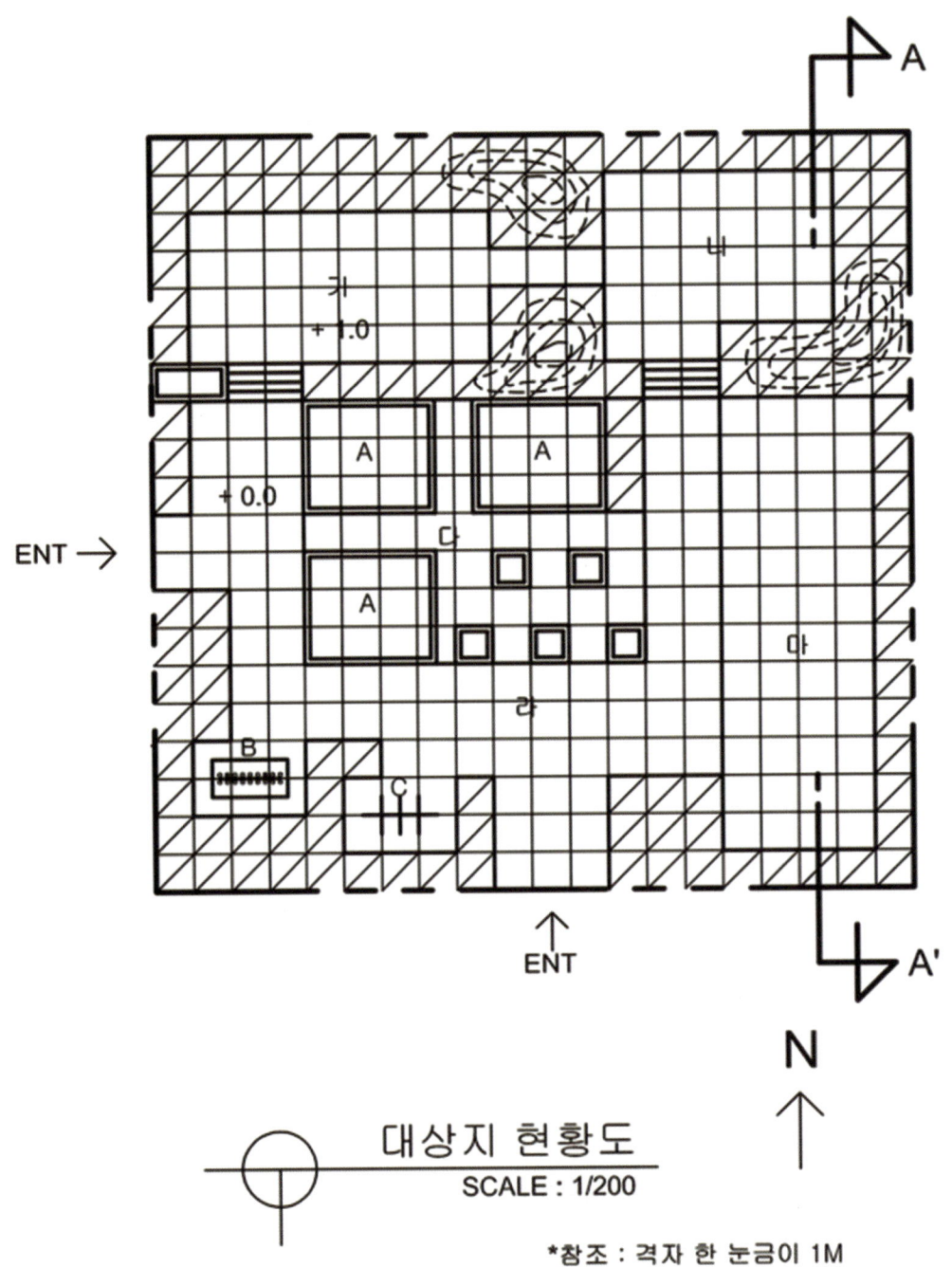

대상지 현황도
SCALE : 1/200

*참조 : 격자 한 눈금이 1M

☑ 요구사항

1. 식재평면도 위주로 한 조경계획도를 축척 1/100로 작성하시오.(지급용지1)
2. 도면 오른쪽 위에 작업명칭을 작성하시오.
3. 도면 오른쪽에는 "중요시설물 수량표와 수목(식재)수량표"를 작성하고, 수량표 아래쪽에는 "방위표시와 막대축척"을 그려 넣는다.(단, 전체 대상지의 길이를 고려하여 범례표의 폭을 조정할 수 있다.)
4. 도면의 전체적인 안정감을 위하여 테두리선을 넣으시오.
5. 도로변 소공원 부지 내 제시된 단면 위치를 축척 1/100로 작성하시오.(지급용지2.)
6. 반드시 식재 수량표는 성상, 수목명, 규격, 단위 수량을 명기하여 작성하시오.

☑ 요구조건

1. 해당지역은 도로변의 자투리 공간을 이용하여 휴게 및 어린이 놀이를 주목적으로 하는 소공원으로 주어진 설계조건을 고려하여 조경계획도를 작성하시오
2. 포장지역을 제외한 곳은 모두 식재를 하시오.(빗금친 부분이 녹지이며, 수목보호대(1m×1m) 지점에도 공간 특성을 고려하여 식재를 실시하시오.)
3. '가' 지역은 휴게공간으로 계획하고 그 안에 퍼걸러(3,000 × 3,000) 1개소와 평벤치 3개, 휴지통 1개소를 배치한다. 바닥포장은 화강석 판석으로 계획하시오.
4. '나' 지역은 텃밭공간으로 바닥포장은 마사토로 계획한다. 텃밭(2,000 × 2,000)을 2군데 계획하시오.
5. '다' 지역은 야영장으로 계획한다.

   - (A)는 야영장으로 계획하고 목재데크로 시공한다.
   - 주변 공간은 투수콘크리트로 포장하시오.
   - 대상지 주변에 수목보호대 5개에는 적합한 수목을 선정하여 식재하시오.

6. '라' 지역은 이동공간으로 계획한다.

   - 대상지의 특성에 맞도록 소형고압블럭으로 포장한다.
   - (B)지역은 이용자의 편의를 위해 개수대를 설치한다.
   - (C)지역은 분리수거 공간으로 계획한다.

7. '마' 지역은 대상지 내 어린이를 위한 놀이공간으로 계획하고 놀이시설(정글짐, 회전무대, 3연식 철봉, 시소, 그네 등) 3종류 설치하시오.
8. 녹지공간의 ① 등고선 : 1개의 높이는 30cm로, 다층식재, ② 관목은 ㎡당 10주 식재를 적용, 10주 단위로 군식하는 것을 원칙으로 한다.
9. 적당한 위치에 차폐식재, 소나무 군식, 휴식공간 주변은 녹음수 식재, 놀이공간 주변에는 계절감 있는 식재 등 대상지 내 공간 성격에 부합되도록 배식하시오.
10. 수목은 아래 주어진 수종 중에서 종류가 다른 12가지를 선정하여 공간에 부합되는 식재를 계획하며(교목 30주 이상, 관목 200주 이상), 인출선을 이용하여 수량, 수종명칭, 규격을 반드시 표기하시오.

개나리(H1.2 × 5가지)	계수나무(H2.5 × R6)	구상나무(H1.5 × W0.6)
굴거리나무(H2.5 × W1.0)	금목서(H2.0 × R6)	꽃사과(H2.5 × R5)
꽝꽝나무(H0.3 × W0.4)	낙상홍(H1.0 × W0.4)	낙우송(H4.0 × B12)
느티나무(H3.0 × R6)	느티나무(H4.5 × R20)	다정큼나무(H1.0 × W0.6)
대왕참나무(H4.5 × R20)	덜꿩나무(H1.0 × W0.4)	돈나무(H1.5 × W1.0)
동백나무(H2.5 × R8)	마가목(H3.0 × R12)	매화나무(H2.0 × R4)
먼나무(H2.0 × R5)	메타세쿼이아(H4.0 × B8)	명자나무(H0.6 × W0.4)
모과나무(H3.0 × R8)	목련(H2.5 × R6)	무궁화(H1.0 × W0.2)
박태기나무(H1.0 × W0.4)	배롱나무(H2.5 × R6)	백철쭉(H0.3 × W0.3)
백합나무(H4.0 × R10)	버즘나무(H3.5 × B8)	병꽃나무(H1.0 × W0.6)
사철나무(H1.0 × W0.3)	산딸나무(H2.5 × R6)	산수국(H0.3 × W0.4)
산수유(H2.5 × R8)	산철쭉(H0.3 × W0.3)	서양측백(H1.2 × W0.4)
소나무(H3.0 × W1.5 × R10)	소나무(H4.0 × W2.0 × R15)	소나무(H5.0 × W2.5 × R20)
소나무(둥근형)(H1.2 × W1.5)	수수꽃다리(H2.0 × W0.8)	스트로브잣나무(H2.0 × W1.0)
아왜나무(H1.5 × W0.8)	영산홍(H0.3 × W0.3)	왕벚나무(H4.5 × B10)
은행나무(H4.0 × B10)	이팝나무(H3.5 × R12)	자귀나무(H3.5 × R12)
자산홍(H0.3 × W0.3)	자작나무(H2.5 × B5)	조릿대(H0.6 × W0.3)
좀작살나무(H1.2 × W0.4)	주목(둥근형)(H0.3 × W0.3)	주목(선형)(H2.0 × W1.0)
중국단풍(H2.5 × R6)	쥐똥나무(H1.0 × W0.3)	청단풍(H2.5 × R8)
층층나무(H3.5 × R8)	칠엽수(H3.5 × R12)	태산목(H1.5 × W0.5)
홍단풍(H3.0 × R10)	화살나무(H0.6 × W0.3)	회양목(H0.3 × W0.3)
갈대(8cm)	감국(8cm)	구절초(8cm)
금계국(10cm)	노랑꽃창포(8cm)	둥굴레(10cm)
맥문동(8cm)	벌개미취(8cm)	부들(8cm)
부처꽃(8cm)	붓꽃(10cm)	비비추(2~3분얼)
수호초(10cm)	애기나리(10cm)	옥잠화(2~3분얼)
원추리(2~3분얼)	잔디(0.3 × 0.3 × 0.03)	제비꽃(8cm)
털부처꽃(8cm)	패랭이꽃(8cm)	해국(8cm)

11. 단면도는 경사, 포장재료, 경계선, 주변의 수목, 주요시설물, 이용자 등을 단면도상에 반드시 표기하고 높이 차를 한눈에 볼 수 있도록 설계하시오.

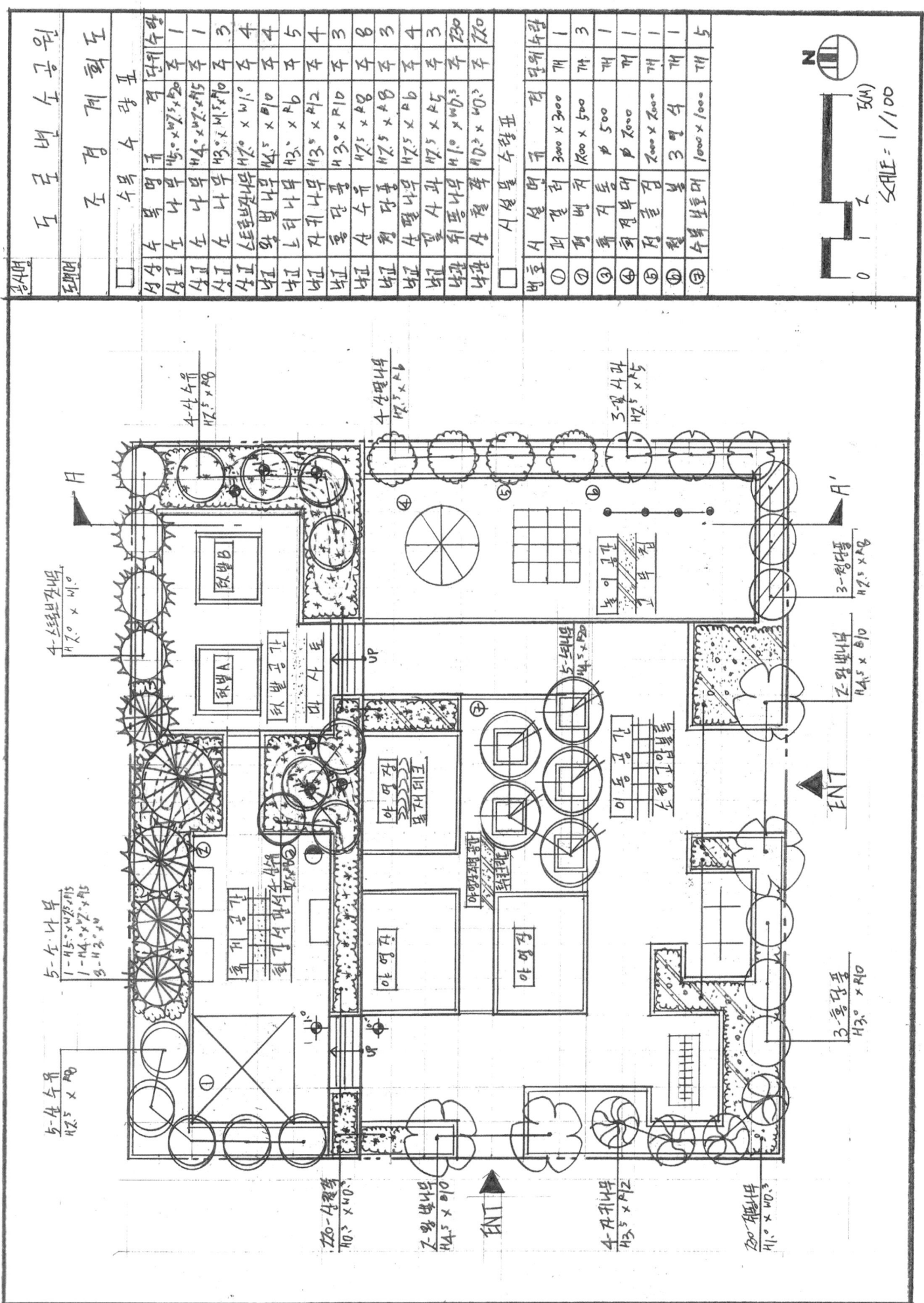

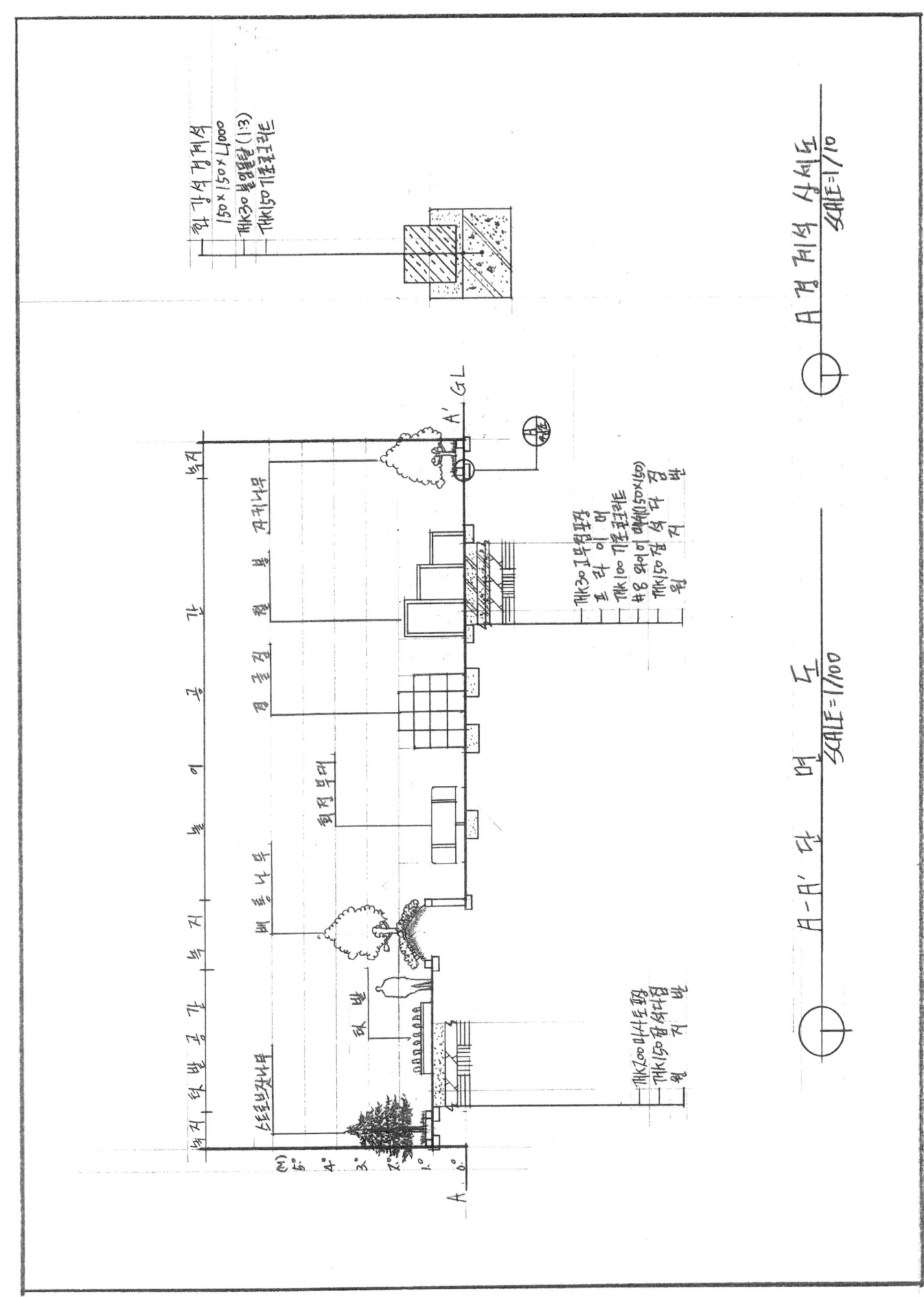

도로변 소공원 설계

우리나라 중부지역에 위치한 도로변의 빈 공간에 대한 조경설계를 하고자 한다. 주어진 현황도 및 아래 사항을 참조하여 설계조건에 따라 조경계획도를 작성한다. (단, 2점 쇄선 안 부분이 조경설계 대상지로 한다.)

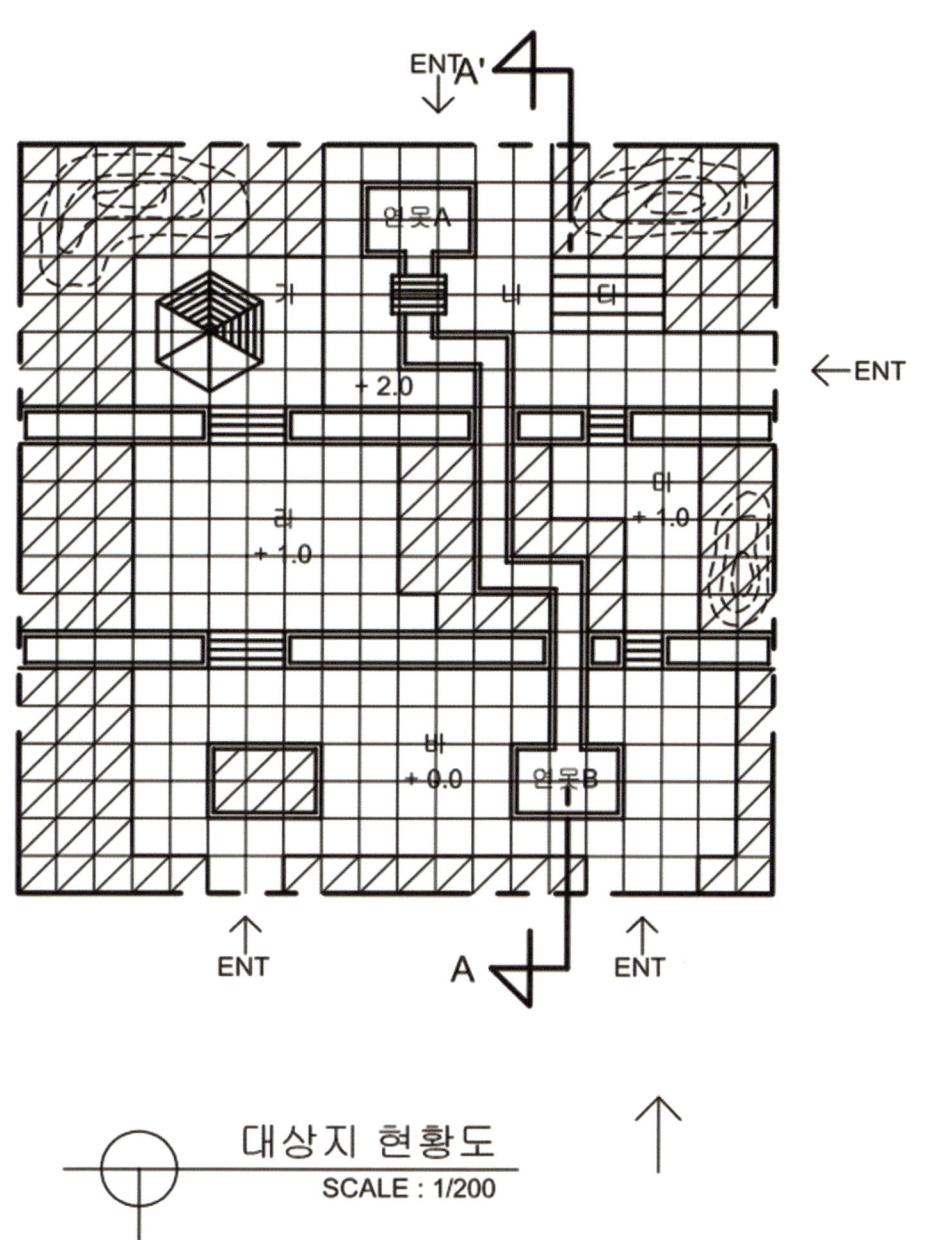

대상지 현황도
SCALE : 1/200

*참조 : 격자 한 눈금이 1M

✅ 요구사항

1. 식재평면도를 위주의 조경계획도를 축척 1/100로 작성하시오.(지급용지1)
2. 도면 오른쪽 위에 작업명칭을 작성하시오.
3. 도면 오른쪽에는 "중요시설물 수량표와 수목(식재)수량표"를 작성하고, 수량표 아래쪽에는 "방위표시와 막대 축척"을 그려 넣는다.(단, 전체 대상지의 길이를 고려하여 범례표의 폭을 조정할 수 있다.)
4. 도면의 전체적인 안정감을 위하여 테두리선을 넣으시오.
5. 도로변 소공원 부지 내 제시된 단면 위치를 축척 1/100로 작성하시오.(지급용지2.)
6. 반드시 식재 수량표는 성상, 수목명, 규격, 단위 수량을 명기하여 작성하시오.

✅ 요구조건

1. 해당지역은 도로변의 자투리 공간을 이용하여 휴게 및 어린이 놀이를 주목적으로 하는 소공원으로 주어진 설계조건을 고려하여 조경계획도를 작성하시오
2. 포장지역을 제외한 곳은 모두 식재를 하시오.(빗금친 부분이 녹지이며, 공간 특성을 고려하여 식재를 실시하시오.)
3. 포장 지역은 "점토벽돌, 소형고압블럭, 자연석판석, 투수콘크리트, 적벽돌, 고무칩 등" 각 공간의 특성에 적합한 포장재료를 구분하여 설치하고 도면에 포장기호와 포장명칭을 반드시 표기하시오.
4. 부지 중앙에는 연못(A)에서 연못(B)로 흘러가는 캐스캐이드형 수로가 위치하고 있으며 3개의 단으로 구성되어 있으니 적합하게 계획하시오.(단의 위치와 높이차는 설계자 임의 설정)
5. '가' 지역은 전통정자 공간으로 계획하고 그 안에 육각정자(3,000 × 3,000) 1개소와 등벤치 2개, 휴지통 1개소를 배치한다. 바닥포장은 자연석판석으로 계획하시오.
6. '나' 지역은 연못주변 공간으로 계획한다.

   - (다)는 스탠드로 전체 폭은 2m, 높이는 1.2m로 계획하시오.(각 단의 폭과 높이는 50cm, 30cm)
   - 스탠드 북쪽 녹지의 높이는 스탠드 가장 윗단과 같게 계획하시오.
   - 스탠드 동쪽의 녹지는 경사지로 계획하고 적합한 식재를 시행한다.
   - 연못(A)의 바닥면은 '나' 지역보다 0.6m 낮게 설계하시오.

7. '라' 지역은 휴게공간으로 퍼걸러(3,000 × 3,000) 1개소와 등벤치 2개, 휴지통 1개를 배치한다.
8. '마' 지역은 이동공간으로 평벤치 2개를 배치한다.
9. '바' 지역은 진입광장으로 계획한다.

   - 좌측 중앙 플랜터는 녹음식재로 계획하시오.
   - 평벤치 4개, 휴지통 2개를 설치하시오.
   - 연못(B)의 바닥면은 '바' 지역보다 0.2m 높게 설계하시오.
   - 적당한 곳에 수목보호대(1,000 × 1,000) 2곳을 설치해 낙엽교목을 식재하시오.

10. 수로 주변의 녹지는 주변 환경과 잘 어울리게 경관식재를 실시하시오.
11. 해당지역 내 야간 통행을 위하여 조명등을 4곳 설치하시오.

12. 녹지공간의 ① 등고선 : 1개의 높이는 30cm로, 다층식재, ② 관목은 ㎡당 11주 식재를 적용, 10주 단위로 군식하는 것을 원칙으로 한다.

13. 적당한 위치에 차폐식재, 소나무 군식, 휴식공간 주변은 녹음수 식재, 놀이공간 주변에는 계절감 있는 식재 등 대상지 내 공간 성격에 부합되도록 배식하시오.

14. 수목은 아래 주어진 수종 중에서 종류가 다른 12가지를 선정하여 공간에 부합되는 식재를 계획하며(교목 40주 이상, 관목 300주 이상), 인출선을 이용하여 수량, 수종명칭, 규격을 반드시 표기하시오.

개나리(H1.2 × 5가지)	계수나무(H2.5 × R6)	구상나무(H1.5 × W0.6)
굴거리나무(H2.5 × W1.0)	금목서(H2.0 × R6)	꽃사과(H2.5 × R5)
꽝꽝나무(H0.3 × W0.4)	낙상홍(H1.0 × W0.4)	낙우송(H4.0 × B12)
느티나무(H3.0 × R6)	느티나무(H4.5 × R20)	다정큼나무(H1.0 × W0.6)
대왕참나무(H4.5 × R20)	덜꿩나무(H1.0 × W0.4)	돈나무(H1.5 × W1.0)
동백나무(H2.5 × R8)	마가목(H3.0 × R12)	매화나무(H2.0 × R4)
먼나무(H2.0 × R5)	메타세쿼이아(H4.0 × B8)	명자나무(H0.6 × W0.4)
모과나무(H3.0 × R8)	목련(H2.5 × R6)	무궁화(H1.0 × W0.2)
박태기나무(H1.0 × W0.4)	배롱나무(H2.5 × R6)	백철쭉(H0.3 × W0.3)
백합나무(H4.0 × R10)	버즘나무(H3.5 × B8)	병꽃나무(H1.0 × W0.6)
사철나무(H1.0 × W0.3)	산딸나무(H2.5 × R6)	산수(H0.3 × W0.4)
산수유(H2.5 × R8)	산철쭉(H0.3 × W0.3)	서양측백(H1.2 × W0.4)
소나무(H3.0 × W1.5 × R10)	소나무(H4.0 × W2.0 × R15)	소나무(H5.0 × W2.5 × R20)
소나무(둥근형)(H1.2 × W1.5)	수수꽃다리(H2.0 × W0.8)	스트로브잣나무(H2.0 × W1.0)
아왜나무(H1.5 × W0.8)	영산홍(H0.3 × W0.3)	왕벚나무(H4.5 × B10)
은행나무(H4.0 × B10)	이팝나무(H3.5 × R12)	자귀나무(H3.5 × R12)
자산홍(H0.3 × W0.3)	자작나무(H2.5 × B5)	조릿대(H0.6 × W0.3)
좀작살나무(H1.2 × W0.4)	주목(둥근형)(H0.3 × W0.3)	주목(선형)(H2.0 × W1.0)
중국단풍(H2.5 × R6)	쥐똥나무(H1.0 × W0.3)	청단풍(H2.5 × R8)
층층나무(H3.5 × R8)	칠엽수(H3.5 × R12)	태산목(H1.5 × W0.5)
홍단풍(H3.0 × R10)	화살나무(H0.6 × W0.3)	회양목(H0.3 × W0.3)
갈대(8cm)	감국(8cm)	구절초(8cm)
금계국(10cm)	노랑꽃창포(8cm)	둥굴레(10cm)
맥문동(8cm)	벌개미취(8cm)	부들(8cm)
부처꽃(8cm)	붓꽃(10cm)	비비추(2~3분얼)
수호초(10cm)	애기나리(10cm)	옥잠화(2~3분얼)
원추리(2~3분얼)	잔디(0.3 × 0.3 × 0.03)	제비꽃(8cm)
털부처꽃(8cm)	패랭이꽃(8cm)	해국(8cm)

15. 단면도는 경사, 포장재료, 경계선, 주변의 수목, 주요시설물, 이용자 등을 단면도상에 반드시 표기하고 높이 차를 한눈에 볼 수 있도록 설계하시오.

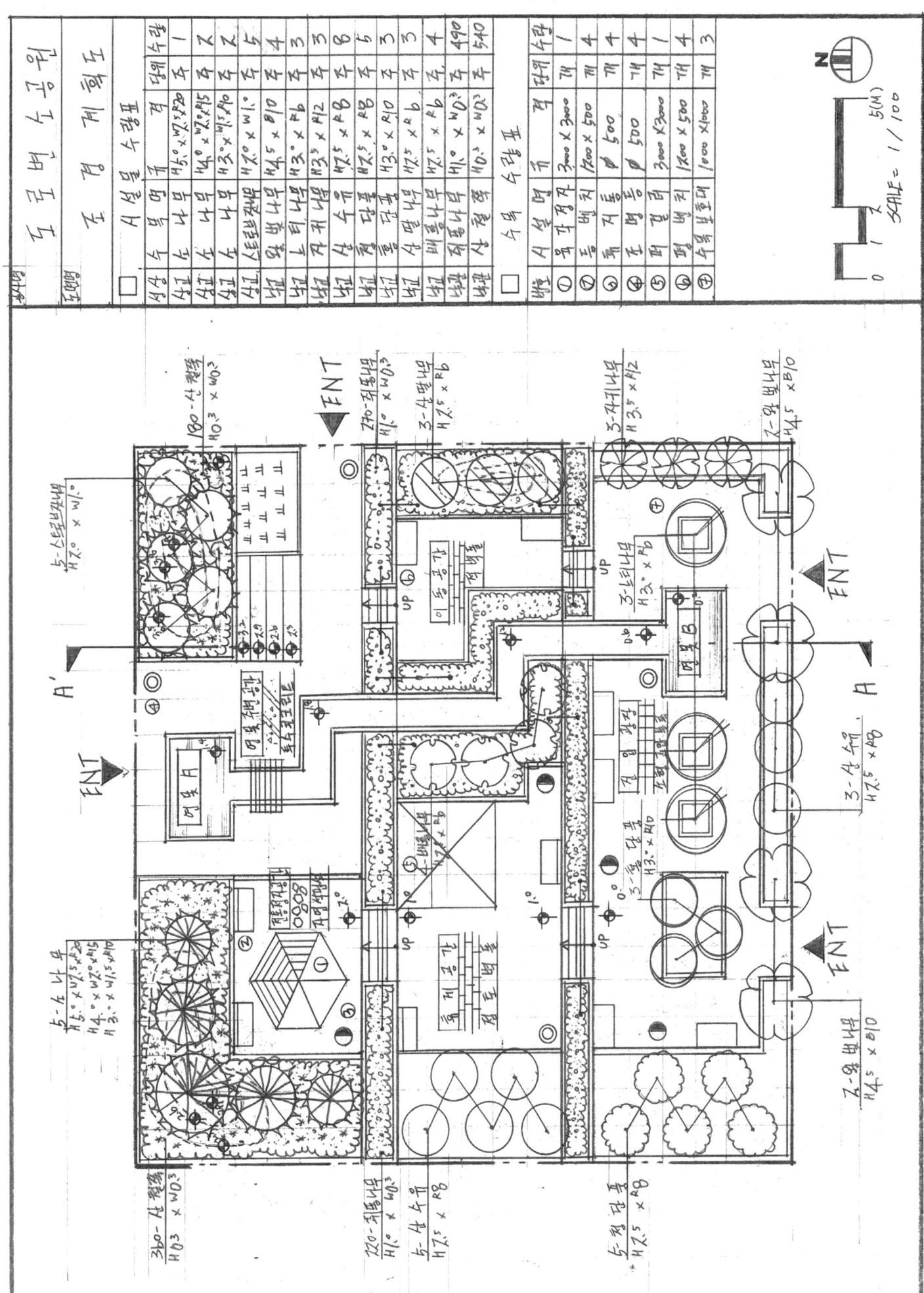

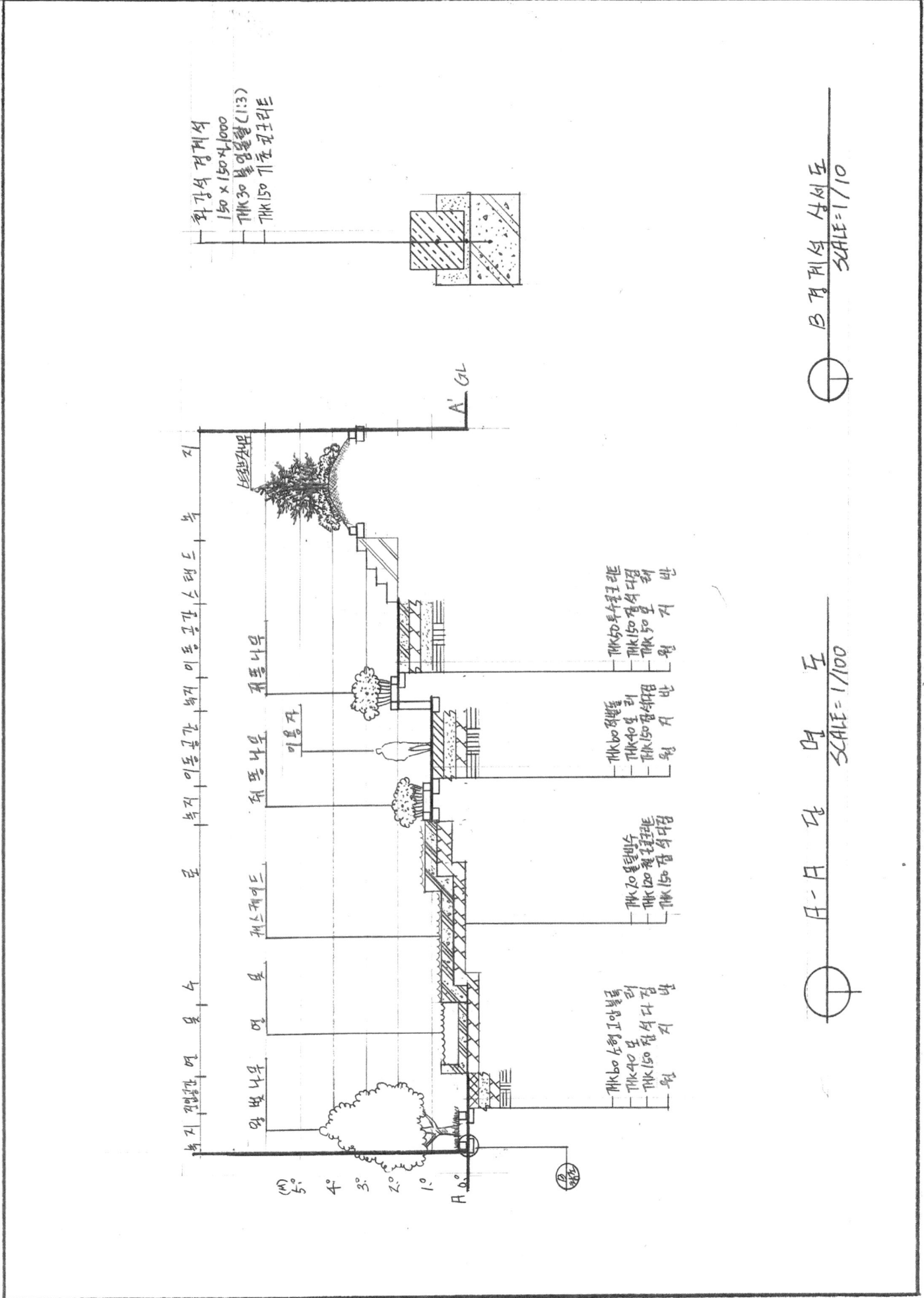

・MEMO

PART 02

조경작업

조경시공작업

1 수목식재공사

1 뿌리돌림

① 뿌리돌림의 목적
  ㉠ 새로운 잔뿌리 발생을 촉진시키고, 이식 후의 활착 도모
  ㉡ 부적기 이식 시 또는 건전한 수목의 육성 및 개화, 결실 촉진
  ㉢ 노목, 쇠약한 수목의 수세 회복

② 뿌리돌림의 시기
  ㉠ 이식하기 6개월에서 1년 전에 실시
  ㉡ 조경 기준상 이식하기 전 1 ~ 2년으로 규정되어 있음
  ㉢ 3 ~ 7월까지, 9월 가능, 해토 직후부터 4월 상순까지(낙엽수 적기)
  ㉣ 노쇠목, 노목, 대형목 등은 이식이 어려운 수종은 2 ~ 3년에 걸쳐 시행
  ㉤ 가을 뿌리돌림도 상처가 잘 아물면 봄에 활착이 잘 됨

  ※ 뿌리돌림이 불필요한 수종
   1. 수목의 지름이 10cm 이하의 수목
   2. 대나무류, 소철, 종려나무, 야자나무류 등은 뿌리돌림을 하지 않음

③ 뿌리 돌림분의 크기
  ㉠ 이식할 때의 뿌리분의 크기보다 약간 작게 결정
  ㉡ 일반적인 분의 크기는 근원직경의 3 ~ 5배로 보통 4배 적용
  ㉢ 깊이는 측근의 밀도가 현저하게 줄어드는 부분까지 실시

④ 뿌리돌림의 방법
  ㉠ 구굴식 : 나무 주위를 도랑의 형태로 파내려간 뒤 노출되는 뿌리를 절단 후 흙으로 덮어주는 방법
  ㉡ 단근식 : 표토를 약간 긁어내어 뿌리가 노출되면 삽이나 톱 등을 땅속에 삽입하여 곁뿌리를 잘라내는 방법으로 비교적 작은 나무에 실시
  ㉢ 수목의 이식력을 고려하여 일시 또는 2 ~ 4등분하여 연차적으로 실시

⑤ 뿌리돌림의 순서
  ㉠ 분의 크기를 고려하여 수직으로 굴삭작업
  ㉡ 가는 뿌리는 분의 바깥쪽에서 잘라줌
  ㉢ 수목의 지지를 위해 3 ~ 4방향의 굵은 뿌리를 남겨 둠
  ㉣ 남겨둔 굵은 뿌리는 잔뿌리 발생을 촉진하기 위해 환상박피작업 실시
  ㉤ 절단, 박피 후 분을 새끼줄로 강하게 감은 다음 분의 밑부분 절단
  ㉥ 흙 되메우기는 토식으로 하며, 물주입은 절대 금지

ⓐ 지주목을 설치해 지지력을 높임
ⓑ 뿌리와 가지의 균형(T/R율)을 위해 정지, 전정 실시

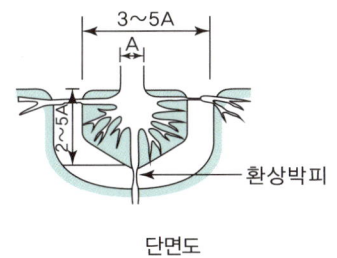
단면도

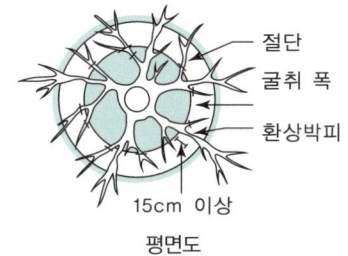
평면도

2 굴취

① 굴취의 일반적인 사항
  ㉠ 나무를 옮겨심기 위해 땅으로부터 파내는 작업
  ㉡ 대부분의 묘목은 봄에 굴취
  ㉢ 낙엽수는 생장이 끝나고 낙엽이 완료된 후인 11 ~ 12월에 굴취
  ㉣ 관목은 넓게, 교목은 깊게 굴취
  ㉤ 잔뿌리가 많고, 이식이 용이한 수종은 경비 절감을 위해 다소 작은 분
  ㉥ 부정근과 맹아력, 발근력이 왕성한 수종은 수액 이동 전에 분뜨지 않고 약간의 흙을 붙여 이식

※ 부정근
- 뿌리 이외의 부분, 즉 줄기에서 2차적으로 발생하는 뿌리

잔뿌리 많고 이식이 용이한 수종	개비자나무, 불두화, 회양목, 사철나무, 목수국, 철쭉, 쥐똥나무
부정근과 맹아력이 왕성한 수종	수양버들, 은수원사시, 플라타너스, 은행나무, 개나리, 단풍나무, 참느릅나무

② 나근굴취법(맨뿌리 캐내기)
  ㉠ 뿌리를 절단한 후 기존 흙을 붙이지 않고 맨뿌리로 캐내는 방법
  ㉡ 포장에서 자주 옮기고, 쉽게 활착되며 흙이 떨어져 나갈 염려가 적은 나무에 적용
  ㉢ 잔뿌리 형성이 많이 된 낙엽수, 작은 나무, 묘목 등의 굴취에 적용
  ㉣ 거적, 짚, 수태, 비닐 등으로 뿌리의 건조를 막음

③ 뿌리감기 굴취법
  ㉠ 뿌리를 절단 후 짚과 새끼 등으로 뿌리 감기를 해 뿌리 분을 만드는 법
  ㉡ 교목, 상록수, 이식력이 약한 나무, 희귀한 나무, 부적기 이식에 사용
  ㉢ 분의 크기는 근원직경의 4 ~ 6배가 적당
  ㉣ 이식력, 발근력이 약한 수종은 분을 더 크게 만듦
  ㉤ 일반적으로 상록활엽수 〉 침엽수 〉 낙엽활엽수 순으로 크게 만듦

※ 뿌리분
- 뿌리와 흙이 서로 밀착하여 한 덩어리가 되도록 한 것으로 이식 시 활착률을 높이기 위해서는 흙을 많이 붙이는 것이 좋으나 너무 커서 운반할 때 뿌리분이 깨지면 오히려 활착률이 떨어지므로 적당한 크기를 고려

④ 뿌리분의 종류

접시분	• 천근성수종에 적용 • 버드나무, 메타세콰이어, 낙우송, 일본잎갈나무, 편백, 미루나무, 사시나무, 황철나무
보통분	• 일반수종에 적용 • 단풍나무, 벚나무, 향나무, 버즘나무, 측백, 산수유, 감나무
조개분	• 심근성수종에 적용 • 소나무, 비자나무, 전나무, 느티나무, 백합나무, 은행나무, 녹나무, 후박나무

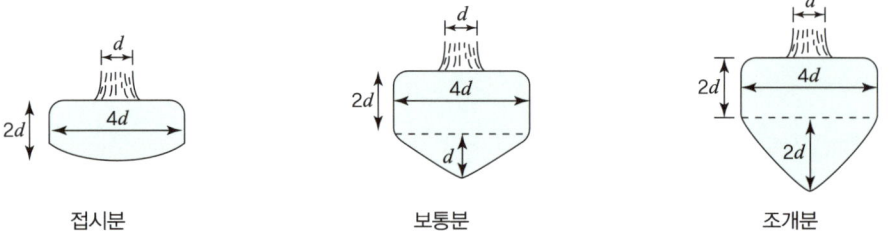

접시분　　　　　　보통분　　　　　　조개분

⑤ 뿌리분을 일반적으로 크게 뜨는 경우
　㉠ 이식이 어려운 수종
　㉡ 세근의 발달이 느린 수종
　㉢ 희귀종이나 고가의 수목
　㉣ 산에서 채집한 수목
　㉤ 부적기에 이식하는 수목
　㉥ 이식할 장소의 환경이 열악한 경우

⑥ 굴취방법
　㉠ 고사지, 쇠약지, 밀생한 가지 등을 전정하고 아래 가지는 묶음
　㉡ 잡초 및 오물 제거, 분의 크기를 표시한 다음 수직으로 파내려 감
　㉢ 굴취 폭은 분 크기보다 30cm 정도 더 넓게 팜
　㉣ 3cm 이상 굵은 뿌리는 톱으로 자르고, 3cm 이하의 가는 뿌리는 전정가위로 절단

⑦ 분감기
　㉠ 뿌리분 깊이만큼 파낸 다음 실시하지만 모래나 흐트러지기 쉬운 토양에서는 뿌리분 주위를 ½ 정도 파내려 갔을 때부터 시작하고 나머지 흙을 파고 다시 분감기를 함
　㉡ 뿌리분의 허리감기를 먼저 하고, 위아래감기를 실시

허리감기	• 뿌리분의 ½ 정도 파내려 갔을 때 뿌리분의 측면을 감기작업 • 최근에는 허리감기 대신 녹화마대나 녹화테이프를 측면에 대고 끈으로 감기도 함
위아래감기	• 작은 분은 8방위로 감고, 큰 분은 삼각 또는 사각으로 뜨면서 감기작업 • 석줄 감기 또는 넉줄 감기를 하며, 수목이 쓰러지지 않도록 주의가 필요

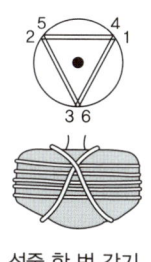 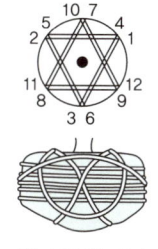 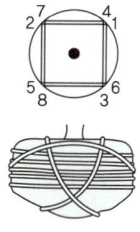

| 석줄 한 번 감기 | 석줄 두 번 감기 | 넉줄 한 번 감기 |

3 수목의 운반

① 운반방법
- ㉠ 조건에 따라 인력운반(목도, 리어카), 기계운반(크레인차, 트럭) 선택
- ㉡ 상, 하차는 인력이나 대형목의 경우 체인블럭, 크레인 등의 중기 사용

② 운반 시 주의 사항
- ㉠ 운반 전 뿌리의 절단면을 매끄럽게 마감
- ㉡ 뿌리의 절단면이 클 경우 콜타르 등을 발라 건조 방지
- ㉢ 세근이 절단되지 않도록 하고 충격 금지
- ㉣ 뿌리분의 보토 철저, 이중적재 금지
- ㉤ 충격과 수피손상 방지용 새끼, 가마니, 짚 등의 완충재 사용
- ㉥ 가지는 간단하게 가지치기를 하거나 간편하게 결박
- ㉦ 수목이나 뿌리분을 젖은 거적이나 시트로 덮어 수분 증발 방지
- ㉧ 적재 방향은 뿌리분은 차의 앞쪽, 수관부는 차의 뒤쪽

③ 소운반 거리
- ㉠ 소운반 거리는 20m 이내의 거리를 말하며, 20m를 초과할 경우 초과분에 대하여 별도로 계상
- ㉡ 경사면 운반 거리는 수직고 1m를 수평거리 6m로 봄

4 가식

① 가식장소
- ㉠ 양토나 사질양토로 바람이 없고 약간 습한 곳
- ㉡ 수목의 반출이 용이한 곳
- ㉢ 가급적 그늘진 곳
- ㉣ 방풍이 잘 되는 곳
- ㉤ 배수가 잘되는 곳
- ㉥ 식재지에서 가까운 곳
- ㉦ 주변 위험으로부터 안전한 곳

※ 식재 예정지에 도착한 수목은 가능한 빨리 식재하는 것이 좋으나, 당일 식재가 불가능할 경우 적합한 장소에 가식해 두었다가 후에 정식 실시

② 가식 수목의 관리
- ㉠ 가식 수목 간에는 원활한 통풍을 위하여 충분한 식재간격 확보
- ㉡ 가식장에는 관수 등 가식기간 중의 관리를 위한 작업 통로 설치
- ㉢ 가식 수목의 뿌리분은 충분히 복토하여 공기 중에 노출되지 않게 조치

ⓔ 가식 후에는 뿌리분 주변의 공기가 완전히 방출되도록 충분히 관수
ⓕ 연결형 지주 등을 설치하여 큰 수목이 바람에 흔들리지 않도록 조치

③ 묘목의 가식
㉠ 묘목을 굴취하였을 때는 즉시 선묘하여 가식하거나 포장
㉡ 검사포장을 한 후에는 하루 이내에 운반하여 산지에 가식
㉢ 산지에 가식 시 조림지의 최근 거리에서 실시
㉣ 봄에 굴취된 묘목은 동해가 발생하기 쉬우므로 배수가 좋은 남향의 사양토나 식양토에 가식
㉤ 가을에 굴취된 묘목은 건조한 바람과 직사광선을 막는 동북향의 서늘한 곳에 가식
㉥ 가식 시 뿌리부분을 부채살 모양으로 열가식 실시

5 식재

① 식재 지반의 조성
  ㉠ 자연지반과 인공지반 : 식재 지반에는 자연지반과 인공지반이 있음. 식재지반이 수목의 생육에 부적합할 경우에는 객토나 토양 개선 등을 통하여 수목의 생육 토심 확보
  ㉡ 비탈면 식재
    → 교목 1 : 3, 관목 1 : 2, 잔디 및 초화류 1 : 1보다 완만하게 함
    → 비탈면 잔디를 기계로 깎으려면 1 : 3보다 완만한 것이 좋음

② 수목의 식재 순서
  ㉠ 배식 → 식혈 → 흙 채우기 → 수목 앉히기 → 심기 → 물집 만들기 → 관수 및 멀칭 → 지주목 세우기

③ 배식
  ㉠ 공정표 및 시공도면, 시방서를 검토
  ㉡ 수목 및 양생제 반입 여부 재확인
  ㉢ 식재 지역을 사전 조사하여 시공 가능 여부 재확인
  ㉣ 수목의 배식, 규격, 지하 매설물을 고려하여 식재 위치를 결정

④ 식혈(植穴, 식재구덩이)
  ㉠ 뿌리분의 크기보다 1.5 ~ 3배의 크기로 식재구덩이를 파냄
  ㉡ 깊이는 뿌리분의 깊이와 거의 같게(밑거름을 고려해 약간 깊게)
  ㉢ 유기질이 많은 표토는 따로 모아 두었다가 사용

⑤ 수목 앉히기
  ㉠ 잘게 부순 양질의 토양을 넣고 잘 정돈
  ㉡ 한 번 앉힌 수목의 이동 금지
  ㉢ 원 생육지의 방향과 깊이를 최대한 맞추어 앉히기
  ㉣ 작업 전 정지, 전정이나 뿌리분의 충해 방제 작업

※ 방향이 틀렸을 때 바로 잡는 요령
  - 살며시 들어 움직여야 바닥의 비료와 닿지 않음
    (뿌리가 비료와 닿으면 뿌리의 절단면이 썩을 수 있음)

⑥ 심기

표토사용	• 식재 대상지역의 표토를 확보하여 식재에 활용
객토	• 식재구덩이에 넣는 흙으로 비옥한 토양의 사질양토 사용 • 경우에 따라 모래나 토양개량제를 섞어서 사용
물죔(수식)	• 뿌리분의 1/2 ~ 2/3 정도로 흙을 덮고 몇 차례 관수 • 진흙처럼 만들어 뿌리 사이에 흙이 잘 밀착되도록 함 • 일반 낙엽수나 상록활엽수 등 대부분의 수목
흙죔(토식)	• 물 사용시 분이 깨질 우려가 있거나 물 사용이 어려운 경우 • 물을 사용하지 않고 흙을 다져가며 심는 방법 • 겨울철 식재 및 소나무, 곰솔, 전나무, 소철 등에 적합

※ 죽쑤기
수목을 앉힌 후 흙을 2/3 정도 메운 다음 물을 충분히 주고 나무막대기나 삽으로 쑤셔 기포를 제거하고, 나머지 흙을 덮어주는 작업

6 식재 후 조치

① 물집만들기
  ㉠ 흙죔이나 물죔 모두 근원직경 5~6배의 원형 물받이 설치
  ㉡ 흙으로 높이 10 ~ 20cm의 턱을 만들어 사용

② 멀칭
  ㉠ 뿌리분 주위를 분쇄목, 짚, 바크, 대패밥 등으로 덮어주는 작업
  ㉡ 자연상태에서 분해 가능한 자연친화적 재료를 우선적으로 선정
  ㉢ 여름에는 수분 증발 억제, 겨울에는 보온효과로 뿌리 보호
  ㉣ 잡초 발생을 줄이고 근원부를 답압으로부터 보호
  ㉤ 비료의 분해를 느리게 하고, 표토의 지온을 높여 뿌리의 발육 촉진

③ 가지솎기(전정)
  ㉠ 식재과정에서 손상된 가지나 잎의 정리
  ㉡ 지상부와 지하부의 균형 유지를 위해 정지 및 전정

④ 수피감기(수간감기)
  ㉠ 하절기의 껍질데기 및 동절기의 동해 등에 의한 수간의 피해 방지
  ㉡ 수분증산 억제
  ㉢ 병충해 침입방지

※ 수간감기의 목적
비교적 수피가 매끄럽고 얇은 느티나무, 단풍나무, 벚나무, 배롱나무, 목련류 등의 수목이나 수피가 갈라져 관수나 멀칭만으로 힘든 소나무 등의 증산 억제에 적용. 소나무 등의 침엽수의 경우 새끼를 감고 진흙을 발라주는 것은 증발방지 외 해충의 침입 방지 목적도 있음.

⑤ 수목보호판 설치
  ㉠ 토양경화 방지나 우수유입 확보 등 토양환경을 양호한 상태로 유지
  ㉡ 보행공간 확대 등의 목적을 위해 설치
  ㉢ 근경이나 장래의 생장 등을 고려하여 여유있는 크기 결정

⑥ 시비
    ㉠ 시비량은 현장의 토양조건을 분석하여 시비
    ㉡ 수분증산 억제제와 영양제 공급 : 그늘도 제공
    ㉢ 토양조사가 없는 경우에는 식재 후 유기질 비료를 1 ~ 2kg/m² 시비하며, 유기질 비료 이외에 복합비료로 질소, 인, 칼륨을 각각 6g/m²씩 추가

⑦ 약제 살포
    ㉠ 수분 증산 억제제와 영양제를 뿌려줌

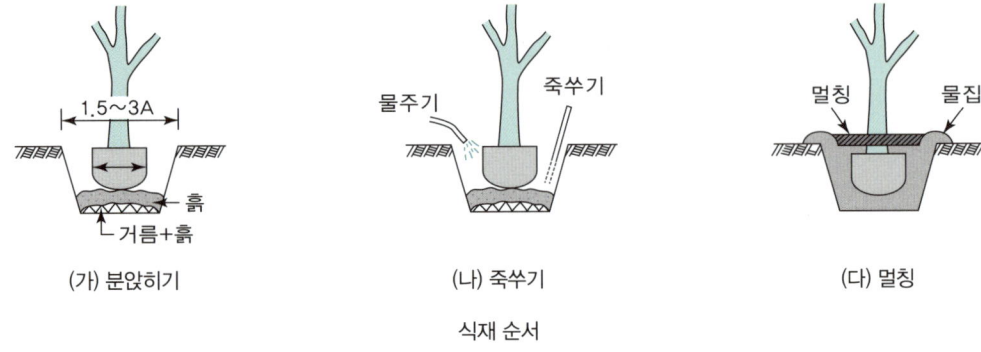

(가) 분앉히기   (나) 죽쑤기   (다) 멀칭

식재 순서

7 지주목 세우기

① 지주목 설치
    ㉠ 수목의 활착을 위하여 2m 이상의 교목에 요동 및 전도 방지 위해 설치
    ㉡ 지주목의 설치 형태는 수목의 규격과 위치 및 방법에 따라 결정
    ㉢ 가장 많이 사용하는 것은 삼발이지주과 사각지주
    ㉣ 삼발이지주는 안정되고 설치가 쉬우나 통행인이 많은 곳은 설치 불가
    ㉤ 통행인이 많은 곳은 삼각 또는 사각지주 설치

② 지주목 설치 시 고려사항
    ㉠ 주풍향, 지형 및 지반의 관계를 고려해 견고하고 아름답게 설치
    ㉡ 목재의 경우 내구성이 강한 것이나 방부 처리한 것을 사용
    ㉢ 수목 접촉 부위는 마대나 고무, 새끼, 마닐라로프 등의 재료로 손상 방지
    ㉣ 지주의 아랫부분을 30cm 정도 묻어 바람에 흔들림 방지

③ 지주의 종류와 특징
    ㉠ 단각지주
        → 묘목이나 1.2m 미만의 수목에 적용
        → 1개의 말뚝을 수간에 겹쳐서 박고 수간 고정
    ㉡ 이각지주
        → 1.2 ~ 2.5m의 수목에 적용
        → 'ㄷ' 자형으로 만들어 가로재에 수간 고정
        → 삼각지주나 사각지주의 사용이 곤란한 장소에 적합
    ㉢ 삼각지주
        → 포장지역에 식재하는 수고 1.2 ~ 5.5m의 수목에 적용
        → 수간 지지부를 삼각형 형태로 만들고 가로목과 중간목 배치
        → 미관상 필요한 곳에 설치

② 사각지주
  → 삼각지주와 같은 형태나 지주의 추가비용이 요구
  → 수간 지지부를 사각형 형태로 만들고 가로목과 중간목 배치
  → 미관상 필요한 곳에 설치
⑩ 삼발이지주
  → 수고 2m 이상의 나무에 적용
  → 안전성이 높고 지주와 지표면의 각도는 45 ~ 75°
  → 사람의 통행이 많지 않고 경관상 주요 지점이 아닌 곳
⑪ 연계형 지주(울타리식 지주)
  → 수고 1.2 ~ 4.5m 정도의 같은 종류 수목의 군식에 사용
  → 수목끼리 서로 연결하여 사용
  → 지주목을 군데군데 박고 대나무, 통나무, 철선 등을 수평으로 연결
⑫ 당김줄형 지주
  → 거목이나 경관적 가치가 특히 요구되는 곳에 설치
  → 턴버클과 와이어 등을 이용해 설치
  → 60° 정도의 경사각으로 세 방향으로 당겨서 지하에 고정하는 방법
⑬ 매몰형 지주
  → 경관상 매우 중요한 곳이나 지주목이 통행을 방해하는 곳에 적용
  → 땅속에서 뿌리분을 고정시키는 방법

8 관목의 식재

① 열식 또는 군식할 위치를 새끼줄이나 소석회 등으로 표시

열식	• 차폐, 시선유도, 경계부식재, 둘러싸인 공간 등을 목적으로 식재 • 수관을 붙이거나 일정한 간격을 두고 열을 지어 식재 • 같은 수종과 비슷한 규격을 사용
군식	• 형태나 규모 제약 없이 기능과 아름다움 고려해 모아심기 • 다른 수종과 섞어 식재하기도 하고 다양한 규격 사용하기도 함 • 초점 강조를 위해 관목을 군식하기도 함

2 잔디식재공사

1 잔디 지반 조성
① 표면 및 심토층 배수를 고려하여 습지가 생기지 않도록 유의
② 일반 잔디면은 표면 배수를 고려하여 2% 이상의 기울기 유지
③ 운동용 잔디면은 2% 이내의 배수면 유지 : 심토층 배수 고려
④ 돌이나 나무뿌리 등 장애물 제거 후 균일하게 표면 준비
⑤ 표면 준비로 제거되지 않는 잡초는 발아 전 제초제 등으로 제거
⑥ 사질양토로 pH5.5 이상

2 종자번식
: 잔디의 녹화 속도는 느리지만, 대규모의 잔디밭을 고르게 조성하는데 효과적
① 종자의 발아 조건

잔디종류	난지형 잔디	한지형 잔디
발아적온	25 ~ 35℃	15 ~ 25℃
파종시기	5 ~ 6월	9 ~ 10월
토양조건	• 배수가 양호하고 비옥한 사질 토양이 적합 • 대부분의 잔디는 pH6.0 ~ pH7.0이 적합	

※ 난지형 잔디는 발아율이 낮아 영양번식을 주로 하며, 한지형 잔디는 발아율이 좋아 종자번식이 대부분을 차지함.

② 잔디의 파종 순서
　㉠ 경운 → 시비 → 정지 → 파종 → 복토(레이킹) → 전압 → 멀칭 → 관수

③ 파종 시행
　㉠ 종자를 반씩 나누어 반은 세로, 반은 가로 파종
　㉡ 특별한 경우가 아니면 복토는 하지 않으며, 종자의 50% 이상이 지표면 3mm 이내에 존재하도록 레이킹 실시
　㉢ 전압 : 레이킹 후 롤러로 전압하거나 발로 밟아 종자를 토양에 밀착
　㉣ 멀칭 : 비닐(한국잔디)이나 짚(서양잔디)으로 피복하여 습기 보존 및 종자 유실 방지

※ 파종 전 처리
　- 우리나라 들잔디의 경우 종피가 단단하여 발아가 잘 되지 않으므로 수산화칼륨(KOH) 20 ~ 25% 용액에 30 ~ 45분간 담가두었다가 물에 씻어낸 후 파종 실시

3 영양번식
: 잔디에 가로경이 있어서 떼를 형성하는 잔디 등에 적용하는 번식방법
① 번식 적기
　㉠ 영양번식은 이식 후 관리만 잘하면 언제나 가능

한지형잔디	9 ~ 10월과 3 ~ 4월
난지형잔디(한국 잔디류)	4 ~ 6월 뗏장 피복 적기

② 번식방법
  ㉠ 뗏장 : 잔디의 포복경 및 뿌리가 자라는 잔디 토양층을 일정한 두께와 크기로 떼어낸 것
  ㉡ 뗏장심기 : 뗏장을 붙이는 방법으로 뗏장 사이의 간격에 따라 소요량과 조성 속도가 차이 남. 줄눈은 어긋나게 심는 것이 좋음. 조성기간은 평떼를 제외하고 2 ~ 3년 소요
  ㉢ 풀어심기: 잔디의 포복경(기는 줄기) 및 지하경을 땅에 묻어주는 것으로 파종에 의한 피복이 어려운 초종에 적용. 조성 기간은 2 ~ 3년 소요

풀어심기		포복경에 붙은 흙을 털어내어 산파하거나 5 ~ 10cm 정도의 간격을 띄어 식재
뗏장심기	평떼심기	식재 대상지에 전면적으로 빈틈없이 붙이는 방법
	이음매심기	뗏장 사이에 일정한 간격을 두고 이어 붙이는 방법
	어긋나게심기	뗏장을 어긋나게 배치하여 붙이는 방법
	줄떼심기	뗏장을 10 ~ 30cm 간격으로 줄을 지어 붙이는 방법
롤잔디붙이기		뗏장이 길어 롤 상태로 운송되는 잔디

③ 잔디의 규격 및 식재기준

구분	규격(cm)	식재기준
평떼	30×30×3	1m²당 약 11장
	25×25×3	1m²당 16장
	20×20×3	1m²당 25장
	18×18×3	1m²당 약 30장
줄떼	10×30×3	1/2 줄떼 : 10cm 간격, 1/3 줄떼 : 20cm 간격

④ 잔디식재 시 주의사항
  ㉠ 바닥을 고른 후 뗏장을 깔고 모래나 양질의 흙을 덮기
  ㉡ 뗏장의 이음새와 가장자리 부분에 흙을 충분히 채울 것
  ㉢ 뗏밥도 뿌리고 무게 110~130kg의 롤러나 인력 다지기
  ㉣ 경사면 시공 시 경사면의 아래쪽에서 위쪽으로 붙여 나가며 뗏장 1매당 2개의 떼꽂이로 고정

⑤ 종자번식과 영양번식의 비교

장단점	종자번식	영양번식
장점	• 비용 저렴 • 균일, 치밀한 잔디 조성 가능 • 작업이 편리	• 짧은 시일내 잔디 조성 가능 • 공사시기 제한 거의 없음 • 조성공사가 매우 안정 • 경사지 공사 가능
단점	• 완성에 60 ~ 100일 정도 소요 • 정해진 시기에만 파종 가능 • 경사지 파종이 곤란	• 비용 고가 • 공사 기간이 비교적 오래 걸림

4 관수

① 새로 파종 및 식재한 잔디의 관수는 수적을 작게, 수압도 약하게 하여 관수
② 관수량과 관수 빈도는 온도와 일조 등 기후 조건에 따라 크게 좌우됨
③ 관수 시간은 오후 6시 이후 : 토양의 흡수가 원활하고 수분 유실 저하
④ 관수량은 1m²당 6L 정도로 포지가 충분히 젖도록 관수

※ 수적 : 작은 물의 덩이

3 포장공사

1 포장재료의 선정

① 안전, 기능, 미관 등 공간의 용도를 고려하여 선택
② 시공비 및 관리비를 생각해서 선택
③ 내구성이 있으면서 배수가 잘되는 재료 선택
④ 보행 시 미끄럼이 적은 것(마찰력이 있는 것)을 선택
⑤ 재료의 질감과 외관이 좋은 것을 선택
⑥ 변화가 적으며 태양광선의 반사가 적은 것을 선택

구분	포장재료의 종류
인공재료	아스팔트 콘크리트 포장, 시멘트 콘크리트 포장, 투수콘크리트 포장, 벽돌 포장, 콘크리트블럭 포장, 타일 포장
자연재료	자연석, 판석, 호박돌, 조약돌, 마사토, 통나무

2 원로 포장의 일반적인 사항

① 안전하고 기능적으로 이용할 수 있도록 포장
② 단순, 명쾌할 것
③ 포장재료 선택 시 공간의 용도 고려
④ 용도가 다른 원로는 분리시키고 재료를 달리할 것
⑤ 원로의 폭은 1인용 0.8 ~ 1.0m, 2인용은 1.5 ~ 2.0m 정도는 유지
⑥ 보도, 차도 겸용 : 최소한 1차선(3m)의 폭은 유지

3 보도블럭 포장

① 보도블럭의 특징 : 재료의 종류가 다양하고 시공과 보수가 용이하며, 공사비가 저렴. 반면 줄눈이 모래로 채워져 있어 결합력이 약하다는 단점
② 포장 방법
  ㉠ 말뚝(철근)을 박아 각 포장재료의 높이를 표시
  ㉡ 포장 구역의 지반을 다지고, 모래를 3~5cm 정도 깔며 마감되는 자리에 경계블럭 설치
  ㉢ 포장구역의 물매를 잡아 기준실 설치(2% 정도)
  ㉣ 고른 모래층을 밟지 않도록 기준실에 맞춰 보도블럭 깔기

ⓜ 경계블럭 상단면과 보도블럭 표면 높이 일치시킴
ⓑ 포장에 문양을 맞춰가며 깔기
ⓢ 요철이 생기지 않게 모래를 조절
ⓞ 다짐 후, 보도블럭 위 모래를 깔고 비로 쓸어 줄눈에 모래 채움

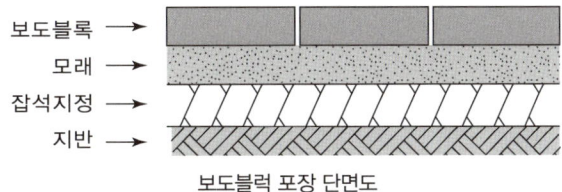

보도블럭 포장 단면도

③ 소형고압블럭(ILP : Interlocking Paver)
  ㉠ 일반 보도블럭의 단점인 결합력과 강도를 보완
  ㉡ 내구성과 강도가 높음
  ㉢ 시공이 편리하고 경제성이 높음
  ㉣ 종류가 많고 색상이 다양
  ㉤ 보도와 차도를 분리하거나 주차장의 색을 구분할 때 효과적
  ㉥ 고강도 조립블럭이라고도 함.

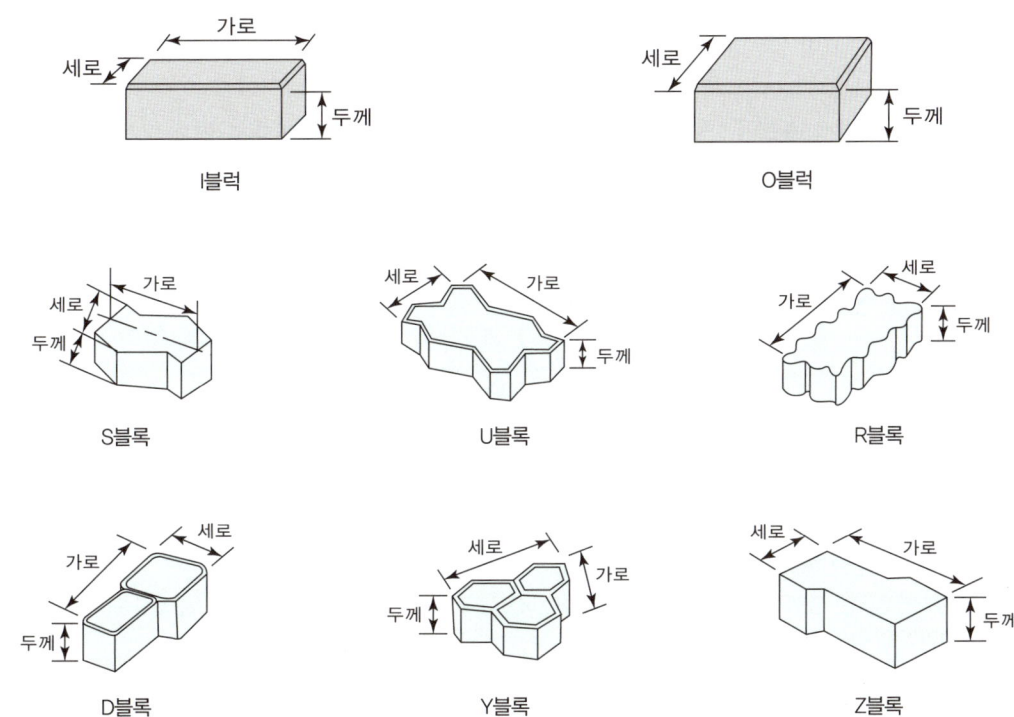

4 경계블럭

① 경계블럭의 재료는 콘크리트와 화강석이 주로 사용

② 경계블럭의 설치
  ㉠ 포장구역을 측량하고 말뚝을 박아 기준실로 경계블럭의 위치 표시
  ㉡ 도면상의 선형과 깊이에 맞도록 터파기 후 다짐
  ㉢ 상단 높이에 맞춰 기준실 설치

- ㄹ 거푸집 설치 후 기초 콘크리트를 치고 상단면 고름
- ㅁ 모르타르를 이용하여 기준실에 맞게 경계블럭 설치
- ㅂ 마무리면의 평탄성을 확인
- ㅅ 경계블럭의 줄눈에 모르타르 채우고 굳으면 거푸집 제거
- ㅇ 흙으로 뒤채움 후 마무리

5 벽돌 포장

① 벽돌 포장의 특성 : 시멘트 벽돌이나 붉은 벽돌을 주로 사용

장점	구워서 만든 소성벽돌 포장은 감촉이 좋고, 질감과 색상이 따뜻하여 친근감을 주며 반사가 적음
단점	마멸과 동결 및 융해에 대한 저항성이 약하고, 탈색이 쉬우며 압축강도가 약하고 벽돌 사이의 결합력이 작음

② 벽돌 포장의 방법
 ㄱ 벽돌의 면, 길이, 마구리 등 밟는 면에 따라 다양한 디자인 가능
 ㄴ 일반적으로 평깔기와 모로세워깔기

③ 벽돌 포장의 시공 순서
 ㄱ 포장 구역을 측량하고, 말뚝을 박아 각 포장재료의 높이를 표시
 ㄴ 터파기 : 필요한 깊이로 파고 단단히 다짐
 ㄷ 모래깔기 : 3~5cm 두께로 고르게 깔고 다짐
 ㄹ 블록놓기 및 물매잡기 : 물매를 고려하여 기준실을 설치하고 무늬대로 벽돌을 깐 후 고정
 ㅁ 모래덮기 및 뒷정리 : 포장이 끝나면 포장면에 모래를 뿌려 평평하게 하고, 주변을 깨끗하게 청소

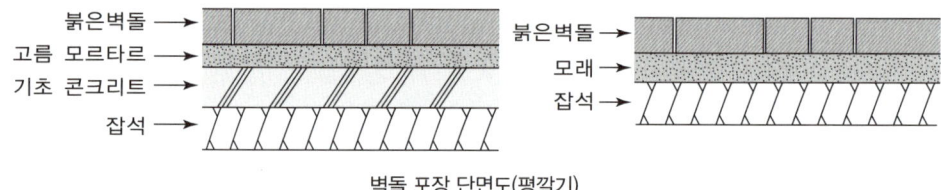

벽돌 포장 단면도(평깔기)

※ 점토벽돌
1. 점토벽돌은 점토, 혈암 등을 주원료로 하여 성형, 건조, 소성시켜 만든 벽돌로 4~7%의 철분을 함유한 일반점토를 산화 소성 방식에 의해 생산한 미장 벽돌과 표면에 유약을 바르고 소성한 유약 벽돌로 구분
2. 벽돌 포장 공법은 밀도가 높은 점토벽돌을 사용하기 때문에 구조적으로 견고할 뿐 아니라, 다른 포장 재료에 비해 색채와 질감 및 포장 패턴이 매우 우수하며, 유지관리비가 저렴

6 판석 포장

① 판석의 종류 및 특성 : 판석은 주로 화강암이나 점판암(청회색 또는 흑색)을 얇은 판 모양의 규칙적인 모양(직사각형 또는 정사각형)이나 자연스러운 모양(이형판석)으로 가공한 것

장점	주로 보행동선에 사용되며, 시각적 효과가 우수
단점	불투수성 재료를 사용하여 포장면이 유출량이 많아짐

② 판석 포장의 시공 순서
　㉠ 포장 구역을 측량 후 말뚝으로 포장재료의 높이를 표시
　㉡ 필요한 깊이로 파고 원지반을 다진 후 잡석을 넣고 단단히 다짐
　㉢ 가장자리는 화강암 경계석을 설치하고, 1 : 3 : 6의 기초 콘크리트
　㉣ 물매를 고려하여 기준실 설치
　㉤ 시멘트와 모래를 1:3의 비율로 반죽해 판석 밑에 채우면서 넣음
　㉥ 큰 것을 먼저 넣고, 사이사이에 작은 것을 놓음
　㉦ 가급적 십(+)자 줄눈을 피하고 Y자 줄눈
　㉧ 판석을 깔고 고무망치로 두드려 모르타르가 골고루 채워지도록 함
　㉨ 줄눈 1~2cm로 하고, 깊이는 판석면과 같거나 1cm 이내
　㉩ 판석 위에 묻은 모르타르를 굳기 전에 닦아 냄
　㉪ 양생재료를 덮고 최소한 3일간 물을 뿌려주며 충분히 양생

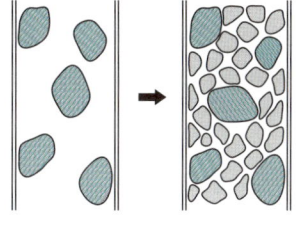

편석 포장 순서

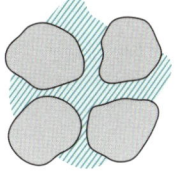

나쁨

판석 포장 줄눈

7 콘크리트 포장

① 콘크리트 포장의 특성 : 원로, 광장, 자전거 도로 등에 사용되며, 보조기층을 튼튼히 하여 부동침하를 막아야 함
　㉠ 두께를 10cm 이상으로 하며, 철근이나 와이어메쉬를 넣어 보강
　㉡ 포장 콘크리트는 W/C비를 50% 이내
　㉢ 골재의 최대 치수는 40mm 이하
　㉣ 콘크리트 치기는 4℃ 이하일 때와 30℃ 이상일 때 우천 시는 피함
　㉤ 온도 변화에 따른 수축, 팽창에 의한 파손 방지를 위해 신축줄눈과 수축줄눈 설치
　㉥ 30분 이상 작업이 지연될 경우는 시공줄눈 설치
　㉦ 시공줄눈은 가능한 신축줄눈

장점	내구성 및 내마모성이 좋음
단점	파손된 곳의 보수가 어렵고 보행감이 좋지 않음

② 콘크리트 포장의 시공순서
　㉠ 포장구역을 측량하고, 말뚝을 박아 각 포장재료의 높이 표시
　㉡ 필요한 깊이로 파고 원지반을 다진 후 잡석을 넣고 단단히 다짐
　㉢ 포장구역에 거푸집 설치
　㉣ 신축줄눈 판을 모르타르로 고정하며 6m 간격으로 설치
　㉤ 콘크리트 두께의 1/3 정도 되는 곳에 와이어메쉬 설치
　㉥ 콘크리트는 30분 이내 작업완료
　㉦ 다짐작업, 거친면 마무리

◎ 양생재료로 덮고, 5일 이상 물을 뿌려주며 양생

※ 와이어메쉬(용접철망)
금속재인 연강 철선을 정방향 또는 장방향으로 겹쳐서 전기 용접한 것으로 블록 또는 포장공사 시 균열 방지를 위해 사용

8 투수콘 포장

- ① 투수콘 포장의 특성
  - ㉠ 투수콘 포장은 아스팔트 유제에 다공질 재료를 혼합하여 표면수의 통과를 가능하게 한 포장
  - ㉡ 보행 감각이 좋고 미끄러짐과 눈부심을 방지하며, 강우 시에 물이 땅으로 스며들어 보행에 불편함이 없음
  - ㉢ 식물생육과 토양미생물 보호가 가능
  - ㉣ 보도나 광장 또는 자전거 도로에 사용하며 하중을 받지 않는 차도나 주차장에 사용

- ② 투수콘 포장의 시공순서
  - ㉠ 지반을 다지고 모래로 필터층을 만듦
  - ㉡ 지름 40mm 이하의 부순 돌로 기층을 조성
  - ㉢ 조성된 기층에 혼화재료를 깔고 다짐

9 석재타일 포장

① 석재타일 포장의 특성
  - ㉠ 타일 포장은 강조 지역, 청결 유지 지역에 적합
  - ㉡ 타일 포장은 미끄러우므로 옥외 포장용은 요철이 있는 것을 사용하는 것이 좋음

※ 인조 석재타일
1. 견고하고 흡수성이 작아 외부 공간에 많이 쓰임
2. 화강석의 질감을 재현한 자기질로 표면이 약간 거칠고 광택이 있으며, 질감과 색채가 자연스러움
3. 내마멸성과 내구성이 좋아 차도에도 사용

② 석재타일 포장의 시공 순서
  - ㉠ 포장 구역을 측량하고, 말뚝을 박아 각 포장재료의 높이를 표시
  - ㉡ 필요한 깊이로 파고 원지반을 다진 후 잡석을 넣고 단단히 다짐
  - ㉢ 포장구역에 거푸집을 설치하고, 1 : 3 : 6의 기초 콘크리트를 두께 10cm 정도로 침
  - ㉣ 석재타일을 붙이기 전에 바닥면을 청소하고, 고름 모르타르를 습윤상태가 되도록 유지
  - ㉤ 고름 모르타르는 1 : 3, 붙임 모르타르는 1 : 2 정도로 반죽하여 타일을 눌러 붙임
  - ㉥ 타일을 붙이고, 최소 3~10시간 경과 후 줄눈파기를 하여 깨끗이 청소
  - ㉦ 24시간 경과 후 줄눈바탕에 물을 뿌려주고, 줄눈용 시멘트로 치장줄눈을 넣음
  - ㉧ 노출면을 양생재료로 덮고, 최소 3일간 보호 양생

10 아스팔트 포장

① 아스팔트 포장의 특성
  - ㉠ 아스팔트 또는 타르에 의해 고결된 쇄석 등의 공재로 포장된 것
  - ㉡ 지반조건이나 예상 하중을 고려하여 보조기층 설치
  - ㉢ 콘크리트에 비해 가격 저렴
  - ㉣ 시공성이 용이하여 건설속도가 빠르고 평탄성이 좋음

ⓜ 투수성 아스팔트는 투수성이 있게 공극률 9~12% 기준으로 설정
ⓑ 차량동선 및 주차장 등에 사용

② 아스팔트 침입도
ⓐ 아스팔트의 굳기 정도를 나타내는 것
ⓑ 보통 25℃의 온도에서 100g의 하중을 가한 바늘이 5초간 들어간 깊이
ⓒ 깊이 들어간 것이 무른 아스팔트

4 수간주사

목적	쇠약한 나무, 이식한 큰 나무, 외과수술을 받은 나무, 병충해의 피해를 입은 나무 등의 수세를 회복시키거나 발근 촉진을 위하여 인위적으로 약제를 나무줄기에 주입
시기	수액의 이동이 왕성한 4~9월 사이 증산 작용이 왕성한 맑은 날에 실시(4~5월)
방법	• 수간 밑에서 5 ~ 10cm에 구멍을 뚫은 다음 반대편에 지상에서 10 ~ 15cm 높이에 구멍을 뚫음 • 구멍의 각도는 30° 내외, 깊이는 3 ~ 4cm, 지름은 5mm 내외 • 수간주입기를 180cm 정도 높이에 고정 • 구멍 속에 약제를 채워 공기를 뺀 다음 마개로 닫음

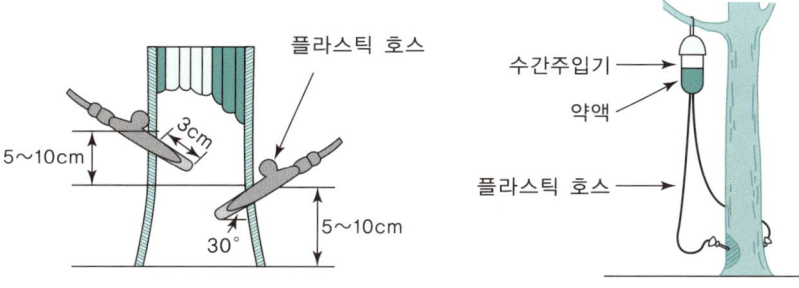

5 작업형 실습내용

1 교목식재와 새끼감기

① 식재구덩이 파기(식혈)
  ⓐ 넓이 : 뿌리분의 1.5 ~ 3배
  ⓑ 깊이 : 뿌리분의 깊이보다 5~10cm 더 깊게
  ⓒ 식혈 작업 시 겉흙과 속흙을 구분하여 따로 보관
  ⓓ 이물질 제거
  ⓔ 비료가 주어지면 가운데 비료를 깔고 겉흙을 덮어 중앙을 약간 볼록하게 만듦(5~10cm)

② 식재
  ⓐ 뿌리분이 깨지지 않도록 앉힘
  ⓑ 생육지의 방향과 수형을 고려해 돌려가며 고정
  ⓒ 구덩이에 흙을 2/3 정도 채워 넣음(겉흙을 먼저 사용)

ⓔ 계속 물을 부으며 막대기를 이용하여 분의 주위를 쑤셔가며 흙과 뿌리분에 공극이 생기지 않도록 죽 쑤기 시행
ⓜ 더 이상 물이 들어가지 않으면 죽쑤기 정지
ⓑ 물이 스며든 후 나머지 흙을 넣어주고 다져줌

③ 물집 만들기
㉠ 복토 후 뿌리분 주위에 구덩이 크기 정도의 범위로 물집을 만듦
㉡ 필요한 경우 멀칭작업 시행

④ 새끼감기
㉠ 수간 아래쪽, 새끼의 한쪽을 위로 조금 접음
㉡ 접힌 부분을 감싸가며 수간을 촘촘히 감아 올라감
㉢ 수간을 감아 올라가다 감아 줄 새끼가 어느 정도 남으면 마지막 감은 줄 사이로 넣어 당겨 줌
㉣ 남겨진 끝을 잘라내어 늘어진 새끼가 없애줌
㉤ 진흙 바르기가 주어진 경우 진흙을 물에 이겨 빈틈이 없도록 바름

⑤ 해체 및 정리
㉠ 감독관의 확인 후 실습 순서의 역순으로 해체
㉡ 재료를 원래 위치로 정리

※ 순서
식혈 → 배식 → 흙 채우기 → 죽쑤기 → 나머지 흙 채우기 → 물집 만들기 → 새끼감기 → 진흙 바르기 → 해체 및 정리

2 교목식재와 삼발이지주

① 식재구덩이 파기(식혈)
  ㉠ 넓이 : 뿌리분의 1.5 ~ 3배
  ㉡ 깊이 : 뿌리분의 깊이보다 5 ~ 10cm 더 깊게
  ㉢ 식혈 작업 시 겉흙과 속흙을 구분하여 따로 보관
  ㉣ 이물질 제거
  ㉤ 비료가 주어지면 가운데 비료를 깔고 겉흙을 덮어 중앙을 약간 볼록하게 만듦(5 ~ 10cm)

② 식재
  ㉠ 뿌리분이 깨지지 않도록 앉힘
  ㉡ 생육지의 방향과 수형을 고려해 돌려가며 고정
  ㉢ 구덩이에 흙을 2/3 정도 채워 넣음(겉흙을 먼저 사용)
  ㉣ 계속 물을 부으며 막대기를 이용하여 분의 주위를 쑤셔가며 흙과 뿌리분에 공극이 생기지 않도록 죽쑤기 시행
  ㉤ 더 이상 물이 들어가지 않으면 죽쑤기 정지
  ㉥ 물이 스며든 후 나머지 흙을 넣어주고 다져줌

③ 삼발이지주목
  ㉠ 구덩이 파기 : 식재된 수목을 중심으로 지주목을 이용하여 지주목이 묻힐 세 곳을 정삼각형 모양으로 구덩이 파기(깊이 30cm 정도)
  ㉡ 새끼감기(수피보호) : 지주목을 놓고 기울여서 수간에 결속되는 위치 확인 후 결속 위치에 새끼감기
  ㉢ 고무바 고정 : 하나의 지주목에 고무바를 묶음
  ㉣ 지주목 결속 : 땅을 판 세 곳에 지주목을 세워 같은 높이로 배치 후 고무바를 돌려가며 고정
  ㉤ 지주목 묻기 : 흔들리지 않도록 지주목을 땅속에 묻고 땅을 밟아 단단하게 다짐

④ 물집 만들기
  ㉠ 복토 후 뿌리분 주위에 구덩이 크기 정도의 범위로 물집을 만듦
  ㉡ 필요한 경우 멀칭작업 시행

⑤ 해체 및 정리
  ㉠ 감독관의 확인 후 실습 순서의 역순으로 해체
  ㉡ 재료를 원래 위치로 정리

※ 순서
식혈 → 배식 → 흙 채우기 → 죽쑤기 → 나머지 흙 채우기 → 새끼감기(수피보호) → 지주목 결속 → 물집 만들기 → 해체 및 정리

3 삼각지주 세우기

① 구덩이 파기
   ㉠ 가로목을 이용하여 지주목을 묻을 자리 확인
   ㉡ 정삼각형 모양으로 구덩이 파기(깊이 30cm 정도)

② 지주목 제작
   ㉠ 가로목 3개의 양쪽에 모두 못을 박아 둠
   ㉡ 긴 지주목 2개와 가로목 1개를 이용하여 못을 박아 'ㄷ'자 형태로 제작
   ㉢ 긴 지주목 1개와 가로목 1개를 이용하여 못을 박아 'ㄱ'자 형태로 제작

③ 수피감기
   ㉠ 땅을 판 곳에 'ㄷ'자 형태로 제작된 지주목을 대어 결속되는 위치를 확인
   ㉡ 확인된 위치에 새끼감기

④ 지주목 결속 및 고정
   ㉠ 수목을 가운데 두고 'ㄷ'자 형태로 제작된 지주목 위에 'ㄱ'자 형태로 제작된 지주목을 올려 못을 박아 결속
   ㉡ 나머지 1개의 가로목을 빈 곳에 덧대 삼각형 모양을 만들어 못을 박아 고정
   ㉢ 중간목을 가로목 위에 덧대고 못을 막아 고정
   ㉣ 중간목과 수간을 고무바로 묶어서 고정

⑤ 지주목 묻기
   ㉠ 지주목 아래 구덩이에 흙을 채워줌
   ㉡ 지주목의 고정을 위해 땅을 밟아 단단하게 다짐

⑥ 해체 및 정리
   ㉠ 감독관의 확인 후 실습 순서의 역순으로 해체
   ㉡ 재료를 원래 위치로 정리

※ 순서
   구덩이 파기 → 지주목 제작 → 수피감기 → 지주목 결속 및 고정 → 지주목 묻기 → 해체 및 정리

4 관목의 열식

① 식재위치 선정
  ㉠ 식재할 위치를 기준실을 띄워 정확하게 표시
  ㉡ 식재 간격이 주어진 경우 기준에 따르고, 주어지지 않을 경우 30cm 정도

② 구덩이 파기
  ㉠ 개별 구덩이를 파지 않고 도랑파기를 실시
  ㉡ 뿌리분의 1.5배 이상의 폭으로 파고 잔돌, 부스러기 등의 이물질 제거

③ 식재
  ㉠ 2열 이상으로 식재할 경우 교호식재가 되도록 어긋나게 배치
  ㉠ 식재될 관목을 먼저 배치
  ㉡ 뿌리가 서로 엉키지 않도록 하며 뿌리 사이에 흙을 충분히 채워지도록 식재
  ㉢ 흙을 덮은 후 식재된 나무를 살짝 당기면서 잘 밟아 줌

④ 관수 및 복토
  ㉠ 삐뚤어진 나무를 바로 잡아주며 충분히 관수(구술)
  ㉡ 물이 스며든 이후 복토

⑤ 전정(구술)
  ㉠ 높이에 맞춰 전정 실시
  ㉡ 위쪽은 강하게 아래쪽은 약하게

⑥ 해체 및 정리
  ㉠ 감독관의 확인 후 실습 순서의 역순으로 해체
  ㉡ 재료를 원래 위치로 정리

※ 순서
식재위치 선정 → 구덩이 파기 → 식재 → 관수 및 복토 → 전정 → 해체 및 정리

5 뗏장시공

① 경운 및 정지
- ㉠ 기준실을 띄워 시공 지역을 정확하게 마름질
- ㉡ 20cm 이상의 깊이로 흙을 갈아 엎어 줌
- ㉢ 돌 등의 이물질을 제거하고, 표면배수를 위해 약간 경사지게 물매를 잡아줌

② 시비 및 레이킹 작업
- ㉠ 비료를 뿌리고 레이크로 긁어 흙 속 깊이 약 5cm 정도의 깊이로 묻히게 함
- ㉡ 복합비료의 양은 20g/m² 정도

③ 떼 붙이기
- ㉠ 잔디를 조건에 맞게 배치
- ㉡ 어긋나게 붙이기의 경우 피복률에 따라 다르게 배치(피복률 50%, 30% 등)

50% 피복률

30% 피복률

④ 줄눈 채우기(복토)
- ㉠ 잔디를 배치 후 흙이나 모래를 덮어 줄눈과 빈 공간을 채워줌
- ㉡ 뗏장이 뜨지 않도록 충분하게 복토

⑤ 전압 및 관수
- ㉠ 롤러로 다지거나 삽으로 두들겨 잔디를 밀착시켜 줌
- ㉡ 삽으로 작업 시 안전에 유의
- ㉢ 식재 후 6L/m² 정도로 충분히 관수

⑥ 해체 및 정리
- ㉠ 감독관의 확인 후 실습 순서의 역순으로 해체
- ㉡ 재료를 원래 위치로 정리

※ 순서
경운 및 정지 → 시비 및 레이킹 → 떼 붙이기 → 줄눈 채우기 → 전압 및 관수 → 해체 및 정리

비료   시비 후

6 잔디종자파종

① 경운 및 정지
  ㉠ 기준실을 띄워 시공 지역을 정확하게 마름질
  ㉡ 20cm 이상의 깊이로 흙을 갈아 엎어 줌
  ㉢ 돌 등의 이물질을 제거하고, 표면배수를 위해 약간 경사지게 물매를 잡아줌

② 파종
  ㉠ 종자를 같은 양의 모래와 골고루 섞어 준 후 반으로 나눔
  ㉡ 반은 가로방향으로 파종하고, 나머지 반은 세로방향으로 파종

③ 레이킹
  ㉠ 파종 후 복토는 하지 않음
  ㉡ 레이크로 가볍게 긁어주어 종자가 지표면 3mm 이내 존재하도록 함

④ 전압 및 관수
  ㉠ 레이킹 후 롤러로 전압하거나 삽으로 다져줌
  ㉡ 파종지가 충분히 젖도록 관수

⑤ 해체 및 정리
  ㉠ 감독관의 확인 후 실습 순서의 역순으로 해체
  ㉡ 재료를 원래 위치로 정리

※ 순서
경운 및 정지 → 파종 → 레이킹 → 전압 및 관수 → 해체 및 정리

종자와 모래

7 벽돌 포장

① 터파기 및 정지작업
- ㉠ 기준실을 띄워 포장지역을 정확히 마름질
- ㉡ 30cm 이상의 깊이로 터파기 실시
- ㉢ 잡석이나 콘크리트, 모르타르 등은 실제 행하지 않고 높이에 맞추어 모래나 흙으로 다짐만 실시

② 모래깔기
- ㉠ 기층 위에 모래를 4cm 정도 깔아주고 고르게 다짐
- ㉡ 자갈 등은 골라내고 모래만 사용하여 작업

③ 벽돌깔기
- ㉠ 도면의 모양대로 벽돌을 배치
- ㉡ 줄눈의 간격은 10mm로 일정하게 깔아줌
- ㉢ 요철이 생기지 않도록 각목이나 고무망치를 사용하여 깔아줌(약 20여장)
- ㉣ 배수를 고려해 약간의 경사를 줌(2% 정도)

④ 마무리작업
- ㉠ 주어진 벽돌을 다 깐 후 벽돌 사이에 모래가 들어가도록 모래를 포장면 위에다 뿌린 후 손으로 쓸어주며 줄눈을 채움
- ㉡ 남은 모래를 제거하며 가장자리 벽돌이 밀리지 않도록 벽돌 옆에 흙을 다져 보강
- ㉢ 주어진 빗자루로 쓸어 벽돌이 잘 보이게 정리

⑤ 해체 및 정리
  ㉠ 감독관의 확인 후 실습 순서의 역순으로 해체
  ㉡ 재료를 원래 위치로 정리

※ 순서
  터파기 및 정지 작업 → 모래깔기 → 벽돌깔기 → 마무리 작업 → 해체 및 정리

8 판석 포장

① 터파기 작업
- ㉠ 기준실을 띄워 포장지역을 정확히 마름질
- ㉡ 30cm 이상의 깊이로 터파기 실시

② 기층시공
- ㉠ 기초 콘크리트를 10~15cm 높이로 깔아줌(구술로 하거나 흙이나 모래로 대체)
- ㉡ 모르타르를 4~5cm 정도 고르게 깔아줌(구술로 하거나 흙이나 모래로 대체)
- ㉢ 기초 콘크리트와 모르타르는 구술로 대체하는 경우도 있고, 흙으로 대신하는 경우도 있음

③ 판석놓기
- ㉠ 판석은 미리 물을 흠뻑 축여 놓음
- ㉡ 큰 판석을 경계선에 맞추어 일직선이 되도록 놓고 사이사이에 작은 판석 놓음
- ㉢ 요철이 생기지 않도록 각목이나 고무망치를 사용하여 깔아 나감
- ㉣ 줄눈간격은 1 ~ 2cm 정도로 하고 줄눈의 형태는 'Y'자 줄눈
- ㉤ 배수를 고려해 약간의 경사를 줌

④ 마무리작업
- ㉠ 판석깔기가 완료되면 줄눈을 모르타르로 채움(시험 시 흙이나 모래로 대체)
- ㉡ 줄눈의 깊이는 1cm 이내, 판석면보다 튀어나와서는 안됨(손가락으로 가볍게 누르며 줄눈을 팜)
- ㉢ 주어진 빗자루로 쓸어 판석과 줄눈이 잘 보이게 정리

⑤ 해체 및 정리
- ㉠ 감독관의 확인 후 실습 순서의 역순으로 해체
- ㉡ 재료를 원래 위치로 정리

※ 순서
터파기 작업 → 기층시공 → 판석놓기 → 마무리 작업 → 해체 및 정리

9 수간주사

① 주입공 위치 확인
  ㉠ 지면에서 5~10cm 내외의 높이에 선정

② 주입공 뚫기
  ㉠ 드릴로 주입공을 30° 내외의 각도로 경사지게 천공
  ㉡ 직경 5mm 정도, 깊이 3~5cm
  ㉢ 반대쪽 5~10cm 높은 곳에 같은 방법으로 천공 실시
  ㉣ 주입공 안의 톱밥이나 부스러기는 깨끗이 제거

③ 주입기 고정
  ㉠ 사람의 키 높이(약 180cm) 지점에 끈으로 고정
  ㉡ 바람 등의 요인에 흔들리지 않도록 주의

④ 약액주입
  ㉠ 주입공 안에 약액을 채움
  ㉡ 약액을 속도에 맞추어 천천히 흘림
  ㉢ 주입관을 주입공에 꼭 끼워 약액이 흘러나오지 않도록 고정
  ㉣ 반대쪽 주입공도 같은 방법으로 주입

⑤ 주입 후 처리
  ㉠ 주입구에 도포제로 처리
  ㉡ 코르크 마개가 주어진 경우 구멍을 막아 줌

⑥ 해체 및 정리
  ㉠ 감독관의 확인 후 실습 순서의 역순으로 해체
  ㉡ 재료를 원래 위치로 정리

※ 순서
  주입공 위치 확인 및 뚫기 → 주입기 고정 → 약액주입 → 주입 후 처리 → 해체 및 정리

PART 03

수목감별

수목감별

1 조경기능사 수목감별 표준수종 목록

순서	수목명	순서	수목명	순서	수목명	순서	수목명	순서	수목명
1	가막살나무	26	단풍나무	51	백송	76	신나무	101	칠엽수
2	가시나무	27	담쟁이덩굴	52	버드나무	77	아까시나무	102	태산목
3	갈참나무	28	당매자나무	53	벽오동	78	앵도나무	103	탱자나무
4	감나무	29	대추나무	54	병꽃나무	79	오동나무	104	백합나무
5	감탕나무	30	독일가문비	55	보리수나무	80	왕벚나무	105	팔손이
6	개나리	31	돈나무	56	복사나무	81	은행나무	106	팥배나무
7	개비자나무	32	동백나무	57	복자기	82	이팝나무	107	팽나무
8	개오동	33	등	58	붉가시나무	83	인동덩굴	108	풍년화
9	계수나무	34	때죽나무	59	사철나무	84	일본목련	109	피나무
10	골담초	35	떡갈나무	60	산딸나무	85	자귀나무	110	피라칸타
11	곰솔	36	마가목	61	산벚나무	86	자작나무	111	해당화
12	광나무	37	말채나무	62	산사나무	87	작살나무	112	향나무
13	구상나무	38	매화(실)나무	63	산수유	88	잣나무	113	호두나무
14	금목서	39	먼나무	64	산철쭉	89	전나무	114	호랑가시나무
15	금송	40	메타세쿼이아	65	살구나무	90	조릿대	115	화살나무
16	금식나무	41	모감주나무	66	상수리나무	91	졸참나무	116	회양목
17	꽝꽝나무	42	모과나무	67	생강나무	92	주목	117	회화나무
18	낙상홍	43	무궁화	68	서어나무	93	중국단풍	118	후박나무
19	남천	44	물푸레나무	69	석류나무	94	쥐똥나무	119	흰말채나무
20	노각나무	45	미선나무	70	소나무	95	진달래	120	히어리
21	노랑말채나무	46	박태기나무	71	수국	96	쪽동백나무		
22	녹나무	47	반송	72	수수꽃다리	97	참느릅나무		
23	눈향나무	48	배롱나무	73	쉬땅나무	98	철쭉		
24	느티나무	49	백당나무	74	스트로브잣나무	99	측백나무		
25	능소화	50	백목련	75	신갈나무	100	층층나무		

※ 주의사항
 - 수목감별 표준수종 목록 중 20종 무작위 선정
 - 1문제당 4장의 사진 확인 후 정답 작성
 - 수험자는 답안 작성 시 해당 수목명으로 작성하여야만 정답으로 인정 ex) 등(O), 등나무(X)

2 식물의 성상에 따른 분류

1 나무 고유의 모양으로 볼 때

① 교목
- ㉠ 뚜렷한 원줄기를 가짐(대개 4.5m 이상인 나무)
- ㉡ 꽃물푸레나무, 느티나무, 은단풍나무, 메타세쿼이아, 소나무 등

② 관목
- ㉠ 뿌리 부근에서 여러 줄기가 나와 줄기와 가지 구별이 힘든 것(대개 4.5m 이하인 나무)
- ㉡ 둥근측백, 개나리, 명자나무, 박태기나무, 불두화 등

2 잎의 모양으로 볼 때

① 침엽수 : 겉씨식물, 나자식물
- ㉠ 일반적으로 잎이 좁음
- ㉡ 소나무, 전나무, 잣나무, 측백나무, 낙우송, 메타세쿼이아 등

② 활엽수 : 속씨식물, 피자식물
- ㉠ 잎이 넓음
- ㉡ 사철나무, 동백나무, 느티나무, 능수버들, 회양목, 단풍나무 등

3 잎의 생태상으로 볼 때

① 상록수
- ㉠ 일년 내내 푸른 잎을 달고 있는 나무
- ㉡ 소나무, 백송, 섬잣나무, 가시나무, 사철나무, 회양목 등

② 낙엽수
- ㉠ 가을철 생리현상으로 잎이 모두 떨어지는 나무
- ㉡ 은행나무, 낙엽송, 칠엽수, 꽃물푸레나무, 층층나무, 산수유 등

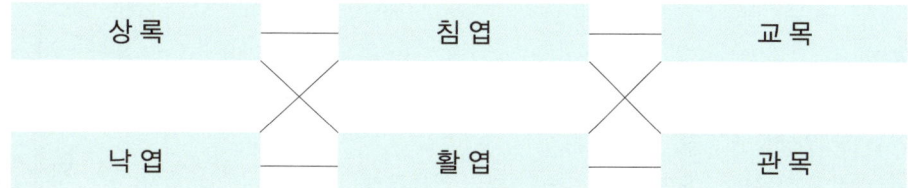

4 성상별 수종명의 예

구분	성상	수종
1	상록침엽교목	소나무, 전나무, 개잎갈나무, 잣나무, 측백나무 등
1	상록침엽관목	개비자나무, 눈향나무, 눈주목 등
2	상록활엽교목	가시나무, 녹나무, 후박나무 등
2	상록활엽관목	회양목, 피라칸타, 자금우 등
3	낙엽침엽교목	메타세쿼이아, 낙우송, 낙엽송, 은행나무 등
3	낙엽침엽관목	
4	낙엽활엽교목	느티나무, 단풍나무, 목련, 칠엽수 등
4	낙엽활엽관목	개나리, 조팝나무, 쥐똥나무, 미선나무 등
5	덩굴식물	등나무, 칡, 담쟁이덩굴, 인동덩굴, 송악, 능소화, 멀꿀, 으름덩굴, 포도나무, 오미자 등

3 잎에 의한 조경수목의 식별

1 잎의 종류

① 잎
  ㉠ 조경 수목에 있어 잎의 기능은 광합성, 호흡, 증산작용을 하는 기관
  ㉡ 잎의 기본형은 엽병, 엽신, 탁엽으로 구성
  ㉢ 세 부분을 갖춘 잎을 완전엽, 한두 부분을 갖추지 않은 잎을 불완전엽
  ㉣ 잎의 종류
    • 단엽 : 한 개의 엽신으로 이루어진 것
    • 복엽 : 두 개 이상의 엽신으로 이루어진 것

② 우상복엽
  ㉠ 기수우상복엽 : 잎의 끝에 소엽이 있어 홀수로 끝나는 경우
    • 기수1쌍 우상복엽 : 칡, 싸리나무
    • 기수1회 우상복엽 : 아까시나무, 개옻나무, 쇠물푸레나무
    • 기수2회 우상복엽 : 두릅나무
    • 기수수회 우상복엽 : 남천(3회 3출 우상복엽)

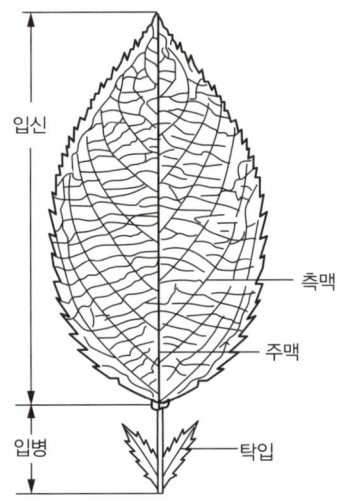

기수1회 우상복엽과 기수2회 우상복엽

㉠ 우수우상복엽 : 잎의 끝에 소엽이 없어 짝수로 끝나는 경우
- 우수1회 우상복엽 : 무환자나무
- 우수2회 우상복엽 : 자귀나무

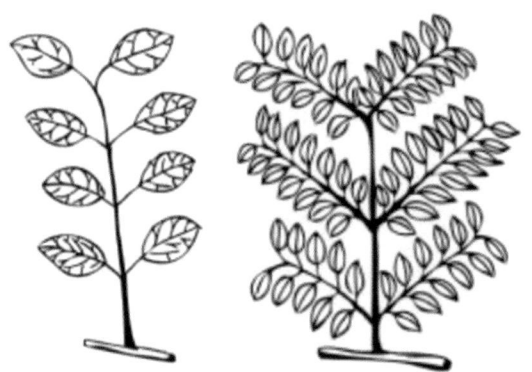

우수1회 우상복엽과 우수2회 우상복엽

③ 장상복엽 : 손바닥 모양으로 펼쳐지는 경우
　㉠ 1회 장상복엽
　　- 3출엽 : 탱자나무, 고추나무, 담쟁이덩굴
　　- 5출엽 : 섬오갈피나무, 칠엽수 유목, 으름덩굴
　㉠ 2회 장상복엽
　　- 3출엽 : 위령선

3출엽과 5출엽

2 엽형 : 잎의 모양

① 침형 : 바늘같이 매우 길고 좁으며 엽신과 엽병의 구분이 없거나 거의 없는 것 / 소나무, 잣나무
② 인형 : 엽신과 엽병의 구분이 없거나, 거의 없으며 비늘같이 작고, 편평하거나 두툼한 삼각형의 잎 / 향나무, 가이즈까향나무 등
③ 선형 : 보통 길이가 너비보다 4배 이상 길며 양쪽 엽연이 평행한 것 / 주목, 개비자나무 등
④ 장방형 : 길이가 너비의 2~4배 정도이고 양쪽의 엽연이 거의 대부분 평행한 것
⑤ 피침형 : 화살창 끝처럼 생겼고 길이가 너비의 3~4배 이하이며 잎자루 쪽이 가장 넓고 끝부분이 좁은 것 / 능수버들
⑥ 도피침형 : 피침형의 잎과 반대 모양으로 잎끝이 넓고 끝부분이 좁은 것 / 서어나무
⑦ 난형 : 달걀모양, 잎자루 부분이 좁고 끝부분이 넓은 것 / 떡갈나무
⑧ 타원형 : 엽신 중앙 부분이 가장 넓고 양 끝으로 가면서 같은 비율로 좁아지는 것 / 매자나무
⑨ 원형 : 동그랗게 원을 이루는 모양인 것 / 단풍나무
⑩ 삼각형 : 잎모양이 삼각모양으로 된 것
⑪ 심장형 : 잎모양이 심장처럼 생긴 것
⑫ 주걱형 : 잎모양이 주걱처럼 생긴 것

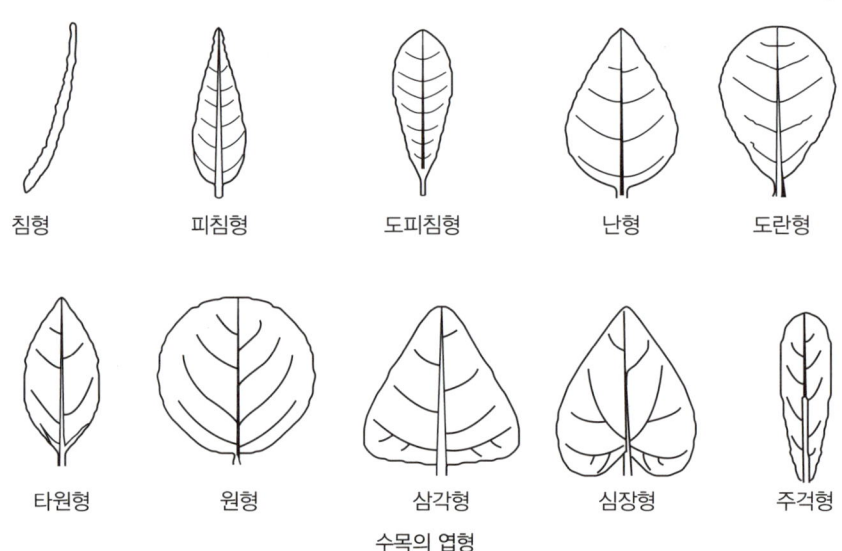

수목의 엽형

3 엽서, 엽착

① 엽서 : 줄기에 붙어있는 잎의 차례
   ㉠ 호생 : 한 마디에 한 개의 잎이 달린 것으로 어긋나기 / 목련
   ㉡ 대생 : 한 마디에 두 개의 잎이 마주 달린 것으로 마주나기 / 회양목
   ㉢ 윤생 : 한 마디에 여러 개의 잎이 돌려 난 것으로 돌려나기 / 으름덩굴

수목의 엽서

② 엽착 : 잎의 부착 형태
  ㉠ 유병형 : 줄기에 잎자루 있는 잎이 함께 부착되어 있는 모양
  ㉡ 무병형 : 줄기에 잎자루 없는 잎이 부착되어 있는 모양
  ㉢ 관생형 : 줄기가 잎의 한 부분을 관통하여 부착되어 있는 모양
  ㉣ 고리형 : 줄기가 잎 한쪽 가장자리에 고리처럼 지나면서 부착되어 있는 모양
  ㉤ 엽초형 : 줄기를 잎이 칼집처럼 에워싸며 부착되어 있는 모양
  ㉥ 포경형 : 줄기를 잎이 감싸주면서 부착되어 있는 모양

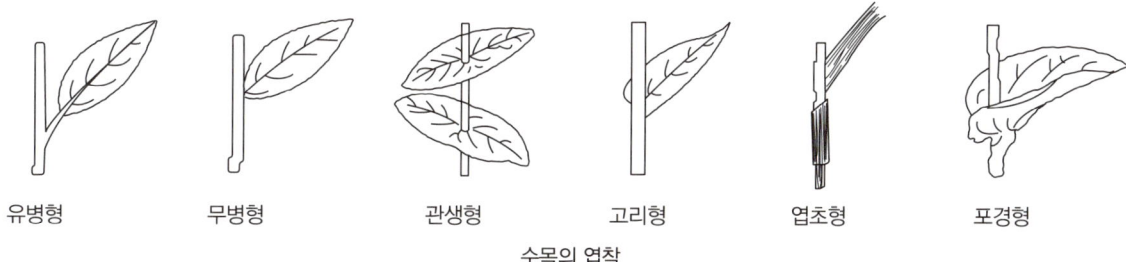

수목의 엽착

4 엽연 : 잎의 가장자리

① 위에서 본 모양
  ㉠ 전연 : 잎 가장자리가 매끈하고 갈라짐이 없이 밋밋한 것 / 천선과나무, 으름덩굴, 당매자나무, 녹나무, 생강나무, 목련
  ㉡ 둔거치 : 둔한 이빨 모양으로 갈라진 것
  ㉢ 예거치 : 잎 꼭대기를 향해 굽어 있으면서 매우 작고 예리한 톱니 모양으로 갈라진 것 / 느티나무
  ㉣ 소예거치 : 잎 꼭대기를 향해 굽어 있으면서 매우 작고 예리한 톱니 모양으로 갈라진 것
  ㉤ 중예거치 : 예리한 톱니 모양으로 갈라진 부분이 한 번 더 갈라진 것 / 벚나무
  ㉥ 치아상 : 잎 가장자리를 향해 뾰족한 이빨 모양으로 갈라진 것 / 떡갈나무
  ㉦ 소치아상 : 잎 가장자리를 향해 뾰족한 작은 이빨 모양으로 갈라진 것
  ㉧ 우상열편 : 하나의 주맥을 가진 긴 잎의 잎 가장자리가 깊게 갈라진 것
  ㉨ 장상열편 : 주맥이 여러 개로 발달하여 잎 가장자리가 주맥 사이로 손바닥처럼 깊이 갈라진 것

② 횡단면으로 본 모양
  ㉠ 평면상 : 잎의 횡단면이 편평한 것
  ㉡ 내곡상 : 잎 가장자리가 윗면 쪽으로 굽은 것
  ㉢ 반전상 : 잎 가장자리가 밑면 쪽으로 굽은 것

ⓔ 파상 : 잎 가장자리가 물결모양으로 기복이 생긴 것 / 너도밤나무, 왕떡갈나무

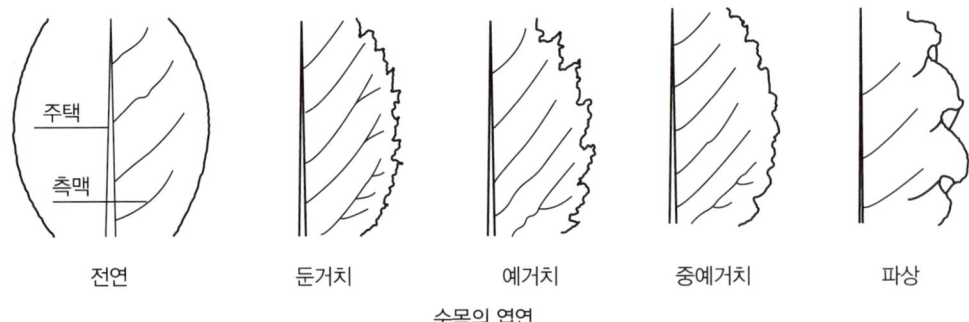

수목의 엽연

5 엽선 : 잎의 꼭대기 부분

① 점첨두 : 점점 길게 뾰족해지는 것 / 능수버들, 느티나무, 참식나무
② 예두 : 끝이 짧게 90° 이하의 예각으로 뾰족한 것 / 독일가문비, 해송, 섬잣나무, 낙우송, 스트로브잣나무
③ 급첨두 : 엽맥만이 자라서 가시와 같이 뾰족한 것 / 자작나무, 천선과나무, 오미자, 녹나무, 옻나무
④ 예철두 : 엽맥만이 자라서 특히 침끝 같이 뾰족한 것 / 목련, 함박꽃나무, 전나무
⑤ 둔두 : 예두와 원두 사이로 90° 이상의 각도를 가지며 둔한 것 / 신갈나무, 소사나무, 떡갈나무, 매자나무, 생강나무, 돈나무, 편백
⑥ 원두 : 잎 꼭대기가 둥근 모양인 것 / 풀명자나무. 해당화
⑦ 평두 : 칼로 자른 듯이 편평한 것, 재두라고도 함 / 백합나무, 난티잎개암나무
⑧ 요두 : 두 개의 원을 붙인 듯이 V자형으로 오목하게 들어간 것 / 구상나무, 으름덩굴, 명자나무, 산초나무
⑨ 미상 : 잎 꼭대기가 꼬리처럼 길게 빠진 것 / 산팽나무, 모람

수목의 엽선

6 엽저 : 잎의 밑부분

① 예저 : 잎의 밑부분이 짧게 90° 이하의 각으로 뾰족한 것
② 점첨저 : 잎의 밑부분이 주맥을 따라 엽신이 길게 늘어진 것, 엽신이 엽병 끝까지 이어져 날개 모양의 엽병을 가진 것을 유저라 한다.
③ 둔저 : 예저와 원저 사이로 90° 이상의 각도를 이룬 것
④ 원저 : 잎 밑부분이 둥근 모양인 것
⑤ 평저 : 잎 밑부분이 편평한 것
⑥ 심장저 : 잎 밑부분이 V자 모양으로 얇게 갈라져 심장 모양인 것
⑦ 왜저 : 잎 밑부분 양쪽의 모양이 각각 다른 것 / 갈참나무
⑧ 이저 : 잎 밑부분이 귀의 밑 모양처럼 처진 것 / 떡갈나무
⑨ 극저 : 이저와 비슷하거나 좌우가 길어져서 작살 모양으로 된 것
⑩ 전저 : 이저처럼 생겼으나 화살처럼 밖으로 뻗었거나 안으로 구부러진 것

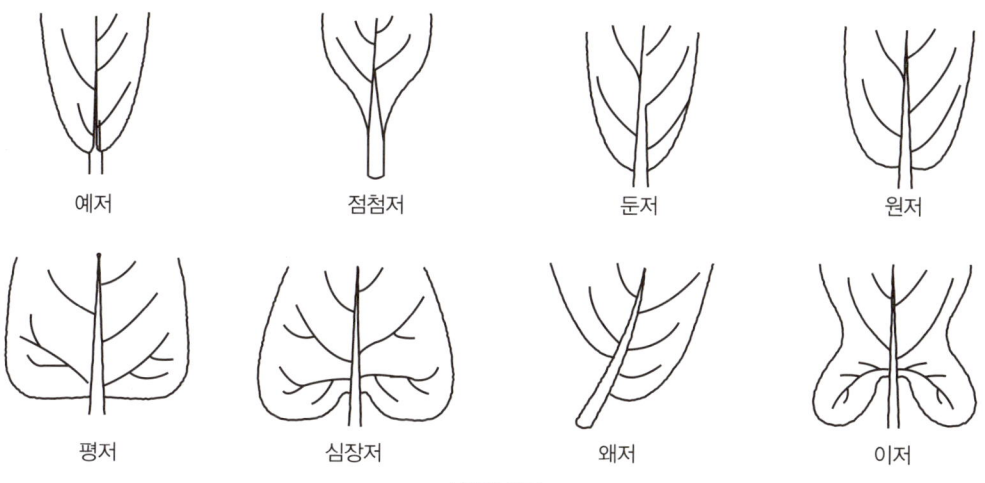

수목의 엽저

7 엽맥 : 잎의 맥(주맥과 측맥으로 구분)

① 평행맥 : 엽병으로부터 여러 개의 1차 맥이 갈라져 잎끝까지 서로 평행을 이루며 2차 맥이 불분명하거나 사다리 같은 모양인 것 / 대나무
② 우상맥 : 큰 주맥이 하나 있고 2차 맥이 갈라지며 주맥으로부터 갈라진 것 / 느티나무
③ 장상맥 : 엽신의 밑부분에서 3개 이상의 2차 맥이 갈라지며 2차 맥은 각 1차 맥에서 갈라지는 것 / 단풍나무, 청미래덩굴
④ 차상맥 : 엽병으로부터 여러 개의 엽맥이 갈라져 뻗으며 각각의 엽맥이 다시 두 세 번 갈라져 평행맥처럼 보이는 것 / 은행나무

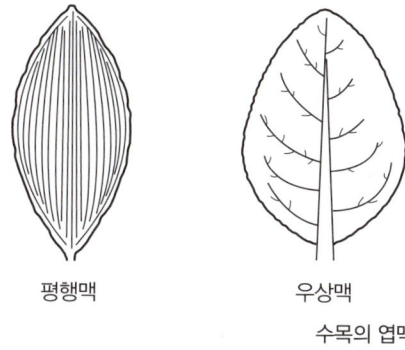
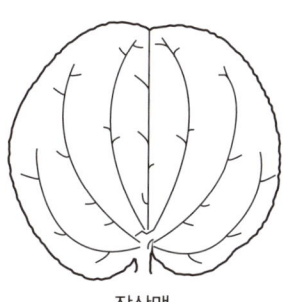

수목의 엽맥

4 꽃과 열매에 의한 조경수목의 식별

1 꽃의 구조
① 양성화 : 한 꽃에 암술, 수술이 모두 갖추어진 것
② 단성화 : 암술이나 수술 중 하나가 없는 것

2 화서 : 화축에 꽃이 배열된 모양
① 유한화서 : 꽃이 위에서 밑을 향해 피거나 중앙에서 가장자리로 피는 순서를 가진 화서
  ㉠ 단정화서 : 꽃자루에 꽃이 한송이만 피는 것 / 목련, 모란
  ㉡ 취산화서 : 작은 꽃자루 끝에 달린 꽃들이 편평하거나 볼록한 모양으로 덩어리 꽃을 이루며 중심부의 꽃이 먼저 피거나 위에서 밑을 향해 피는 것 / 작살나무, 배당나무, 덜꿩나무

② 무한화서 : 꽃이 밑에서 위를 향해 피거나 가장자리에서 중앙으로 피는 순서를 가진 화서
  ㉠ 총상화서 : 거의 같은 길이의 소화경을 가진 꽃이 화축에 달려있는 형태 / 등나무, 때죽나무
  ㉡ 산방화서 : 아래쪽의 소화경이 길어서 화서의 끝이 편평한 형태 / 벚나무, 조팝나무, 산사나무, 수국
  ㉢ 수상화서 : 소화경이 없는 꽃이 화축에 달려있는 형태 / 자작나무, 버드나무, 서어나무, 오리나무
  ㉣ 산형화서 : 화축 끝에서 거의 같은 길이의 소화경이 갈라져 마치 우산처럼 생긴 형태(복산형화서) / 송악, 참식나무, 생강나무
  ㉤ 원추화서 : 총상화서의 복합형으로 전체가 원추 모양을 하고 있다. / 쥐똥나무, 수수꽃다리, 아왜나무, 피라칸사
  ㉥ 두상화서 : 화축이 짧아서 넓적한 형태를 띠며 그 위에 소화경이 없는 꽃이 밀생해 있는 형태 / 양버즘나무
  ㉦ 미상화서 : 화축이 연하여 밑으로 처지며 꽃잎이 없고 포로 쌓인 단성화로 된 화서 / 자작나무류의 수꽃

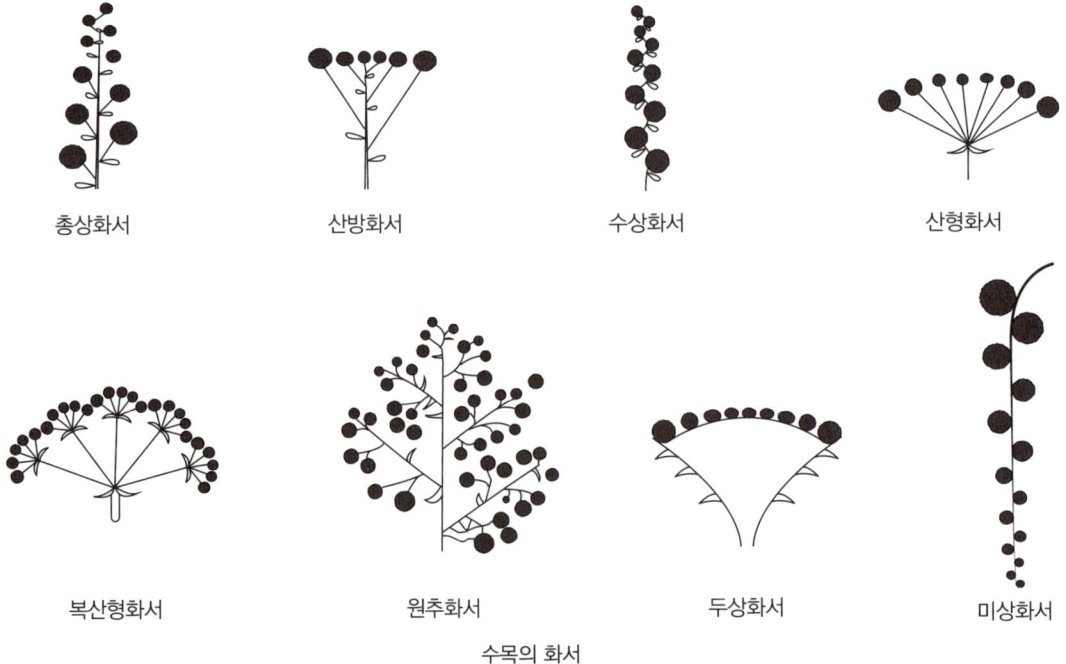

수목의 화서

3 나자식물의 열매

① 건과 : 소나무의 솔방울같이 목질의 축에 나선상으로 실편이 달려 있고 그 안에 1개 또는 그 이상의 종자가 들어 있는 것
② 육질과 : 주목의 열매와 같이 종자가 육질의 종피로 둘러싸인 열매

4 피자식물의 열매

① 진과 : 씨방이 발달하여 이루어진 열매
　㉠ 건개과 : 종자가 익으면 건조한 형태가 되며 갈라진다.
　　• 삭과 : 무궁화나 철쭉처럼 심피가 여러 개로 되어 있으며 익은 후 2개 이상의 봉선에 의해 갈라진다. / 붓꽃, 진달래, 질경이, 채송화
　　• 골돌과 : 길다란 꼬투리 형태로 목련처럼 한 개의 본선에 따라 갈라진다. 취과에도 속함.
　　　/ 목련과, 작약과
　　• 협과 : 자귀나무처럼 콩깍지 모양으로 2개의 봉선에 의해 갈라진다. / 콩과
　　• 분리과 : 콩깍지와 비슷하나 종자가 들어있는 사이가 잘록하며 익을 때 잘록한 중앙 부분에서 갈라진다. / 도둑놈의 갈고리
　㉡ 건폐과 : 종자가 익으면 건조한 형태가 되며 갈라지지 않는다.
　　• 수관 : 씨방이 한 개의 실로 되어 있으며 보통 작고 껍질이 얇으며 날개가 없고 닭의 깃털 같은 털이 달려 있다. / 으아리, 국화과
　　• 시과 : 물푸레나무나 단풍나무처럼 곤충의 날개 같은 모양을 하고 있다. / 느릅나무
　　• 낭과 : 고추나무의 열매와 같이 과피가 주머니처럼 생겼으며 익어도 벌어지지 않는다. / 명아주과
　　• 견과 : 참나무류와 같이 과피는 목질이며 보통 한 개의 종자가 들어있다. / 참나무과
　　• 분열과 : 종자가 좌우로 붙어서 달리며, 단풍나무의 열매와 같이 축에 2개의 사과가 들어 있다.
　　　/ 단풍나무, 산형과, 꿀풀과, 지치과, 쥐손이풀과
　㉢ 육질과
　　• 장과 : 육질로 된 내, 외벽에 많은 종자가 들어있다. / 감나무, 포도, 호박
　　• 감과 : 귤과 같이 내과피가 과육을 여러 개의 방으로 분리시킨 것 / 탱자
　　• 핵과 : 복숭아와 같이 열매의 중심에 한 개의 목질화된 내과피로 싸인 종자가 있다. / 앵도아과
　　• 석류과 : 석류의 열매같이 위아래 여러 개의 방으로 구성되었고 종피도 육질이다.

② 가과 : 씨방 이외에 꽃받침, 암술대 등이 자라서 이루어진 열매
　㉠ 단화과
　　• 이과 : 꽃사과, 꽃받침이 발달하여 과육이 되고 심피는 연골질, 다실피, 다종자이다.
　　　/ 사과나무, 배나무
　　• 장미과 : 장미처럼 꽃받침이 발달하여 육질이 되고 심피는 각각 떨어져 소견과가 된다.
　　　/ 장미, 찔레꽃
　　• 영과 : 포영으로 싸여 있고 과피는 육질이며 종피에 부착되었다. / 화본과
　　• 취과 : 심피 또는 꽃받침이 육질로 되고 많은 소핵과로 구성된 것이다.
　㉡ 다화과
　　• 구과 : 자작나무의 열매처럼 솔방울 모양으로 모인 포린 위에 2개 이상의 소견과가 달린다.
　　　/ 오리나무속, 자작나무속, 굴피나무속
　　• 상과 : 뽕나무나 양버즘나무처럼 화피는 육질 또는 목질로 되어있고 씨방은 수과 또는 핵과상으로 되어 있다.
　　• 은화과 : 무화과 열매처럼 주머니와 같은 육질 화탁 안에 많은 수과를 가지고 있다.

5 색채에 의한 조경수목의 식별

1 꽃의 색상

색상	아름다운 조경수목
흰색 계통	조팝나무, 미선나무, 백철쭉, 백목련, 산딸나무, 일본목련, 회화나무, 무궁화, 불두화, 팥배나무, 야광나무, 아그배나무, 아까시나무, 쥐똥나무, 배롱나무 등
노란색 계통	백합나무, 산수유, 매자나무, 모감주나무, 생강나무, 개나리, 황매화 등
붉은색 계통	모과나무, 배롱나무, 진달래, 박태기나무, 명자나무, 철쭉, 붉은병꽃나무, 해당화 등
보라색 계통	자목련, 수수꽃다리, 산철쭉, 무궁화, 등나무 등

2 열매의 색상

색 상	조경수목
붉은색 계통	피라칸타, 화살나무, 사철나무, 낙상홍, 석류나무, 주목, 산딸나무, 팥배나무, 마가목, 산수유, 감나무, 감탕나무, 식나무, 노박덩굴, 생강나무(빨간-)검정) 등
노란색 계통	탱자나무, 모과나무, 살구나무, 은행나무, 회화나무, 명자나무, 상수리나무, 아그배나무, 매화나무, 멀구슬나무 등
검정색 계통	후박나무, 왕벚나무, 생강나무, 쥐똥나무, 팽나무, 팔손이, 음나무 등

3 단풍의 색상

색 상	조경수목
붉은색 단풍	복자기, 붉나무, 옻나무, 단풍나무, 담쟁이덩굴, 마가목, 화살나무, 산딸나무, 매자나무, 참빗살나무, 감나무 등
노란색 단풍	은행나무, 고로쇠나무, 참느릅나무, 칠엽수, 때죽나무, 네군도단풍, 느티나무, 계수나무, 낙우송, 미루나무, 메타세쿼이어, 백합나무, 갈참나무, 졸참나무, 배롱나무, 층층나무, 자작나무, 벽오동, 일본잎갈나무 등

4 수피의 색상

색 상	조경수목
백색 수피	자작나무, 백송, 분비나무, 플라타너스류, 서어나무, 등나무, 동백나무 등
적색계통 수피	흰말채나무, 소나무, 주목, 삼나무, 노각나무, 잣나무, 섬잣나무 등
청록색 수피	식나무, 벽오동, 황매화 등
흑갈색 수피	해송, 가문비나무, 독일가문비, 히말라야시다 등
얼룩무늬 수피	모과나무, 배롱나무, 노각나무, 플라타너스 등

6 개화시기에 의한 조경수목의 식별

개화기	조경수목
2월	풍년화, 오리나무 등
3월	매화나무, 생강나무, 올벚나무, 개나리, 산수유, 동백나무 등
4월	자목련, 개나리, 겹벚나무, 꽃산딸나무, 꽃아그배나무, 목련, 백목련, 산벚나무, 아그배나무, 왕벚나무, 이팝나무, 갯버들, 명자나무, 미선나무, 박태기나무, 산수유, 산철쭉, 수수꽃다리, 조팝나무, 진달래, 호랑가시나무, 남천, 등나무, 으름덩굴 등
5월	때죽나무, 백합나무, 산딸나무, 오동나무, 일본목련, 쪽동백나무, 모란, 병꽃나무, 장미, 쥐똥나무, 돈나무, 인동덩굴 등
6월	모감주나무, 층층나무, 수국, 아왜나무, 태산목 등
7월	배롱나무, 자귀나무, 무궁화, 협죽도, 능소화 등
8월	배롱나무, 자귀나무, 무궁화, 싸리나무 등
9월	배롱나무, 부용, 싸리나무 등
10월	장미, 호랑가시나무 등
11월	호랑가시나무, 팔손이 등

7 주요 수종의 특징

1 가막살나무

① 분류 및 성상 : 산토끼꽃목 〉 인동과 〉 산분꽃나무속, 낙엽활엽관목
② 크기 : 높이 3m
③ 잎 : 대생, 길이 6 ~ 12cm
④ 개화시기 : 5월 ~ 6월, 백색, 크기 4 ~ 10cm
⑤ 열매 : 9월 ~ 10월, 붉은색
⑥ 수피 : 회갈색

2 가시나무

① 분류 및 성상 : 참나무목 〉참나무과 〉참나무속, 상록활엽교목
② 크기 : 높이 15m
③ 잎 : 호생, 길이 7 ~ 12cm
④ 개화시기 : 4월 ~ 5월
⑤ 열매 : 10월, 크기 1.5 ~ 1.7cm
⑥ 수피 : 회흑색

3 갈참나무

① 분류 및 성상 : 참나무목 〉참나무과 〉참나무속, 낙엽활엽교목
② 크기 : 높이 25m
③ 잎 : 호생, 길이 5 ~ 30cm
④ 개화시기 : 5월
⑤ 열매 : 10월, 깍정이는 삼각형이고 끝부분에 털, 크기 : 6 ~ 23mm
⑥ 수피 : 회색

4 감나무

① 분류 및 성상 : 감나무목 〉감나무과 〉감나무속, 낙엽활엽교목
② 크기 : 높이 4m.
③ 잎 : 호생, 길이 7 ~ 17cm
④ 개화시기 : 5월 ~ 6월, 백색, 노란색, 크기 1 ~ 2cm
⑤ 열매 : 10월, 황적색, 크기 4 ~ 8cm
⑥ 수피 : 흑회색

5 감탕나무

① 분류 및 성상 : 노박덩굴목 〉 감탕나무과 〉 감탕나무속, 상록활엽소교목
② 크기 : 높이 10m
③ 잎 : 호생, 길이 5 ~ 10cm
④ 개화시기 : 3 ~ 4월, 녹색
⑤ 열매 : 8월 ~ 11월, 붉은색, 크기 5 ~ 8mm
⑥ 수피 : 회색

6 개나리

① 분류 및 성상 : 물푸레나무목 〉 물푸레나무과 〉 개나리속, 낙엽활엽관목
② 크기 : 높이 3m
③ 잎 : 대생, 길이 3 ~ 12cm
④ 개화시기 : 3월 ~ 4월, 노란색, 크기 5 ~ 6mm
⑤ 열매 : 9월, 크기 15 ~ 20mm
⑥ 수피 : 회갈색

7 개비자나무

① 분류 및 성상 : 구과목 〉 개비자나무과 〉 개비자나무속, 상록침엽관목
② 크기 : 높이 3 ~ 6m 정도
③ 잎 : 크기 3 ~ 4cm
④ 개화시기 : 3월 ~ 4월, 녹색
⑤ 열매 : 9월, 적색, 크기 1.5 ~ 2.5cm
⑥ 수피 : 암갈색

8 개오동

① 분류 및 성상 : 통화식물목 〉 능소화과 〉 개오동속, 낙엽활엽교목
② 크기 : 높이 6 ~ 10m
③ 잎 : 호생 또는 윤생, 길이 10 ~ 25cm
④ 개화시기 : 6월 ~ 7월, 백색, 노란색
⑤ 열매 : 10월, 암갈색, 크기 20 ~ 30cm
⑥ 수피 : 흑회색

9 계수나무

① 분류 및 성상 : 목련목 〉 계수나무과 〉 계수나무속, 낙엽활엽교목
② 크기 : 높이 25 ~ 30m
③ 잎 : 대생, 길이 3 ~ 8cm
④ 개화시기 : 5월, 자주색
⑤ 열매 : 8월, 크기 8 ~ 18mm
⑥ 수피 : 회갈색

10 골담초

① 분류 및 성상 : 장미목 〉 콩과 〉 골담초속, 낙엽활엽관목
② 크기 : 높이 2m
③ 잎 : 호생, 길이 1 ~ 3cm
④ 개화시기 : 5월 ~ 7월, 노란색, 주황색, 크기 2.5 ~ 3.0cm
⑤ 열매 : 9월, 크기 3 ~ 3.5cm
⑥ 수피 : 회갈색, 가시

11 곰솔

① 분류 및 성상 : 소나무목 〉 소나무과 〉 소나무속, 상록침엽교목
② 크기 : 높이 20m
③ 잎 : 짙은 녹색, 길이 9 ~ 14cm
④ 개화시기 : 5월, 붉은색
⑤ 열매 : 9월, 크기 45 ~ 60mm
⑥ 수피 : 흑갈색, 동아는 백색

12 광나무

① 분류 및 성상 : 물푸레나무목 〉 물푸레나무과 〉 쥐똥나무속, 상록활엽관목
② 크기 : 높이 3 ~ 5m
③ 잎 : 대생, 길이 3 ~ 10cm
④ 개화시기 : 6월 ~ 8월, 흰색, 크기 5 ~ 12cm
⑤ 열매 : 10월, 보랏빛 검은색, 크기 7 ~ 10mm
⑥ 수피 : 회색 또는 회갈색

13 구상나무

① 분류 및 성상 : 소나무목 〉 소나무과 〉 전나무속, 상록침엽교목
② 크기 : 높이 18m
③ 잎 : 윤생, 길이 9 ~ 14mm
④ 개화시기 : 6월, 자주색
⑤ 열매 : 9월 ~ 10월, 녹갈색 또는 자갈색, 크기 4 ~ 7cm
⑥ 수피 : 회갈색

14 금목서

① 분류 및 성상 : 물푸레나무목 〉 물푸레나무과 〉 목서속, 상록활엽관목
② 크기 : 높이 3 ~ 4m
③ 잎 : 대생, 길이 7 ~ 12cm
④ 개화시기 : 9월 ~ 10월, 등황색, 크기 5mm
⑤ 열매 : 5월
⑥ 수피 : 연한 회갈색

15 금송

① 분류 및 성상 : 구과목 〉금송과 〉금송속
② 크기 : 높이 30m
③ 잎 : 윤생, 2개가 합쳐져서 두꺼우며 나비 3mm 정도
④ 개화시기 : 3월 ~ 4월
⑤ 열매 : 10월 ~ 11월, 크기 8 ~ 12cm
⑥ 수피 : 회색

16 금식나무

① 분류 및 성상 : 산형화목 〉층층나무과 〉식나무속, 상록활엽관목
② 크기 : 높이 3m
③ 잎 : 대생, 길이 5 ~ 20cm, 황색 반점
④ 개화시기 : 3월 ~ 5월, 크기 8mm
⑤ 열매 : 10월, 적색, 크기 1.5 ~ 2mm
⑥ 수피 : 회색, 일년생가지는 녹색

17 꽝꽝나무

① 분류 및 성상 : 노박덩굴목 〉 감탕나무과 〉 감탕나무속, 상록활엽관목
② 크기 : 높이 3m
③ 잎 : 호생, 길이 1.5 ~ 3cm
④ 개화시기 : 5월 ~ 6월, 흰색
⑤ 열매 : 9월 ~ 11월, 검은색, 6 ~ 7mm
⑥ 수피 : 회백색, 일년생가지에 잔털

18 낙상홍

① 분류 및 성상 : 노박덩굴목 〉 감탕나무과 〉 감탕나무속, 낙엽활엽관목
② 크기 : 높이 2 ~ 3m
③ 잎 : 호생, 길이 4 ~ 8cm
④ 개화시기 : 5월 ~ 6월, 연분홍색
⑤ 열매 : 10월, 붉은색, 크기 5mm
⑥ 수피 : 회갈색

19 남천

① 분류 및 성상 : 미나리아재비목 〉 매자나무과 〉 남천속, 상록활엽관목
② 크기 : 높이 1 ~ 3m
③ 잎 : 호생, 복엽으로 길이 30 ~ 50cm
④ 개화시기 : 5월 ~ 7월, 흰색
⑤ 열매 : 10월, 붉은색, 크기 20 ~ 30cm
⑥ 수피 : 회색, 겨울철에 줄기가 붉게 변함

20 노각나무

① 분류 및 성상 : 물레나물목 〉 차나무과 〉 노각나무속, 낙엽활엽교목
② 크기 : 높이 7 ~ 15m
③ 잎 : 호생, 길이 4 ~ 10cm
④ 개화시기 : 6월 ~ 8월, 흰색
⑤ 열매 : 9월 ~ 10월, 황적색, 크기 2 ~ 2.2cm
⑥ 수피 : 흑황색 얼룩무늬

21 노랑말채나무

① 분류 및 성상 : 산형화목 〉 층층나무과 〉 층층나무속, 낙엽활엽관목
② 크기 : 높이 3m
③ 잎 : 대생, 길이 5 ~ 10cm
④ 개화시기 : 5월 ~ 6월, 흰색, 크기 5 ~ 10mm
⑤ 열매 : 8월 ~ 9월, 백색
⑥ 수피 : 여름 녹색 가을 이후 노란색

22 녹나무

① 분류 및 성상 : 목련목 〉 녹나무과 〉 녹나무속, 상록활엽교목
② 크기 : 높이 20m
③ 잎 : 호생, 길이 6 ~ 10㎝
④ 개화시기 : 5월, 흰색, 노란색
⑤ 열매 : 10월 ~ 11월, 검은색, 크기 8mm
⑥ 수피 : 암갈색, 일년생가지는 황록색

23 눈향나무

① 분류 및 성상 : 구과목 〉 측백나무과 〉 향나무속, 상록 침엽 관목
② 크기 : 높이 75cm 이하, 길이 5m 내외
③ 잎 : 침형, 길이 3 ~ 5mm
④ 개화시기 : 4월 ~ 5월, 노란색
⑤ 열매 : 10월, 흑자색, 크기 5mm
⑥ 수피 : 갈색

24 느티나무

① 분류 및 성상 : 쐐기풀목 〉 느릅나무과 〉 느티나무속, 낙엽활엽교목
② 크기 : 높이 26m
③ 잎 : 호생, 길이 2 ~ 13cm
④ 개화시기 : 4월 ~ 5월, 담황록색
⑤ 열매 : 5월, 크기 4mm
⑥ 수피 : 회색

25 능소화

① 분류 및 성상 : 통화식물목 〉 능소화과 〉 능소화속, 낙엽활엽만경목
② 크기 : 길이 10m
③ 잎 : 대생, 길이 3 ~ 6cm
④ 개화시기 : 7월 ~ 9월, 주황색, 크기 6 ~ 8cm
⑤ 열매 : 10월
⑥ 수피 : 회갈색

26 단풍나무

① 분류 및 성상 : 무환자나무목 〉 단풍나무과 〉 단풍나무속, 낙엽활엽교목
② 크기 : 높이 15m
③ 잎 : 대생, 길이 5 ~ 7cm
④ 개화시기 : 4월 ~ 5월
⑤ 열매 : 10월, 시과로 길이 1cm 정도
⑥ 수피 : 적갈색

27 담쟁이덩굴

① 분류 및 성상 : 갈매나무목 〉 포도과 〉 담쟁이덩굴속, 낙엽활엽만경목
② 크기 : 길이 10m
③ 잎 : 호생, 길이 10 ~ 20cm
④ 개화시기 : 6월 ~ 7월, 황록색
⑤ 열매 : 8월 ~ 10월, 지름 6 ~ 8mm로 검은색
⑥ 수피 : 회갈색

28 당매자나무

① 분류 및 성상 : 미나리아재비목 〉 매자나무과 〉 매자나무속, 낙엽활엽관목
② 크기 : 높이 약 2m
③ 잎 : 호생, 길이 2 ~ 4cm
④ 개화시기 : 4월 ~ 5월, 노란색
⑤ 열매 : 9월, 붉은색, 크기 0.5cm
⑥ 수피 : 자갈색

29 대추나무

① 분류 및 성상 : 갈매나무목 〉 갈매나무과 〉 대추나무속, 낙엽활엽교목
② 크기 : 높이 8m
③ 잎 : 호생, 길이 2 ~ 6cm
④ 개화시기 : 5월 ~ 7월, 연한 녹색
⑤ 열매 : 9월 ~ 10월, 적갈색 또는 암갈색, 크기 2.5 ~ 3.5cm
⑥ 수피 : 회갈색

30 독일가문비

① 분류 및 성상 : 소나무목 〉 소나무과 〉 가문비나무속, 상록침엽교목
② 크기 : 높이 50m
③ 잎 : 길이 1 ~ 2cm
④ 개화시기 : 5월 ~ 6월, 녹색
⑤ 열매 : 10월, 길이 10 ~ 15cm, 연한 갈색
⑥ 수피 : 적갈색

31 돈나무

① 분류 및 성상 : 장미목 〉 돈나무과 〉 돈나무속, 상록활엽관목
② 크기 : 높이 2 ~ 3m
③ 잎 : 호생, 길이 4 ~ 10cm
④ 개화시기 : 5월 ~ 6월, 흰색, 노란색
⑤ 열매 : 10월, 노란색으로 익으면 3개로 갈라져 적색 종자 노출, 크기 1.2cm
⑥ 수피 : 회색

32 동백나무

① 분류 및 성상 : 물레나물목 〉 차나무과 〉 동백나무속, 상록활엽교목
② 크기 : 높이 7m
③ 잎 : 호생, 길이 5 ~ 12cm
④ 개화시기 : 11월 ~ 4월, 붉은색
⑤ 열매 : 9월 ~ 10월, 녹색바탕에 붉은색, 크기 3 ~ 4cm
⑥ 수피 : 회갈색

33 등

① 분류 및 성상 : 콩목 〉 콩과 〉 등속, 낙엽활엽만경목
② 크기 : 길이 10m
③ 잎 : 호생, 우상복엽
④ 개화시기 : 5월, 보라색, 30 ~ 40cm
⑤ 열매 : 9월, 크기 10 ~ 15cm
⑥ 수피 : 회갈색

34 때죽나무

① 분류 및 성상 : 감나무목 〉 때죽나무과 〉 때죽나무속, 낙엽활엽교목
② 크기 : 높이 10m
③ 잎 : 호생, 길이 2 ~ 8cm
④ 개화시기 : 5월 ~ 6월, 흰색, 크기 1 ~ 2cm
⑤ 열매 : 9월, 길이 1.2 ~ 1.4cm
⑥ 수피 : 다갈색

35 떡갈나무

① 분류 및 성상 : 참나무목 > 참나무과 > 참나무속, 낙엽활엽교목
② 크기 : 높이 20m
③ 잎 : 호생, 길이 5 ~ 42cm(보통 9 ~ 22cm)
④ 개화시기 : 5월
⑤ 열매 : 10월, 크기 10 ~ 27mm
⑥ 수피 : 회갈색

36 마가목

① 분류 및 성상 : 장미목 > 장미과 > 마가목속, 낙엽활엽관목
② 크기 : 높이 6 ~ 8m
③ 잎 : 호생, 길이 1.5 ~ 8cm
④ 개화시기 : 5월 ~ 7월, 백색
⑤ 열매 : 9월 ~ 10월, 붉은색, 크기 5 ~ 8mm
⑥ 수피 : 황갈색

37 말채나무

① 분류 및 성상 : 산형화목 〉 층층나무과 〉 층층나무속, 낙엽활엽교목
② 크기 : 높이 10m
③ 잎 : 대생, 길이 5 ~ 14cm
④ 개화시기 : 6월, 흰색, 크기 7 ~ 8cm
⑤ 열매 : 9월 ~ 10월, 검은색
⑥ 수피 : 흑갈색

38 매화(실)나무

① 분류 및 성상 : 장미목 〉 장미과 〉 벚나무속, 낙엽활엽교목
② 크기 : 높이 4 ~ 6m
③ 잎 : 호생, 길이 4 ~ 10㎝
④ 개화시기 : 2월 ~ 4월, 백색 또는 담홍색, 꽃받침 붙어있음
⑤ 열매 : 6월 ~ 7월, 녹색, 황록색, 크기 2 ~ 3cm
⑥ 수피 : 암자색, 1년생 가지는 녹색

39 먼나무

① 분류 및 성상 : 노박덩굴목 〉 감탕나무과 〉 감탕나무속, 상록활엽교목
② 크기 : 높이 10m
③ 잎 : 호생, 길이 4 ~ 11cm
④ 개화시기 : 5월 ~ 6월, 자주색
⑤ 열매 : 10월, 지름 5 ~ 8mm로 붉은색
⑥ 수피 : 녹갈색

40 메타세쿼이아

① 분류 및 성상 : 구과목 〉 낙우송과 〉 메타세쿼이아속, 낙엽침엽교목
② 크기 : 높이 35m
③ 잎 : 대생, 길이 10 ~ 23mm
④ 개화시기 : 2월 ~ 3월, 길이 3 ~ 5mm
⑤ 열매 : 10월 ~ 11월, 크기 1.5 ~ 2.5cm
⑥ 수피 : 회갈색

41 모감주나무

① 분류 및 성상 : 무환자나무목 〉 무환자나무과 〉 모감주나무속, 낙엽활엽교목
② 크기 : 높이 8 ~ 10m
③ 잎 : 호생, 길이 25 ~ 35cm
④ 개화시기 : 6월 ~ 7월, 노란색 중심부는 붉은색, 크기 25 ~ 35cm
⑤ 열매 : 9월 ~ 10월, 꽈리 같으며 크기 4 ~ 5cm
⑥ 수피 : 회갈색

42 모과나무

① 분류 및 성상 : 장미목 〉 장미과 〉 명자나무속, 낙엽활엽교목
② 크기 : 높이 10m
③ 잎 : 호생, 길이 5.5 ~ 12cm
④ 개화시기 : 4월 ~ 5월, 분홍색, 크기 2.5 ~ 3cm
⑤ 열매 : 9월 ~ 10월, 황색, 크기 8 ~ 15cm
⑥ 수피 : 붉은갈색과 녹색 얼룩무늬

43 무궁화

① 분류 및 성상 : 아욱목 〉 아욱과 〉 무궁화속, 낙엽활엽관목
② 크기 : 높이 4m
③ 잎 : 호생, 길이 4 ~ 6cm
④ 개화시기 : 7 ~ 10월, 분홍색, 크기 6 ~ 10cm
⑤ 열매 : 10월
⑥ 수피 : 회색

44 물푸레나무

① 분류 및 성상 : 물푸레나무목 〉 물푸레나무과 〉 물푸레나무속, 낙엽활엽교목
② 크기 : 높이 10m
③ 잎 : 대생, 길이 6 ~ 15cm
④ 개화시기 : 4월 ~ 5월
⑤ 열매 : 9월, 크기 2 ~ 4cm
⑥ 수피 : 흰색 가로무늬

45 미선나무

① 분류 및 성상 : 물푸레나무목 〉 물푸레나무과 〉 미선나무속, 낙엽활엽관목
② 크기 : 높이 1m
③ 잎 : 대생, 길이 3 ~ 8cm
④ 개화시기 : 3월 ~ 4월, 흰색, 분홍색, 크기 3 ~ 5mm
⑤ 열매 : 9월, 크기 25mm
⑥ 수피 : 자주색

46 박태기나무

① 분류 및 성상 : 장미목 〉 콩과 〉 박태기나무속, 낙엽활엽관목
② 크기 : 높이 3 ~ 5m
③ 잎 : 호생, 길이 6 ~ 11cm
④ 개화시기 : 4월, 붉은색, 1 ~ 2cm
⑤ 열매 : 8월 ~ 9월, 크기 7 ~ 12cm
⑥ 수피 : 회갈색

47 반송

① 분류 및 성상 : 소나무목 〉 소나무과 〉 소나무속, 상록침엽교목
② 크기 : 높이 2 ~ 5m
③ 잎 : 2엽 속생, 길이 8 ~ 14cm
④ 개화시기 : 5월
⑤ 열매 : 크기 4 ~ 5cm
⑥ 수피 : 적갈색

48 배롱나무

① 분류 및 성상 : 도금양목 〉 부처꽃과 〉 배롱나무속, 낙엽활엽교목
② 크기 : 높이 5m
③ 잎 : 대생, 길이 2.5 ~ 7cm
④ 개화시기 : 7월 ~ 9월, 분홍색, 흰색, 크기 3 ~ 4cm
⑤ 열매 : 10월, 크기 1 ~ 1.2cm
⑥ 수피 : 적갈색

49 백당나무

① 분류 및 성상 : 산토끼꽃목 〉 인동과 〉 산분꽃나무속, 낙엽활엽관목
② 크기 : 높이 3m
③ 잎 : 대생, 길이 5 ~ 10cm
④ 개화시기 : 5월 ~ 6월, 흰색, 크기 2 ~ 6cm
⑤ 열매 : 9월, 붉은색, 8 ~ 10mm
⑥ 수피 : 회갈색

50 백목련

① 분류 및 성상 : 목련목 〉 목련과 〉 목련속, 낙엽활엽교목
② 크기 : 높이 15m
③ 잎 : 호생, 길이 10 ~ 15cm
④ 개화시기 : 4월 ~ 5월, 흰색
⑤ 열매 : 9월, 크기 8 ~ 12cm
⑥ 수피 : 회색

51 백송

① 분류 및 성상 : 소나무목 〉 소나무과 〉 소나무속, 상록침엽교목
② 크기 : 높이 15m
③ 잎 : 3엽 속생, 길이 5 ~ 10cm
④ 개화시기 : 4월 ~ 5월
⑤ 열매 : 10월 ~ 11월, 크기 5 ~ 6cm
⑥ 수피 : 회백색

52 버드나무

① 분류 및 성상 : 버드나무목 〉 버드나무과 〉 버드나무속, 낙엽활엽교목
② 크기 : 높이 20m
③ 잎 : 호생, 길이 3 ~ 12cm
④ 개화시기 : 4월, 수꽃 3 ~ 3.5cm, 암꽃 2 ~ 5cm
⑤ 열매 : 5월
⑥ 수피 : 암갈색

53 벽오동

① 분류 및 성상 : 아욱목 〉 벽오동과 〉 벽오동속, 낙엽활엽교목
② 크기 : 높이 15m
③ 잎 : 호생, 길이 16 ~ 25cm
④ 개화시기 : 6월 ~ 7월, 노란색, 크기 25 ~ 50cm
⑤ 열매 : 10월
⑥ 수피 : 청록색

54 병꽃나무

① 분류 및 성상 : 산토끼꽃목 〉 인동과 〉 병꽃나무속, 낙엽활엽관목
② 크기 : 높이 2 ~ 3m
③ 잎 : 대생, 길이 1 ~ 7cm
④ 개화시기 : 4월 ~ 5월, 황록색
⑤ 열매 : 9월 ~ 10월
⑥ 수피 : 회갈색

55 보리수나무

① 분류 및 성상 : 팥꽃나무목 〉 보리수나무과 〉 보리수나무속, 낙엽활엽관목
② 크기 : 높이 3 ~ 4m
③ 잎 : 호생, 길이 3 ~ 7cm
④ 개화시기 : 5월 ~ 6월, 흰색, 연황색
⑤ 열매 : 7월 ~ 9월, 붉은색, 크기 6 ~ 8mm
⑥ 수피 : 회흑갈색

56 복사나무

① 분류 및 성상 : 장미목 〉 장미과 〉 벚나무속, 낙엽활엽교목
② 크기 : 높이 6m
③ 잎 : 호생, 길이와 8 ~ 15cm
④ 개화시기 : 4월 ~ 5월, 연분홍, 크기 2.5 ~ 3.3cm
⑤ 열매 : 7월 ~ 9월, 등황색, 크기 5cm
⑥ 수피 : 암홍갈색

57 복자기

① 분류 및 성상 : 무환자나무목 〉 단풍나무과 〉 단풍나무속, 낙엽활엽교목
② 크기 : 높이 20m
③ 잎 : 대생, 길이 5 ~ 11cm
④ 개화시기 : 5월, 갈색
⑤ 열매 : 9월 ~ 10월, 크기 5cm
⑥ 수피 : 회백색

58 붉가시나무

① 분류 및 성상 : 참나무목 〉 참나무과 〉 참나무속, 상록활엽교목
② 크기 : 높이 20m
③ 잎 : 호생, 길이 7 ~ 13cm
④ 개화시기 : 5월, 노란색
⑤ 열매 : 10월, 크기 2cm
⑥ 수피 : 흑갈색

59 사철나무

① 분류 및 성상 : 노박덩굴목 〉 노박덩굴과 〉 화살나무속, 상록활엽관목
② 크기 : 높이 3m
③ 잎 : 대생, 길이 3 ~ 7cm
④ 개화시기 : 6월 ~ 7월, 황록색, 크기 7mm
⑤ 열매 : 10월, 붉은색
⑥ 수피 : 회흑색

60 산딸나무

① 분류 및 성상 : 산형화목 > 층층나무과 > 층층나무속, 낙엽활엽교목
② 크기 : 높이 7m
③ 잎 : 대생, 길이 5 ~ 12cm
④ 개화시기 : 6월 ~ 7월, 흰색, 크기 3 ~ 10cm
⑤ 열매 : 9월 ~ 10월, 붉은색, 1.5 ~ 2.5cm
⑥ 수피 : 회갈색

61 산벚나무

① 분류 및 성상 : 장미목 > 장미과 > 벚나무속, 낙엽활엽교목
② 크기 : 높이 20m
③ 잎 : 호생, 길이 8 ~ 12cm
④ 개화시기 : 4월 ~ 5월, 연홍색, 흰색, 크기 25 ~ 40mm
⑤ 열매 : 6월 ~ 8월, 검은 보라색
⑥ 수피 : 암자갈색

62 산사나무

① 분류 및 성상 : 장미목 〉 장미과 〉 산사나무속, 낙엽활엽교목
② 크기 : 높이 6m
③ 잎 : 호생, 길이 5 ~ 10cm
④ 개화시기 : 4월 ~ 5월, 흰색, 담홍색
⑤ 열매 : 9월 ~ 10월, 붉은색, 크기 1.5cm
⑥ 수피 : 회색

63 산수유

① 분류 및 성상 : 산형화목 〉 층층나무과 〉 층층나무속, 낙엽활엽교목
② 크기 : 높이 7m
③ 잎 : 대생, 길이 4 ~ 12cm
④ 개화시기 : 3월 ~ 4월, 노란색
⑤ 열매 : 8월, 붉은색, 크기 1.5 ~ 2cm
⑥ 수피 : 연한갈색, 벗겨짐

64 산철쭉

① 분류 및 성상 : 진달래목 〉 진달래과 〉 진달래속, 낙엽활엽관목
② 크기 : 높이 1 ~ 2m
③ 잎 : 호생 또는 대생, 길이 3 ~ 8cm
④ 개화시기 : 4월 ~ 5월, 붉은색, 자주색
⑤ 열매 : 9월, 크기 8 ~ 10mm
⑥ 수피 : 회갈색

65 살구나무

① 분류 및 성상 : 장미목 > 장미과 > 벚나무속, 낙엽활엽교목
② 크기 : 높이 5m
③ 잎 : 호생, 길이 6 ~ 8cm
④ 개화시기 : 4월, 연홍색, 꽃받침 젖혀짐, 크기 25 ~ 35mm
⑤ 열매 : 7월, 황색 또는 황적색
⑥ 수피 : 적갈색, 코르크 발달하지 않음

66 상수리나무

① 분류 및 성상 : 참나무목 > 참나무과 > 참나무속, 낙엽활엽교목
② 크기 : 높이 20 ~ 25m
③ 잎 : 호생, 길이 10 ~ 20cm
④ 개화시기 : 5월
⑤ 열매 : 10월, 다갈색, 크기 15 ~ 20mm
⑥ 수피 : 흑회색

67 생강나무

① 분류 및 성상 : 목련목 〉 녹나무과 〉 생강나무속, 낙엽활엽관목
② 크기 : 높이 3m
③ 잎 : 호생, 길이 5 ~ 15cm
④ 개화시기 : 3월, 노란색
⑤ 열매 : 9월 ~ 10월, 검은색, 크기 7~8mm
⑥ 수피 : 흑회색

68 서어나무

① 분류 및 성상 : 참나무목 〉 자작나무과 〉 서어나무속, 낙엽활엽교목
② 크기 : 높이 15m
③ 잎 : 호생, 4 ~ 7.5cm
④ 개화시기 : 4월 ~ 5월, 붉은색, 노란색
⑤ 열매 : 10월, 크기 4 ~ 8cm
⑥ 수피 : 회색

69 석류나무

① 분류 및 성상 : 도금양목 〉 석류나무과 〉 석류나무속, 낙엽활엽교목
② 크기 : 높이 4 ~ 10m
③ 잎 : 대생, 길이 2 ~ 8cm
④ 개화시기 : 5월 ~ 7월, 주홍색
⑤ 열매 : 9월 ~ 10월, 황색 또는 황홍색, 크기 6 ~ 8cm
⑥ 수피 : 회갈색

70 소나무

① 분류 및 성상 : 소나무목 〉 소나무과 〉 소나무속, 상록침엽교목
② 크기 : 높이 35m
③ 잎 : 2엽 속생, 길이 8 ~ 9cm
④ 개화시기 : 5월
⑤ 열매 : 9월, 크기 4.5 ~ 6cm
⑥ 수피 : 적갈색

71 수국

① 분류 및 성상 : 장미목 〉 범의귀과 〉 수국속, 낙엽활엽관목
② 크기 : 높이 1m
③ 잎 : 대생, 길이 7 ~ 15cm
④ 개화시기 : 6월 ~ 7월, 자주색, 파란색, 붉은색, 크기 10 ~ 15cm
⑤ 열매 : 씨방이 발달하지 않기 때문에 결실하지 못함
⑥ 수피 : 녹색

72 수수꽃다리

① 분류 및 성상 : 물푸레나무목 〉 물푸레나무과 〉 수수꽃다리속, 낙엽활엽관목
② 크기 : 높이 2 ~ 3m
③ 잎 : 대생, 길이 5 ~ 12cm
④ 개화시기 : 4월 ~ 5월, 자주색, 크기 6 ~ 20cm
⑤ 열매 : 9월 ~ 10월, 크기 9 ~ 15mm
⑥ 수피 : 회갈색

73 쉬땅나무

① 분류 및 성상 : 장미목 〉 장미과 〉 쉬땅나무속, 낙엽활엽관목
② 크기 : 높이 2m
③ 잎 : 호생, 길이 6 ~ 10cm
④ 개화시기 : 6월 ~ 7월, 흰색, 크기 5 ~ 6mm
⑤ 열매 : 9월 ~ 10월, 붉은색, 크기 6mm
⑥ 수피 : 회갈색

74 스트로브잣나무

① 분류 및 성상 : 소나무목 〉 소나무과 〉 소나무속, 상록침엽교목
② 크기 : 높이 30m
③ 잎 : 5엽 속생, 길이 6 ~ 14cm
④ 개화시기 : 4월 ~ 5월
⑤ 열매 : 9월, 크기 6 ~ 20cm
⑥ 수피 : 녹갈색

75 신갈나무

① 분류 및 성상 : 참나무목 〉 참나무과 〉 참나무속, 낙엽활엽교목
② 크기 : 높이 30m
③ 잎 : 호생, 길이 7 ~ 20cm
④ 개화시기 : 5월 ~ 6월
⑤ 열매 : 9월 ~ 10월, 크기 6 ~ 25mm
⑥ 수피 : 암회색

76 신나무

① 분류 및 성상 : 무환자나무목 〉 단풍나무과 〉 단풍나무속, 낙엽활엽교목
② 크기 : 높이 8m
③ 잎 : 대생, 길이 4 ~ 8cm
④ 개화시기 : 5월 ~ 7월, 황백색, 크기 7cm
⑤ 열매 : 8월 ~ 10월, 크기 3 ~ 5cm
⑥ 수피 : 회갈색, 홍갈색

77 아까시나무

① 분류 및 성상 : 장미목 〉 콩과 〉 아까시나무속, 낙엽활엽교목
② 크기 : 높이 25m
③ 잎 : 호생, 우상복엽, 길이 2.5 ~ 4.5cm
④ 개화시기 : 5월 ~ 6월, 흰색, 노란색, 크기 10 ~ 20cm
⑤ 열매 : 9월, 흑갈색, 크기 5 ~ 10cm
⑥ 수피 : 황갈색

78 앵도나무

① 분류 및 성상 : 장미목 〉 장미과 〉 벚나무속, 낙엽활엽관목
② 크기 : 높이 3m
③ 잎 : 호생, 길이 5 ~ 7cm
④ 개화시기 : 4월, 흰색 또는 연홍색, 크기 1 ~ 2cm
⑤ 열매 : 6월, 붉은색, 크기 0.5 ~ 1.2cm
⑥ 수피 : 흑갈색

79 오동나무

① 분류 및 성상 : 통화식물목 〉 현삼과 〉 오동나무속, 낙엽활엽교목
② 크기 : 높이 15 ~ 20m
③ 잎 : 대생, 길이 15 ~ 23cm
④ 개화시기 : 5월 ~ 6월, 자주색
⑤ 열매 : 10월 ~ 11월, 크기 3cm
⑥ 수피 : 암갈색

80 왕벚나무

① 분류 및 성상 : 장미목 〉 장미과 〉 벚나무속, 낙엽활엽교목
② 크기 : 높이 15m
③ 잎 : 호생, 길이 6 ~ 12cm
④ 개화시기 : 4월, 백색 또는 연홍색
⑤ 열매 : 6월 ~ 7월, 검은색, 크기 7 ~ 8mm
⑥ 수피 : 회갈색

81 은행나무

① 분류 및 성상 : 은행나무목 〉 은행나무과 〉 은행나무속, 낙엽침엽교목
② 크기 : 높이 60m
③ 잎 : 호생, 길이 5 ~ 15cm
④ 개화시기 : 4월 ~ 5월
⑤ 열매 : 10월, 크기 1.5 ~ 2.5cm
⑥ 수피 : 회백색

82 이팝나무

① 분류 및 성상 : 물푸레나무목 〉 물푸레나무과 〉 이팝나무속, 낙엽활엽교목
② 크기 : 높이 25m
③ 잎 : 대생, 길이 3 ~ 5cm
④ 개화시기 : 4월 ~ 6월, 흰색, 크기 6 ~ 10cm
⑤ 열매 : 9월 ~ 10월, 크기 10 ~ 15mm
⑥ 수피 : 회갈색

83 인동덩굴

① 분류 및 성상 : 산토끼꽃목 〉 인동과 〉 인동속, 낙엽활엽만경목
② 크기 : 높이 3 ~ 4m
③ 잎 : 대생, 길이 3 ~ 8cm
④ 개화시기 : 6월 ~ 7월, 흰색, 노란색
⑤ 열매 : 9월 ~ 10월, 검은색, 크기 7 ~ 8mm
⑥ 수피 : 회갈색

84 일본목련

① 분류 및 성상 : 목련목 〉 목련과 〉 목련속, 낙엽활엽교목
② 크기 : 높이 20m
③ 잎 : 호생, 길이 20 ~ 40cm
④ 개화시기 : 5월, 흰색, 크기 15cm
⑤ 열매 : 10월, 크기 20cm 이상
⑥ 수피 : 회색

85 자귀나무

① 분류 및 성상 : 장미목 〉 콩과 〉 자귀나무속, 낙엽활엽교목
② 크기 : 높이 3 ~ 5m
③ 잎 : 호생, 우상복엽, 길이 6 ~ 15mm
④ 개화시기 : 6월 ~ 7월, 상반부는 붉은색 하반부는 흰색
⑤ 열매 : 9월 ~ 10월, 크기 15cm
⑥ 수피 : 회색

86 자작나무

① 분류 및 성상 : 참나무목 〉 자작나무과 〉 자작나무속, 낙엽활엽교목
② 크기 : 높이 25m
③ 잎 : 호생, 길이 5 ~ 7cm
④ 개화시기 : 4월 ~ 5월, 붉은 노란색
⑤ 열매 : 9월 ~ 10월, 크기 4cm
⑥ 수피 : 흰색

87 작살나무

① 분류 및 성상 : 통화식물목 〉 마편초과 〉 작살나무속, 낙엽활엽관목
② 크기 : 높이 2 ~ 3m
③ 잎 : 대생, 길이 3 ~ 15cm
④ 개화시기 : 7월 ~ 8월, 자주색
⑤ 열매 : 10월, 보라색, 3 ~ 5mm
⑥ 수피 : 회갈색

88 잣나무

① 분류 및 성상 : 소나무목 〉 소나무과 〉 소나무속, 상록침엽교목
② 크기 : 높이 30m
③ 잎 : 5엽 속생, 길이 7 ~ 12cm
④ 개화시기 : 4월 ~ 5월
⑤ 열매 : 9월, 크기 12 ~ 15cm
⑥ 수피 : 암갈색

89 전나무

① 분류 및 성상 : 소나무목 〉 소나무과 〉 전나무속, 상록침엽교목
② 크기 : 높이 40m
③ 잎 : 길이 4cm
④ 개화시기 : 4월
⑤ 열매 : 10월, 크기 10 ~ 12cm
⑥ 수피 : 암갈색

90 조릿대

① 분류 및 성상 : 화본목 〉 벼과 〉 조릿대속, 상록대나무
② 크기 : 높이 1 ~ 2m
③ 잎 : 길이 10 ~ 25cm
④ 개화시기 : 4월 ~ 5월
⑤ 열매 : 5월 ~ 6월
⑥ 수피 : 녹색

91 졸참나무

① 분류 및 성상 : 참나무목 〉 참나무과 〉 참나무속, 낙엽활엽교목
② 크기 : 높이 23m
③ 잎 : 호생, 길이 2 ~ 19cm
④ 개화시기 : 4월 ~ 5월
⑤ 열매 : 9월, 크기 2 ~ 18mm
⑥ 수피 : 회백색

92 주목

① 분류 및 성상 : 구과목 〉 주목과 〉 주목속, 상록침엽교목
② 크기 : 높이 17 ~ 20m
③ 잎 : 길이 1.5 ~ 2.5cm
④ 개화시기 : 4월 ~ 5월
⑤ 열매 : 8월 ~ 9월, 빨간색, 크기 8mm
⑥ 수피 : 적갈색

93 중국단풍

① 분류 및 성상 : 무환자나무목 〉 단풍나무과 〉 단풍나무속, 낙엽활엽교목
② 크기 : 높이 15m
③ 잎 : 대생, 길이 2 ~ 5cm
④ 개화시기 : 4월 ~ 5월, 연황색
⑤ 열매 : 8월 ~ 10월, 크기 1.7 ~ 2.5cm
⑥ 수피 : 갈색

94 쥐똥나무

① 분류 및 성상 : 물푸레나무목 〉 물푸레나무과 〉 쥐똥나무속, 낙엽활엽관목
② 크기 : 높이 2 ~ 4m
③ 잎 : 대생, 길이 2 ~ 7cm
④ 개화시기 : 5월 ~ 6월, 흰색
⑤ 열매 : 10월, 검은색, 크기 5 ~ 8mm
⑥ 수피 : 회백색

95 진달래

① 분류 및 성상 : 진달래목 〉 진달래과 〉 진달래속, 낙엽활엽관목
② 크기 : 높이 2 ~ 3m
③ 잎 : 호생, 길이 4 ~ 7cm
④ 개화시기 : 3월 ~ 4월, 붉은색 또는 연한 붉은색
⑤ 열매 : 11월, 크기 2cm
⑥ 수피 : 연갈색

96 쪽동백나무

① 분류 및 성상 : 감나무목 〉 때죽나무과 〉 때죽나무속, 낙엽활엽교목
② 크기 : 높이 10m
③ 잎 : 호생, 길이 7 ~ 20cm
④ 개화시기 : 5월 ~ 6월, 흰색, 크기 10 ~ 20cm
⑤ 열매 : 9월, 연녹색
⑥ 수피 : 검은색

97 참느릅나무

① 분류 및 성상 : 쐐기풀목 〉 느릅나무과 〉 느릅나무속, 낙엽활엽교목
② 크기 : 높이 10m
③ 잎 : 호생, 길이 3 ~ 5cm
④ 개화시기 : 9월, 황갈색, 크기 2mm
⑤ 열매 : 9월 ~ 11월, 담갈색
⑥ 수피 : 회갈색

98 철쭉

① 분류 및 성상 : 진달래목 〉 진달래과 〉 진달래속, 낙엽활엽관목
② 크기 : 높이 2~ 5m
③ 잎 : 호생, 길이 4 ~ 8cm
④ 개화시기 : 4월 ~ 6월, 연한 붉은색, 크기 5 ~ 8cm
⑤ 열매 : 10월 ~ 11월, 크기 1.5 ~2cm
⑥ 수피 : 연황갈색

99 측백나무

① 분류 및 성상 : 구과목 〉 측백나무과 〉 눈측백속, 상록침엽교목
② 크기 : 높이 25m
③ 잎 : 폭 2 ~ 2.5mm
④ 개화시기 : 4월
⑤ 열매 : 9월, 흑갈색, 크기 15 ~ 20mm
⑥ 수피 : 회갈색

100 층층나무

① 분류 및 성상 : 산형화목 〉 층층나무과 〉 층층나무속, 낙엽활엽교목
② 크기 : 높이 20m
③ 잎 : 호생, 길이 5 ~ 12cm
④ 개화시기 : 5월 ~ 6월, 흰색
⑤ 열매 : 8월 ~ 10월, 크기 6 ~ 7mm
⑥ 수피 : 회갈색

101 칠엽수

① 분류 및 성상 : 무환자나무목 〉 칠엽수과 〉 칠엽수속, 낙엽활엽교목
② 크기 : 높이 30m
③ 잎 : 호생, 장상복엽, 길이 30cm
④ 개화시기 : 5월 ~ 6월, 흰색
⑤ 열매 : 10월, 황갈색, 크기 5cm
⑥ 수피 : 회갈색

102 태산목

① 분류 및 성상 : 목련목 〉 목련과 〉 목련속, 상록활엽교목
② 크기 : 높이 20m
③ 잎 : 호생, 길이 12 ~ 23cm
④ 개화시기 : 5월 ~ 6월, 흰색
⑤ 열매 : 10월, 붉은색, 크기 7 ~ 9cm
⑥ 수피 : 암갈색

103 탱자나무

① 분류 및 성상 : 운향목 〉 운향과 〉 탱자나무속, 낙엽활엽관목
② 크기 : 높이 3m
③ 잎 : 호생, 길이 3 ~ 6cm
④ 개화시기 : 5월 ~ 6월, 흰색
⑤ 열매 : 9월 ~ 10월, 황색, 크기 3cm
⑥ 수피 : 녹색

104 백합나무

① 분류 및 성상 : 목련목 〉 목련과 〉 튜울립나무속, 낙엽활엽교목
② 크기 : 높이 30m
③ 잎 : 호생, 길이 15cm
④ 개화시기 : 4월 ~ 6월, 녹황색, 크기 6cm
⑤ 열매 : 9월 ~ 10월, 크기 3 ~ 7cm
⑥ 수피 : 회갈색

105 팔손이

① 분류 및 성상 : 산형화목 〉 두릅나무과 〉 팔손이속, 상록활엽관목
② 크기 : 높이 2 ~ 4m
③ 잎 : 호생, 길이 20 ~ 40cm
④ 개화시기 : 10월 ~ 11월, 흰색, 크기 5mm
⑤ 열매 : 2월 ~ 3월, 검은색, 크기 5mm
⑥ 수피 : 회백색

106 팥배나무

① 분류 및 성상 : 장미목 〉 장미과 〉 마가목속, 낙엽활엽교목
② 크기 : 높이 15m
③ 잎 : 호생, 길이 5 ~ 10cm
④ 개화시기 : 5월 ~ 6월, 흰색, 크기 1cm
⑤ 열매 : 9월 ~ 10월, 붉은색, 크기 1cm
⑥ 수피 : 회갈색

107 팽나무

① 분류 및 성상 : 쐐기풀목 〉 느릅나무과 〉 팽나무속, 낙엽활엽교목
② 크기 : 높이 20m
③ 잎 : 호생, 길이 4 ~ 11cm
④ 개화시기 : 4월 ~ 5월
⑤ 열매 : 10월, 황적색, 7 ~ 8mm
⑥ 수피 : 흑갈색

108 풍년화

① 분류 및 성상 : 장미목 〉 조록나무과 〉 풍년화속, 낙엽활엽관목
② 크기 : 높이 3 ~ 6m
③ 잎 : 호생, 길이 12cm
④ 개화시기 : 4월, 노란색, 크기 1cm
⑤ 열매 : 10월 ~ 11월, 황갈색, 크기 8 ~ 10mm
⑥ 수피 : 회갈색

109 피나무

① 분류 및 성상 : 아욱목 〉 피나무과 〉 피나무속, 낙엽활엽교목
② 크기 : 높이 20m
③ 잎 : 호생, 길이 3 ~ 9cm
④ 개화시기 : 5월 ~ 7월, 담황색, 크기 15mm
⑤ 열매 : 8월 ~ 9월
⑥ 수피 : 회갈색

110 피라칸타

① 분류 및 성상 : 장미목 〉 장미과 〉 피라칸타속, 상록활엽관목
② 크기 : 높이 1 ~ 2m
③ 잎 : 호생, 길이 5 ~ 6cm
④ 개화시기 : 5월 ~ 6월, 흰색, 크기 4 ~ 5mm
⑤ 열매 : 10월 ~ 12월, 황적색, 크기 5 ~ 6mm
⑥ 수피 : 녹갈색

111 해당화

① 분류 및 성상 : 장미목 〉 장미과 〉 장미속, 낙엽활엽관목
② 크기 : 높이 1.5m
③ 잎 : 호생, 길이 2 ~ 5cm
④ 개화시기 : 5월 ~ 7월, 진분홍색, 크기 6 ~ 9cm
⑤ 열매 : 7월 ~ 8월, 적색, 크기
⑥ 수피 : 적갈색, 가시

112 향나무

① 분류 및 성상 : 구과목 〉 측백나무과 〉 향나무속, 상록침엽교목
② 크기 : 높이 20m
③ 잎 : 윤생 또는 대생, 바늘잎, 비늘잎 이형성
④ 개화시기 : 4월 ~ 5월, 연한 자갈색
⑤ 열매 : 10월, 크기 6 ~ 12mm
⑥ 수피 : 암갈색

113 호두나무

① 분류 및 성상 : 가래나무목 〉 가래나무과 〉 가래나무속, 낙엽활엽교목
② 크기 : 높이 20m
③ 잎 : 호생, 길이 7 ~ 20cm
④ 개화시기 : 4월 ~ 5월, 크기 15cm
⑤ 열매 : 9월, 크기 2 ~ 5cm
⑥ 수피 : 회백색

114 호랑가시나무

① 분류 및 성상 : 노박덩굴목 〉 감탕나무과 〉 감탕나무속, 상록활엽관목
② 크기 : 높이 2 ~ 3m
③ 잎 : 호생, 길이 3.5 ~ 10cm
④ 개화시기 : 4월 ~ 5월, 흰색, 크기 7mm
⑤ 열매 : 10월 ~ 12월, 붉은색, 크기 8 ~ 10mm
⑥ 수피 : 회백색

115 화살나무

① 분류 및 성상 : 노박덩굴목 〉 노박덩굴과 〉 화살나무속, 낙엽활엽관목
② 크기 : 높이 3m
③ 잎 : 대생, 길이 3 ~ 5cm
④ 개화시기 : 5월 ~ 6월, 황록색
⑤ 열매 : 10월, 붉은색
⑥ 수피 : 회색

116 회양목

① 분류 및 성상 : 노박덩굴목 〉 회양목과 〉 회양목속, 상록활엽관목
② 크기 : 높이 7m
③ 잎 : 대생, 길이 12 ~ 17mm
④ 개화시기 : 3월 ~ 5월, 크기 5mm
⑤ 열매 : 9월 ~ 10월, 크기 10mm
⑥ 수피 : 회색

117 회화나무

① 분류 및 성상 : 장미목 〉 콩과 〉 고삼속, 낙엽활엽교목
② 크기 : 높이 10 ~ 30m
③ 잎 : 호생, 길이 2.5 ~ 6cm
④ 개화시기 : 8월, 흰색 또는 연한 노란색, 크기 15 ~ 30cm
⑤ 열매 : 10월, 크기 5 ~ 8cm
⑥ 수피 : 회암갈색

118 후박나무

① 분류 및 성상 : 목련목 〉 녹나무과 〉 후박나무속, 상록활엽교목
② 크기 : 높이 20m
③ 잎 : 호생, 길이 7 ~ 15cm
④ 개화시기 : 5월, 녹색, 노란색, 크기 4 ~ 7cm
⑤ 열매 : 7 ~ 8월, 흑자색, 크기 1.4cm
⑥ 수피 : 녹갈색

119 흰말채나무

① 분류 및 성상 : 산형화목 〉 층층나무과 〉 층층나무속, 낙엽활엽관목
② 크기 : 높이 3m
③ 잎 : 대생, 길이 5 ~ 10cm
④ 개화시기 : 5 ~ 6월, 흰색
⑤ 열매 : 8 ~ 9월, 백색
⑥ 수피 : 여름 녹색 가을 이후 붉은색

120 히어리

① 분류 및 성상 : 장미목 〉 조록나무과 〉 히어리속, 낙엽활엽관목
② 크기 : 높이 1 ~ 2m
③ 잎 : 호생, 길이 5 ~ 9cm
④ 개화시기 : 3월 ~ 4월, 노란색, 크기 3 ~ 4cm
⑤ 열매 : 9월, 검은색
⑥ 수피 : 회갈색

임채희
현 : 서울시 북부기술교육원 조경관리과 교수

곽상훈
현 : 서울시 북부기술교육원 조경관리과 교수

조경기능사 실기

초판 인쇄 | 2025년 2월 15일
초판 발행 | 2025년 2월 25일

저　자 | 임채희 곽상훈
발행인 | 조규백
발행처 | 도서출판 구민사 (07293) 서울특별시 영등포구 문래북로 116, 604호(문래동3가, 트리플렉스)
전화 | (02) 701-7421　　**팩스** | (02) 3273-9642　　**홈페이지** | www.kuhminsa.co.kr
신고번호 | 제 2012-000055호 (1980년 2월4일)
I S B N | 979-11-6875-495-9 (13500)

값 28,000원

※ 낙장 및 파본은 구입하신 서점에서 바꿔드립니다.
※ 본서를 허락없이 부분 또는 전부를 무단복제, 게재행위는 저작권법에 저촉됩니다.